制 御 理 論

児玉　慎三
池田　雅夫【共著】
太田　有三

コロナ社

ま え が き

　本書は，第1著者である児玉が執筆を始め，第2著者の池田が執筆に加わり，そして第3著者の太田が加わって，3名の共著という形で完成したものである。

　IFAC（International Federation of Automatic Control，国際自動制御連盟）が1957年に設立されたことが象徴しているように，制御理論の研究は1950年代後半から盛んになった。児玉は1960年頃から，池田は1960年代が終わる頃から，太田は1970年代前半から制御理論の研究に従事し，おのおので，あるいは協力して研究成果を世に出し，制御理論の発展に貢献してきた。そして，制御理論の教育に携わり，後進の育成に努めてきた。本書はそうして得られた著者らの経験に基づいている。

　制御理論では動的システムを数式モデルで表し，その性質を調べることによって，システムの動特性の本質をつかみ，制御できることや，できないことを明らかにしている。その中で，著者らは「できる」，「できない」について，「なぜ」ということを強く意識してきた。そうすることにより，できないことについて，無駄な挑戦をする必要がなくなる。そして，シミュレーションや評価計算によって，できることの中でよりよいものをみつけることの意味を理解することができる。

　動的システムを数式モデルで表すことは制御理論以外の分野でも一般的に行われている。それらに比べると，制御理論における数式モデルは一般に抽象度が高いと考えられる。他の分野の数式モデルが元の現実システムの変数やパラメータを用いることが多いのに対して，制御理論の数式モデルの変数やパラメータは現実のものから離れることを許している。そのような抽象化によって，解析や設計の自由度を高め，制御系設計を柔軟に行うことができる。ただし，その結果を現実世界で実現する意識をもつことを忘れてはならない。

　本書の第一の特徴は，このような認識のもと，制御対象の数式モデルの導出と線形時不変システムの動特性について，かなり詳しく述べている点である。

　また，本書の第二の特徴は，制御系設計法を天下り的に紹介するのではなく，その動機や発想および設計に必要な視点をできるだけわかりやすく述べようとしている点である。

　数式モデルについては，実システムの要素とそれらの結合関係から状態方程式と伝達関数を導くことを基本としている。動特性については，時間応答特性，周波数応答特性，安定性にそれぞれ1章ずつを費やしている。

　また，制御系の基本であるフィードバック系の性質について，そして伝達関数と状態方程式に基づくフィードバック制御系設計法についてそれぞれ1章ずつを割いている。読者がそれらの設計法の動機や発想を理解すれば，本書で示した例を参考にして，広く応用が可能になるで

ii　ま　え　が　き

あろうと著者らは期待している。

　制御理論に関する書籍が多数ある中，本書の視点が読者の理解を深めることに役立つことを望む。

謝辞

　本書の執筆には，執筆者が途中で増えたこと，そして COVID–19 の流行による打ち合わせの中断などで，10 年以上を要しました。その間，辛抱強く脱稿を待って下さったコロナ社の関係の皆様に心より感謝申し上げます。また，編集担当の方には，原稿の記述が不統一なところや論旨のわかりにくいところ等をご指摘いただき，本書をより理解しやすいものにするための多大なる支援をしていただきました。心より御礼申し上げます。

　2024 年 12 月

著者一同

目　　　次

第1章　制御と制御理論

1.1　制　御　と　は ……………………………………………………………………… 1

1.2　制　御　対　象 ……………………………………………………………………… 2

1.3　制　御　の　仕　組　み ……………………………………………………………… 3

1.4　制　御　理　論 ……………………………………………………………………… 5

1.5　制御理論の歴史 ……………………………………………………………………… 6

1.6　回路網理論からの示唆 ……………………………………………………………… 7

1.7　ラプラス変換 ………………………………………………………………………… 8

演　習　問　題 …………………………………………………………………………… 9

第2章　システムの数式モデル

2.1　システムと数式モデル …………………………………………………………… 10

2.2　システムの構成要素 ……………………………………………………………… 11

　　2.2.1　システムの基本要素 ……………………………………………………… 12

　　2.2.2　基本ブロック ……………………………………………………………… 14

2.3　ブロック線図によるシステムの記述 …………………………………………… 15

　　2.3.1　電　気　回　路 …………………………………………………………… 15

　　2.3.2　機　械　系 ………………………………………………………………… 17

　　2.3.3　タンク水位系 ……………………………………………………………… 19

　　2.3.4　平衡状態周りの数式モデル ……………………………………………… 22

2.4　入出力微分方程式 ………………………………………………………………… 23

2.5　状　態　方　程　式 ……………………………………………………………… 24

　　2.5.1　状態方程式の導出 ………………………………………………………… 24

　　2.5.2　状態方程式の変換 ………………………………………………………… 28

2.6　伝　達　関　数 …………………………………………………………………… 30

　　2.6.1　伝達関数の状態方程式からの導出 ……………………………………… 30

　　2.6.2　入出力関係から導く伝達関数 …………………………………………… 31

　　2.6.3　システム記述式と伝達関数 ……………………………………………… 32

iv 目 次

2.6.4 むだ時間要素の伝達関数……………………………………………………34
2.6.5 ブロック線図と伝達関数…………………………………………………35
2.6.6 ブロック線図における等価変換…………………………………………37
2.6.7 ブロック線図の結合における注意………………………………………37
演 習 問 題………………………………………………………………………38

第3章 システムの時間応答特性

3.1 状態の応答とシステムモード……………………………………………41
  3.1.1 状態方程式の解……………………………………………………41
  3.1.2 システムモード……………………………………………………43
  3.1.3 零入力応答と零状態応答におけるシステムモード………………46
3.2 システムモードの安定性…………………………………………………48
3.3 可制御性と可観測性………………………………………………………49
3.4 ステップ応答とインパルス応答…………………………………………53
3.5 伝達関数とシステムの応答………………………………………………54
  3.5.1 有理伝達関数をもつシステムのインパルス応答とステップ応答……56
  3.5.2 低次系のステップ応答……………………………………………58
  3.5.3 ステップ応答に対する指標………………………………………61
  3.5.4 ステップ応答に対する零点の影響………………………………64
  3.5.5 ステップ応答に対する極の影響…………………………………65
  3.5.6 一般の入力に対する応答…………………………………………67
3.6 定常応答と追従性…………………………………………………………68
3.7 状態方程式と伝達関数の関係……………………………………………69
  3.7.1 システム固有値と極………………………………………………69
  3.7.2 状態方程式の実現…………………………………………………72
演 習 問 題………………………………………………………………………74

第4章 システムの周波数応答特性

4.1 正弦波入力に対する定常応答……………………………………………76
4.2 一般入力と周波数応答……………………………………………………79
4.3 周波数伝達関数とその表示………………………………………………81
  4.3.1 ボ ー ド 線 図……………………………………………………82
  4.3.2 ベ ク ト ル 軌 跡…………………………………………………91
4.4 周波数伝達関数と特性近似………………………………………………94
演 習 問 題………………………………………………………………………99

第5章 システムの安定性

5.1 システムの安定性について ································ 101
  5.1.1 内部安定性と入出力安定性 ······················ 101
  5.1.2 安 定 判 別 法 ································· 103
  5.1.3 むだ時間要素を含むシステムの入出力安定性 ········ 106
5.2 フィードバック制御系の安定性 ·························· 108
  5.2.1 フィードバック制御系の構成と内部安定性 ·········· 108
  5.2.2 入 出 力 安 定 性 ······························· 111
  5.2.3 ナイキスト安定判別法 ························· 113
  5.2.4 むだ時間要素を含むフィードバック系の入出力安定性 ·· 118
  5.2.5 フィードバック制御系の安定度：ゲイン余裕と位相余裕 · 119
  5.2.6 ロバスト安定性 ······························ 122
演 習 問 題 ································· 124

第6章 フィードバック制御系の特性

6.1 フィードバック制御の効果 ·························· 125
6.2 感度関数，相補感度関数とループ整形 ················ 128
6.3 フィードバック制御系の過渡特性 ···················· 133
6.4 フィードバック制御系の定常特性 ···················· 135
  6.4.1 目標値入力に対する定常偏差 ···················· 135
  6.4.2 外乱に対する定常特性 ························· 138
演 習 問 題 ································· 139

第7章 フィードバック制御系の設計：伝達関数に基づく方法

7.1 フィードバック制御系 ···························· 141
7.2 根 軌 跡 法 ································· 142
  7.2.1 根 軌 跡 ·································· 142
  7.2.2 根 軌 跡 の 特 性 ······························· 143
  7.2.3 根軌跡法によるコントローラの設計 ················ 145
7.3 周 波 数 応 答 法 ································· 151
  7.3.1 位相遅れ補償器の設計 ························· 152
  7.3.2 位相進み補償器の設計 ························· 157
7.4 PID 補償器の設計 ································· 162

vi 目 次

7.4.1 限 界 感 度 法 ……………………………………………… 163

7.4.2 ステップ応答に基づく方法 ……………………………… 164

7.5 2自由度制御系 ……………………………………………… 166

演 習 問 題 ……………………………………………………… 169

第8章 フィードバック制御系の設計：状態方程式に基づく方法

8.1 状態方程式に基づく設計法の特徴 ………………………… 170

8.2 状態フィードバック ………………………………………… 171

8.2.1 極 指 定 法 ……………………………………………… 171

8.2.2 最適レギュレータ ……………………………………… 175

8.3 オ ブ ザ ー バ ……………………………………………… 177

8.4 積 分 補 償 ………………………………………………… 180

8.4.1 積分補償を付加した拡大系 …………………………… 181

8.4.2 積分型サーボ系 ………………………………………… 182

8.5 2自由度サーボ系 …………………………………………… 183

演 習 問 題 ……………………………………………………… 184

引用・参考文献 ………………………………………………… 186

演 習 問 題 解 答 ……………………………………………… 188

索 引 …………………………………………………………… 209

第1章

制御と制御理論

本書では制御理論の考え方とその有用性を述べる。そのために，まず本章で，制御とは何かを述べたうえで，制御対象の捉え方および制御の仕組みを説明する。そして，制御理論の基本的考え方とともに，その発展の歴史を簡単に振り返る。加えて，制御理論が回路網理論の成果に基づいている点が多いことを述べる。また，制御理論の数学的道具の一つであるラプラス変換について，その定義と本書で必要になる性質および公式を提示する。

1.1 制御とは

制御（control）とは，広辞苑（岩波書店）では「機械や設備が目的通り作動するように操作すること」，大辞林（三省堂）では「機械・装置などを目的とする状態に保つために，適当な操作を加えること」，大辞泉（小学館）では「機械・化学反応・電子回路などを目的の状態にするために適当な操作・調整をすること」とされている。このように，一般には，工業製品やそれらの製造に関係することと考えられているようである。

これらの定義は，制御が対象としてきたモノの歴史を反映している。現在はより広く，物理的あるいは化学的か否かにかかわらず，社会システムや経済システムを含めて，「動きのあるシステムに対して，望ましい振る舞いを実現するように操作することが制御である」と考えることが適切である。じっさい，経済学でも，制御理論と同じシステムの捉え方や手法，成果が使われている[1],[2]†。また，最近，政策決定などでよく使われる EBPM（エビデンス・ベースト・ポリシー・メイキング）の考えは制御の視点と同じである。

制御で考える実現すべき振る舞いは大きく三つに分けることができる。第一は，モータの回転数を一定にすること，化学反応器の温度を一定に維持すること，前方の車との距離を一定に保ちながら自動走行することなど，指定された値を保つ制御である。このような制御を**定値制御**と呼ぶ。この制御においては，何らかの原因（後に述べる外乱等）によって，出力が指定された値から外れた場合，速やかに指定された値に戻すことが求められる。振動を抑制する制御も定値制御の範疇である。

工業の歴史においては，Watt が蒸気機関の回転数を一定に保つために用いた振り子型遠心調

---

† 肩付き数字は巻末の引用・参考文献の番号を表す。

速機が有名である．回転数が設定値より上がれば回転機への蒸気量を減らし，下がれば蒸気量を増やすように蒸気弁の開度を自動的に調節する機構である．この装置のアイデアの基は，風車を動力源とした製粉装置における石臼の回転数を一定にするための，石臼の隙間を自動的に調節する機構であるといわれている[3]．初期の制御装置は錘，梃，ベルトなどを用いて機械的に実現されていた．

第二の実現すべき動作は，静止しているモータを指定された回転数にする，化学反応器の温度を室温から指定された温度まで上昇させる，車の縦列自動走行において自動走行に入る前の車間を指定された距離に変更するなど，出力を指定された値に変更することである．このような制御を**追値制御**と呼ぶ．この制御においては，指定された出力値を速やかに実現することが求められるが，途中で回転数が大きくなり過ぎる，温度が高くなり過ぎる，車間距離が近くなり過ぎるなどの行き過ぎが生じないことが求められる．追値制御は定値制御の性質ももたねばならない．

定値制御と追値制御が制御の基本であり，本書ではこれらに必要な議論を進めていく．最近は，これらに加えて，第三の実現すべき動作として，車を自動で指定された場所にバックで駐車させる，搬送ロボットを定められた経路に従って自動運転するなど，指定された動きの実現が望まれている．このような制御を**追従制御**と呼ぶ．追従制御の基になるのは追値制御である．

さらに，出力の目標が事前には指定されず，実際の場で，他の対象の動作に適応する制御もあるが，本書では触れない．

1.2 制御対象

われわれはそのような制御の対象となるシステムを図 1.1 のように捉える．まず，システムの動作に影響を及ぼす変数として**操作入力**と**外乱**がある．操作入力はわれわれが操ることができる変数である．一方，外乱はわれわれが操ることができない変数である．外乱には測定できるもの，測定はできないが性質（一定値であることや周期性など）がわかっているもの，ほとんど情報がないものがあり，それらごとに適切な制御の仕方，つまり方策が異なる．制御方策に従って操作入力を実現する機器を**アクチュエータ**と呼ぶ．

図 1.1　制御対象の捉え方：入出力システム

つぎに，システムから現れる変数として**制御出力**と**観測出力**がある．制御出力とはわれわれが望ましい動きを希望する変数であり，観測出力とは操作入力の決定のために用いられる情報を与える変数である．観測出力として情報を取り出す機器を**センサ**と呼ぶ．

このような入力（操作入力，外乱）と出力（制御出力，観測出力）の間には因果関係が存在するとする。すなわち，入力という原因によって，出力という結果が生じると考える。なお，実際のシステムにおいては，その入力と出力が一義的でない場合がある。例えば，モータは電流を加えて回転力を発生するものであるが，逆に回転力を加えて電流を発生する発電機として使用することもできる。前者では電流が入力，回転力が出力であるのに対して，後者では回転力が入力，電流が出力である。じっさい，電車においては，加速時にはモータとして使用して駆動力を発生させ，減速時には発電機として使用して電流を架線に回生するという使い方がされている。つまり，因果関係は対象の固有の性質とは限らず，その捉え方は使用目的に依存する。ゆえに，物理的に同じものでも，制御においては，モータとして使用する場合と発電機として使用する場合は別のシステムとして扱われることになる。

制御対象を，加えられた入力に対してどのような出力が生じるかという応答解析の対象としてみるとき，それらを一般的に**入出力システム**（input-output system）という。そして，現在の入力だけでなく，過去の入力によっても現在の出力が決まるシステムを**動的システム**（dynamic system）と呼ぶ。一方，現在の出力が現在の入力のみによって決まるシステムを**静的システム**（static system）と呼ぶ。本書では，システムはほとんどの場合，動的システムを意味する。

なお，本書は制御理論の基本的考え方を理解するために，外乱が存在せず，操作入力（以下，入力と呼ぶ）が一つで，制御出力と観測出力が同一（以下，出力と呼ぶ）かつ一つであるような単純な場合をおもに扱う。ただし，第7章と第8章においては外乱が存在する場合について，第8章では観測出力が制御出力と異なる場合についても議論する。

1.3 制御の仕組み

1.1節で，制御の基本は定値制御と追値制御であることを述べた。定値制御は，出力を観測して，指定された値（固定）から外れた場合は，その値に引き戻す制御である。したがって，制御方策は出力の指定値と実際の値の差を基に，**制御器**（**コントローラ**）が適切な入力を発生するという**図1.2**(a)の構成になる。この構成を**フィードバック制御系**（feedback control system）と呼ぶ。制御対象の振動を抑制する目的の制御の場合は，図(b)の構成のように捉える

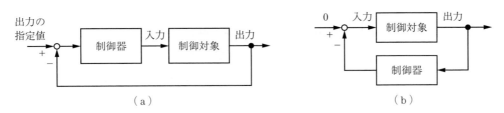

図1.2　フィードバック制御系

こともできる．これらの図はブロック線図と呼ばれ，制御理論においてよく使われる．詳細は第2章で述べる．

追値制御においては，出力の目標値としてステップ関数やランプ関数，正弦波関数等が考えられている．そして，それらの関数のクラスに応じて，図1.2(a)の制御器が，出力の指定値を目標値に置き換えて，追値誤差（出力の目標値−出力）が0に漸近するように設計される．本書では，出力の目標値がステップ関数の場合には，制御器が積分特性を含むことが必要であることを第6章と第8章で示す．

しかし，フィードバック制御系は結果をみて差を小さくするという後追いの制御であり，出力を速やかに目標値に到達させようとして制御器のゲインを上げると，不安定になるなどの問題が生じることがある．それを解決するために，出力の目標値の情報を積極的に使い，出力が望ましい動きをするような入力を制御器で発生して加える**図1.3のフィードフォワード制御系**（feedforward control system）の構成が考えられる．この場合，制御器の役割は，出力が速やかに目標値に到達するような入力を制御対象の動特性を基に計算（逆算）することである．

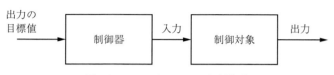

図1.3　フィードフォワード制御系

実際には，フィードフォワード制御が単独で用いられることは少なく，フィードフォワード制御における入力の計算誤差と外乱の影響の抑制や応答特性の改善のため，**図1.4**のように制御器2によるフィードバックと併用されるのが一般的である．これは**2自由度制御系**（two-degree-of-freedom control system）とも呼ばれる．2自由度制御系としては，この他にいくつもの構成が考えられている．それらはいずれもフィードバック制御で実現できる特性とフィードフォワード制御で実現できる追値制御の特性を独立に設計することを目的としている．本書では，第7章と第8章で2自由度制御系について述べる．

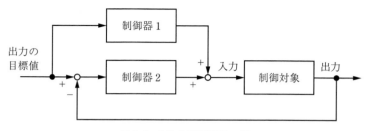

図1.4　2自由度制御系の例

なお，追値制御の延長線上にある追従制御は，図1.2，1.3あるいは1.4において，出力の指定値あるいは目標値となっているところを出力の望ましい時間的変化（クラスを制限しない自由な関数）に置き換えた形で実現するものである．

1.4 制 御 理 論

　図 1.1 のように制御対象を捉えることにより，対象の属性に依存せず，もともとは多様なシステムを統一的に扱う**制御理論**（control theory）が生まれた。すなわち，制御理論とは，制御対象となるシステムの入力と出力の間の因果関係つまり動特性を数式（数式モデル，あるいは単にモデルと呼ぶ）で表し，数学的知見を駆使して，システムの安定性の解析や，望ましい振る舞いを実現する制御器の設計を行うものである。数式モデルの種類や，具体的な対象から数式モデルを導く方法は第 2 章で述べる。

　システムの動特性を数式モデルで表した段階で，元のシステムが機械系であった，化学系であった，電機（電気機械）系であったなどという属性から独立する。さらに，同様の数式で表すことができる経済システムや，社会システムなども制御対象に含めることができる。

　当初，対象がおもに機械系や電機系であったため，制御理論で用いる数式は常微分方程式であったが，対象が広がるにつれ，偏微分方程式や差分方程式，むだ時間表現，離散事象を表すペトリネット等に広がっていった。なお，本書では，第 2 章で述べるように，線形かつ時不変の常微分方程式で表されるシステム（**線形時不変システム**と呼ぶ）をおもな対象とする。

　上で述べたように，制御理論の長所は，システムを数式モデルで表すことによって，数学的知見を駆使することができる点にある。しかし，数学的知見を駆使するためには数式や変数の変換が必要となるため，例えば機械系であれば，質量は必ず正，摩擦係数やばね定数は非負という性質がみえなくなってしまうことがあり，それらの性質を解析や設計に活かせない可能性もある。また，化学物質の濃度は必ず非負であるという変数の範囲が無視された取り扱いになる可能性もある。これらの問題点は認識されており，その認識のもとに構築された理論（例えば，ディスクリプタ表現[4]や非負システム[5]など）も存在するが，本書では触れない。

　制御理論は

- どのような制御対象に
- どのような状況のもとで
- どのような情報を
- どう使うと
- どのような制御が可能か

を明らかにしてきた[6]。したがって，制御理論を有効活用するには，何が制御目的か，制御対象から何が情報として得られるか，制御対象のモデルの確かさはどの程度か，使える方策・制御器はどのようなものか，などを明確に把握する必要がある。

　制御理論はまた，「何ができるか」だけでなく，「何ができないか」をも明らかにしてきた。例えば，**図 1.5** のような台車に倒立振子が載ったシステムの場合，人が手を水平に動かして手のひら上の棒を立てるように，直感的には振子の倒れ角 θ とその角速度 $\dot{\theta}$ を，台車を左右に動

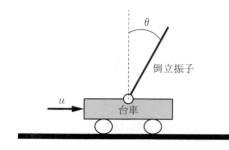

図 1.5　台車上の倒立振子

かす力 u に直接フィードバックすることによって倒立させる，つまり $\theta \to 0$ にすることができるように思えるかも知れない．しかし，制御理論の安定性解析によれば，それは不可能であることがわかる．そして，$\theta, \dot{\theta}$ とともに台車の水平方向の速度情報も使うことができれば，振子を倒立させることができることもわかる[7]．

また，出力が複数の場合，出力を任意に指定された一定値に保つには，入力数が出力数と同じかそれより多くなければならず，入力数が出力数よりも少ない場合は不可能であることも制御理論は教えてくれる．

これらの例のように，制御理論は，無駄な試行錯誤をなくし，成功への方向性を示してくれるものである．

1.5　制御理論の歴史

制御理論の歴史は，数学的取り扱いの発展の歴史でもある．まず，ラウスとフルビッツによって，システムを表す常微分方程式の係数を用いた安定性の代数的判定条件が得られた．本書では，それらについては第 5 章で述べる．続いて，ナイキストによって，一巡伝達関数（制御対象と制御器の直列結合の表現）の複素平面上の軌跡（ナイキスト軌跡と呼ばれる）を用いたフィードバック系に対する安定判別法が複素関数論を用いて開発された．これも第 5 章で述べる．フィードバック系については，その特性を表す感度や相補感度，定常偏差などの指標が提案されてきたので，それらを第 6 章で紹介する．

そして，ボードらによって，正弦波入力に対する出力の振幅比と位相差の周波数特性（周波数応答と呼ばれる）を表す線図（ボード線図と呼ばれる）による制御系設計法が発展した．周波数応答の視点はシステムの定常的な特性に注目するものであるが，その特性は過渡的な振る舞いへの示唆も与える．これについては第 4 章と第 7 章で述べる．その後，常微分方程式で表されるシステムの入力と出力のラプラス変換の比（伝達関数と呼ばれる）により，過渡的な振る舞いを含むシステムの動特性を，極や零点という概念で捉える解析や設計の方法が考えられた．これについては第 3 章と第 7 章で述べる．以上の解析・設計法はそれらが依拠する数学の性質により，線形時不変システムしか対象にすることができない．

制御理論のもう一つの流れは，高階の常微分方程式を状態方程式と呼ばれる 1 階の連立微分

方程式に変換して，時間領域で解析と設計を行うものである。これはシステムの動特性を過渡的な時間応答として把握するものであり，第3章と第8章で述べる。状態方程式は非線形や時変のシステムをも表すことができるので，制御理論の対象範囲を大きく広げた。なお，線形時不変システムに対象を限れば，状態方程式による解析・設計と伝達関数による解析・設計はラプラス変換によって結びつけられる。それらが同等である点と相違する点を第3章で述べる。

なお，最近はコンピュータのハードウェアとソフトウェアが高度化して数値計算が容易になったため，状態方程式の係数行列を使った行列不等式による解析・設計法[8]がよく使われるようになった。それらは新たな制御系設計法を開発するなど非常に有用であるが，第3章で述べる極，零点，可制御性，可観測性等のシステムの動特性に関する情報が隠れてしまうなど，本質がみえなくなっているところもある。

実際の制御問題においては，数式モデルが正確に得られることは少なく，一般に外乱も存在する。そのため，数式モデルの誤差や外乱の大きさを考慮したロバストな解析や設計法[9]が考えられている。ただし，それらの基本となっているのは，モデル誤差や外乱がない場合に対する解析や設計法であるので，本書ではモデル誤差や外乱がない場合を中心に考える。

1.6　回路網理論からの示唆

制御理論に現れる手法や概念には，もともと**回路網理論**で導入されたものが多い。回路網理論とは，電気信号による通信のための伝送線路をおもな対象とした電気回路論である。前節で述べた制御理論の歴史において，ラウスとフルビッツの安定判別法を除いた，その後の線形時不変システムに対する解析・設計法の基は回路網理論によっている[10]。まず，フィードバックの概念は信号の増幅のために考えられたものであり，ナイキストの安定条件はその流れの中で得られている。また，周波数応答は信号のフィルタの特性を表すものとして導入され，ボード線図はフィルタの解析と設計に用いられた。

伝達関数も回路網理論の分野で現れ，抵抗とキャパシタあるいは抵抗とインダクタで実現できる回路網の伝達関数のクラスが明らかにされた。そして，抵抗，キャパシタ，インダクタ，変圧器（トランス）のような受動素子（エネルギを消費する素子，蓄積する素子，あるいは通過させる素子）で構成された回路網の性質として，正実性という伝達関数の性質が明らかにされた[11]。これは周波数領域で入出力間の位相変動が90 deg以下であることを意味するとともに，時間領域では入力と出力の内積が非負であることを意味する。この時間領域の性質は受動性と呼ばれ，位相という概念が存在しない非線形や時変の要素にも適用できるので，それらを含む制御系の安定解析において大きな役割を果たしている[12]。

また，1入出力システムについて，双一次変換を介して正実性と等価な概念である有界実性は，時間領域では入力から出力への増幅度が1以下であることを意味しており，この視点から，受動性と同様に，非線形や時変要素を含む制御系の安定解析において大きな役割を果たしてい

8   1. 制 御 と 制 御 理 論

る[13]。なお，多入出力システムについては，受動性が同一の入出力数のシステムにしか適用でき ない概念であるのに対して，有界実性は入出力数が異なるシステムにも適用することができ る。また，有界実性は，制御理論における大きなトピックである H_∞ 制御や，それに基づくロ バスト制御の理論でも重要な役割を担っている。

回路網理論は抵抗，キャパシタ，インダクタ，変圧器，分布定数線路，増幅器等が構成要素 であることを前提とする理論である。一方，制御理論は構成要素をそれほど意識せずに発展し てきた。その違いは，制御理論が電機系や化学系などの要素分割しにくいシステムをも対象と していること，回路図のような図による表現が容易でないシステムを対象としていることによ ると考えられる。また，電気回路と比べて，制御の対象となるシステムは非線形要素を含む場 合が多いため，非線形システムへの理論の拡張も積極的に行われてきたところが回路網理論と 異なる点である。

1.7 ラプラス変換

制御理論の中で大きな役割を果たしているのが，ラプラス変換である。第 2 章と第 3 章で述 べるように，ラプラス変換は伝達関数表現の基であり，その逆変換は状態方程式の解の計算に も用いられる。ここで，その定義と本書で必要な性質と公式を述べておこう。

時間関数 $f(t)$，$t \geqq 0$ を考える。このラプラス変換 $\mathcal{L}[f(t)]$ は複素数 s の関数として

$$\mathcal{L}[f(t)] = \int_{0_-}^{\infty} f(t)e^{-st}dt \tag{1.1}$$

で定義される。ここで積分範囲の下限は 0 ではなく，0_- としている。これは負の側から 0 への 極限を意味し，第 3 章で現れるインパルス関数の取り扱いのために導入している。

ラプラス変換は線形である。すなわち，任意の実数 α，β と任意の時間関数 $f(t)$，$g(t)$，$t \geqq 0$ について，つぎの恒等式が成立する。

$$\mathcal{L}[\alpha f(t) + \beta g(t)] = \alpha \mathcal{L}[f(t)] + \beta \mathcal{L}[g(t)] \tag{1.2}$$

制御を考えるうえで代表的な時間関数である指数関数と三角関数のラプラス変換は以下のよ うに計算できる。

$$\mathcal{L}[e^{\alpha t}] = \frac{1}{s - \alpha} \tag{1.3}$$

$$\mathcal{L}[te^{\alpha t}] = \frac{1}{(s - \alpha)^2} \tag{1.4}$$

$$\mathcal{L}[\sin \beta t] = \frac{\beta}{s^2 + \beta^2} \tag{1.5}$$

$$\mathcal{L}[\cos \beta t] = \frac{s}{s^2 + \beta^2} \tag{1.6}$$

$$\mathcal{L}[e^{\alpha t}\sin \beta t] = \frac{\beta}{(s-\alpha)^2+\beta^2} \tag{1.7}$$

$$\mathcal{L}[e^{\alpha t}\cos \beta t] = \frac{s-\alpha}{(s-\alpha)^2+\beta^2} \tag{1.8}$$

また，$f(t)$ の微分 $df(t)/dt$ と積分 $\displaystyle\int_{0_-}^{t} f(\tau)d\tau$ のラプラス変換はつぎのように表せる。

$$\mathcal{L}\left[\frac{df(t)}{dt}\right] = s\mathcal{L}[f(t)] - f(0_-) \tag{1.9}$$

$$\mathcal{L}\left[\int_{0_-}^{t} f(\tau)d\tau\right] = \frac{1}{s}\mathcal{L}[f(t)] \tag{1.10}$$

さらに，これらを使うと，2 階微分と 2 階積分のラプラス変換はつぎのようになる。

$$\mathcal{L}\left[\frac{d^2f(t)}{dt^2}\right] = s^2\mathcal{L}[f(t)] - sf(0_-) - \frac{df(t)}{dt}\bigg|_{t=0_-} \tag{1.11}$$

$$\mathcal{L}\left[\int_{0_-}^{t}\int_{0_-}^{\tau} f(\eta)d\eta d\tau\right] = \frac{1}{s^2}\mathcal{L}[f(t)] \tag{1.12}$$

つぎの二つの定理も重要である。

初期値定理：$\displaystyle\lim_{t\to 0_+} f(t) = \lim_{s\to\infty} s\mathcal{L}[f(t)]$ \hfill (1.13)

最終値定理：$\displaystyle\lim_{t\to\infty} f(t) = \lim_{s\to 0} s\mathcal{L}[f(t)]$ （ただし，$\displaystyle\lim_{t\to\infty} f(t)$ が存在する場合） \hfill (1.14)

加えて，制御理論においては，畳み込み積分と呼ばれる $\displaystyle\int_{0_-}^{t} f(t-\tau)g(\tau)d\tau$ の形の時間関数の

積の積分が，入出力関係を記述するなど重要な役割を担う。これに関しては

$$\mathcal{L}\left[\int_{0_-}^{t} f(t-\tau)g(\tau)d\tau\right] = \mathcal{L}[f(t)]\mathcal{L}[g(t)] \tag{1.15}$$

が成立する。式 (1.3)～(1.15) は演習問題の解答で示す。

まとめ　本章では，本書で主題とする制御理論におけるシステムの捉え方と制御方策の考え方の基本，回路網理論との関係，および数学的準備としてのラプラス変換について述べた。次章以降，第 2 章～第 5 章でシステムの記述と性質，それに基づく解析方法等を紹介し，第 6 章～第 8 章で制御系設計の方法と考え方を述べる。

演 習 問 題

【1.1】 式 (1.3)～(1.8) を示せ。

【1.2】 式 (1.9)～(1.12) を示せ。

【1.3】 式 (1.13)，(1.14) の初期値定理と最終値定理を示せ。

【1.4】 式 (1.15) を示せ。

第2章 システムの数式モデル

　第1章で述べたように，制御理論では，システムの入力と出力の間の因果関係，つまり動特性を数式で表して，解析や設計を行う。この数式を数式モデルあるいは単にモデルと呼ぶ。本章では，まず，物理システムの共通の性質として，それらの要素が基本的に積分要素と定数要素で表せることを示す。そして，要素間結合をブロック線図で表し，数式モデルの導出方法を例示して，数式モデルの意味を説明する。代表的な数式モデルとして状態方程式と伝達関数をおもに考え，それらの特徴と関係を述べる。

2.1　システムと数式モデル

　第1章で述べたように，制御の目的は制御対象に適切な操作入力を加えることによって，制御出力を所定の値に保持する，あるいは制御出力に望ましい変化を実現することである。そのため，対象を，機械系や電機系などの物理的な実体に関係なく，一般に**図 2.1** で表すような，加えた入力に対して出力を生じるという働き（機能）すなわち因果関係をもつ入出力システムとみる。

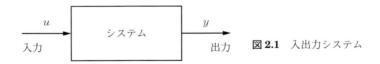

図 2.1　入出力システム

　制御理論では，制御対象のシステムの入力-出力間の関係を数式で表し，それを用いて入力に対する出力の応答を検討する。そのとき採用する数式を**数式モデル**（mathematical model）という。数式モデルを用いるのは，入力と出力の対応関係をコンパクトに表現でき，数理的な手法で解析できるからである。

　数式モデルを作り上げる過程を**モデリング**（modeling）という。数式モデルとしての数式は，どのような機能をどの程度の精度で表現するのか，求めやすいか，扱いが容易か，といったことを配慮して選択することになる。

　一般に，システムの特性をできるだけ忠実に精度よく表現しようとすると，数式モデルは複雑・高度になり，取り扱いが困難となる。例えば，ある空間の温度を制御する場合，加える熱

量と温度の関係は，空間の平均温度に着目すれば常微分方程式で近似できるが，温度分布を問題にすれば偏微分方程式が必要になる。また，目標物に指向するようにアンテナの姿勢を制御するとき，アンテナを剛体とみるかあるいは柔軟な構造物として扱うかによって数式モデルが常微分方程式あるいは偏微分方程式になり，後者においては，前者で無視した高次の振動モードを扱うことが必要になる。常微分方程式で表される要素あるいはシステムを**集中定数系**，偏微分方程式で表される要素あるいはシステムを**分布定数系**という。

したがって，数式モデルの選択は「モデルの記述能力」と「モデルを求める簡単さやモデルの扱いやすさ」の折り合いから適切に決めることになる。適切なモデルとは，当面する制御問題においてそれを用いたとき，適度な計算労力で，対象の入出力応答について有用な情報を提供できるようなモデルである。つまり，モデリングと制御は不可分と考える意識が必要である[14]。

このような観点で制御系の解析や設計に採用される制御対象のモデルを**名目モデル**（nominal model）という。名目モデルは仮定や簡単化に基づいて導かれるものである。したがって，いろいろな要因により，実際のシステム特性との差（誤差あるいは不確かさ）を伴っている。すなわち

- 名目モデルはシステム特性の近似表現である（非線形性や分布定数特性を扱いやすい線形・集中定数特性で表現する近似，寄生的な高次振動や微小な時間遅れなど定式化や扱いが困難な部分を無視することによる近似，モデルに用いるパラメータ値の誤差の影響の無視など）。
- 環境条件の変動や，経年変化によりシステム特性が変化し，名目モデルから離れていくことがある（温度，湿度，圧力等の環境変動，負荷や外乱の変動，摩擦特性の経年変化など）。

名目モデルがある程度の不確かさをもっていても，それに基づいて所定の制御目的が達成されるなら，それは有効なモデルであるといえる。以下でモデルと呼ぶものは名目モデルのことである。本書では線形かつ時不変（特性が変化しない）のモデルで表すことができるシステムを対象とし，集中定数系として表すことができるものを主とする。

2.2　システムの構成要素

システムの数式モデルを求める方法はつぎの二つに大別される。

① **構成要素に注目する方法**：　物理や化学の法則に基づいて構成要素（素子）の記述式を列記し，つぎにそれら要素のつながりを表す式を加えて，システム全体を記述する式にまとめる。

② **システム同定による方法**：　システムを内部構造が不明なブラックボックスとみなして，システムに試験入力を加え，それに対する出力応答を観測し，それらの関係からシステム

の数式モデルを求める。

以下では，原理的な方法であるという理由で①の構成要素に注目するモデリングについて述べることにしよう。実際には①の方法に基づくモデリングにおいても，ある構成要素のパラメータ値が不明なときや，システムの内部構造が部分的にみえないときなど，②の同定法を併用しなくてはならない場合がある。

2.2.1 システムの基本要素

物理的なシステムの変数は，**表 2.1** のように横断変数と通過変数に分類される[15]。横断変数とは要素の両端における値が異なるものの差を表す変数，通過変数とは要素の両端における値が等しい変数である。

表 2.1 横断変数と通過変数

システムの種類	横断変数	通過変数
電気系	電圧（電位差）v [V]	電流 i [A]
機械系	変位差 z [m]*，速度差 v [m/s] 角度差 θ [rad]**，角速度差 ω [rad/s]	力 f [N] トルク T [N·m]
タンク水位系	水位 h [m]，流路の両端の圧力差 p [Pa]	流路の単位時間当り流量 q [m³/s]

* ばねが自然長のときを $z=0$ とする。　** ばねが自然角のときを $\theta=0$ とする。

横断変数と通過変数の基準方向は**図 2.2** の関係とする。すなわち，ⓐ から ⓑ の方向で通過変数の値をみるときは，横断変数は ⓑ の値を基準として ⓐ の値をみる（ⓐ の値 − ⓑ の値）。こうすると，以下に現れる要素の物理係数（R, C, L, M, J, D, B, k, A）はすべて正の値となる。

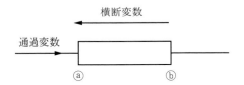

図 2.2 横断変数と通過変数の基準方向の関係

横断変数と通過変数を用いて，それぞれの系の基本素子を以下のように表すことができる。

● 電気系：

抵抗：$v(t) = Ri(t)$, $\quad i(t) = \dfrac{1}{R} v(t)$ 　（R [Ω]：抵抗）

キャパシタ：$v(t) = \dfrac{1}{C} \displaystyle\int_{t_0}^{t} i(\tau) d\tau + v(t_0)$, $\quad i(t) = C \dfrac{dv(t)}{dt}$ 　（C [F]：キャパシタンス）

インダクタ：$i(t) = \dfrac{1}{L} \displaystyle\int_{t_0}^{t} v(\tau) d\tau + i(t_0)$, $\quad v(t) = L \dfrac{di(t)}{dt}$ 　（L [H]：インダクタンス）

2.2 システムの構成要素　13

● **機械系**（直線運動系）：

ばね：$f(t) = kz(t)$, $\quad z(t) = \dfrac{1}{k} f(t)$ $\quad$（k〔N/m〕：ばね乗数）

ダンパ：$f(t) = Dv(t)$, $\quad v(t) = \dfrac{1}{D} f(t)$ $\quad$（D〔N·s/m〕：粘性摩擦係数）

剛体：$v(t) = \dfrac{1}{M} \displaystyle\int_{t_0}^{t} f(\tau) d\tau + v(t_0)$, $\quad f(t) = M \dfrac{dv(t)}{dt}$ $\quad$（M〔kg〕：質量）

変位差と速度差の関係：$z(t) = \displaystyle\int_{t_0}^{t} v(\tau) d\tau + z(t_0)$, $\quad v(t) = \dfrac{dz(t)}{dt}$

　通常，直線運動系の記述では，速度差 v ではなく変位差 z を用いて，ダンパは $f(t) = Ddz(t)/dt$ で，剛体は $f(t) = Md^2z(t)/dt^2$ で表されるが，系に関係なく，システムを 1 回微分方程式と代数方程式で統一的に扱うために，本書では上記の記述を用いる。

● **機械系**（回転運動系）：

ばね：$T(t) = k\theta(t)$, $\quad \theta(t) = \dfrac{1}{k} T(t)$ $\quad$（k〔N·m/rad〕：ばね乗数）

ダンパ：$T(t) = B\omega(t)$, $\quad \omega(t) = \dfrac{1}{B} T(t)$ $\quad$（B〔N·m·s/rad〕：粘性摩擦係数）

剛体：$\omega(t) = \dfrac{1}{J} \displaystyle\int_{t_0}^{t} T(\tau) d\tau + \omega(t_0)$, $\quad T(t) = J \dfrac{d\omega(t)}{dt}$ $\quad$（J〔kg·m^2〕：慣性モーメント）

角度差と角速度差の関係：$\theta(t) = \displaystyle\int_{t_0}^{t} \omega(\tau) d\tau + \theta(t_0)$, $\quad \omega(t) = \dfrac{d\theta(t)}{dt}$

　直線運動系についての記述と同様に，回転運動系についても，ダンパと剛体の特性を角度差 θ ではなく，角速度差 ω で記述している。

● **線形化された円筒形タンクの水位系**（後述）：

タンク底部の流路：$h(t) = Rq(t)$, $\quad q(t) = \dfrac{1}{R} h(t)$ $\quad$（R〔Pa·s/m^3〕：流路抵抗）

水位：$h(t) = \dfrac{1}{A} \displaystyle\int_{t_0}^{t} q(\tau) d\tau + h(t_0)$, $\quad q(t) = A \dfrac{dh(t)}{dt}$ $\quad$（A〔m^2〕：タンク底面積）

　以上のように，物理システムの要素は横断変数と通過変数を用いて代数方程式と 1 階の積分方程式または 1 階の微分方程式で表すことができる。

　なお，本書では各素子の記述式は線形とするが，実際の多くの素子は非線形特性をもつ。それらを線形式で表すには特性を線形化しなければならない。線形化とは，非線形の特性を $y = f(u)$（y：出力，u：入力）とすれば，$y_0 = f(u_0)$ を満たすある基準動作点 (u_0, y_0) の近くの振る舞いに注目して，それを線形式 $y - y_0 = \alpha(u - u_0)$（$\alpha$：定数）によって近似することをいう。2.3.3 項で，線形化の例をタンク水位系を用いて説明する。

2.2.2 基本ブロック

以上の議論は，システム構成要素の特性が，線形係数器と積分器という2種類の基本数式モデルで表せることを意味している。

線形係数器（以下，**係数器**あるいは比例要素という）とは出力が入力の定数倍，すなわち

$$y(t) = \alpha u(t) \quad (\alpha：定数 \neq 0, \quad u：入力, \quad y：出力) \tag{2.1}$$

なる入出力応答をもつシステムである。これを図 **2.3**（a）のように表すものとする。

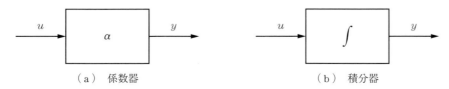

（a）係数器　　　　　　　（b）積分器

図 2.3　線形システムの基本構成要素

また，**積分器**（あるいは積分要素）（integrator）とは入出力応答が1階微分方程式

$$\frac{dy(t)}{dt} = u(t) \quad (u：入力, \quad y：出力) \tag{2.2}$$

により規定されるシステムである。両辺を任意の時刻 t_0 から $t > t_0$ まで積分すると

$$y(t) = y(t_0) + \int_{t_0}^{t} u(\tau) d\tau \tag{2.3}$$

となり，出力は入力の積分で与えられる。積分器を図2.3（b）のように表す。

これら係数器と積分器でモデル化される要素を線形要素といい，線形要素で構成されるシステムを**線形システム**（linear system）という。また，係数器だけから構成されるシステムを**静的システム**，積分器を含むシステムを**動的システム**という。システムに含まれる積分器の数を**システムの次数**（system dimension）といい，積分器が有限個の場合，そのシステムは有限次元（あるいは有限次数）であるという。モデル化に無限個の積分器を要するときは無限次元システムと呼ぶ。式(2.3)が示すように，積分器には，初期値 $y(t_0)$（初期条件）と入力 $u(t)$，$t \geq t_0$ が与えられると出力 $y(t)$ が一意に定まるという性質がある。ゆえに，**有限次元システム**（finite-dimensional system）とは，その振る舞いを決めるのに必要な初期値が有限個であるようなシステムである。

本書では原則として有限次元の線形システムを扱うことにする。2.3節で取り上げる電気回路，機械系，タンク水位系の例に対する状態方程式からもわかるように，有限次元の線形システムの数式モデルは，線形定係数常微分方程式により表される。これに対し，無限次元システムの記述には偏微分方程式や差分微分方程式などが必要となり，それだけに取り扱いが難しい。

数式モデルを図示するために，信号（変数）の分岐と結合の機能を表す引き出し点と加え合せ点を導入しよう（**図 2.4**）。

(a) 引き出し点　　(b) 加え合わせ点

図 2.4 信号の分岐と結合

　積分器，係数器など信号の変換を表す図 2.3 の「箱」をブロックという。ブロックと引き出し点，加え合せ点の組み合わせにより，システムにおける信号の流れと変換を視覚的に表す図を**ブロック線図**（block diagram）という。ブロック線図において，信号は線分上を矢印の方向に進むものと約束する。

　なお，2.2.1 項で各要素について述べたように，積分形式で記述できる要素は微分形式でも表すことができる。したがって，基本ブロックとして積分器の代わりに微分器を用いることも可能である。しかし，後に述べるブロック線図から状態方程式を導く場合は，積分器ブロックで表されているほうが便利である。また，ブロック線図に従ってシステムの振る舞いのシミュレーションを行う場合，微分器はアナログの場合はノイズに，ディジタルの場合は数値誤差に敏感に反応するため，積分器表現を用いるほうがよい。

2.3　ブロック線図によるシステムの記述

ブロック線図の描き方の手順は以下のとおりである。
① まず構成要素の特性式を記述し，積分器あるいは係数器のブロックで表す。
② つぎに，構成要素のつながりを表す式を記述する。それに基づいて，引き出し点と加え合せ点を用いて構成要素のブロックを結合した，全体システムのブロック線図を描く。

　ブロック線図により，システムを個々の属性から離れて統一的に扱うことができる。そして，後に述べる状態方程式や伝達関数という数式モデルを容易に導くことができる。

　以下，電気回路，機械系，タンク水位系の例について，ブロック線図を描く。なお，ここでは積分器と係数器のみをブロックとして，ブロック線図の説明をする。前節で述べたように，それらがシステムの内部の基本動作を表しているからである。一方，後に述べる伝達関数の導出には，【例 2.7】（続き 2）に示すように，システムの基本素子よりも大きな部分を表すブロックを用いるほうが便利なことも多い。

2.3.1　電気回路

　電気回路の基本構成要素である抵抗，キャパシタ，インダクタは，電圧 v，電流 i について，2.2.1 項で述べたように，それぞれ特性式

16   2. システムの数式モデル

$$抵抗: v_R(t) = R i_R(t) \quad \left(\text{または}, \ i_R(t) = \frac{1}{R} v_R(t)\right) \tag{2.4a}$$

$$キャパシタ: v_C(t) = \frac{1}{C} \int_{t_0}^{t} i_C(\tau) d\tau + v_C(t_0) \tag{2.4b}$$

$$インダクタ: i_L(t) = \frac{1}{L} \int_{t_0}^{t} v_L(\tau) d\tau + i_L(t_0) \tag{2.4c}$$

で表される．電圧，電流には，どの素子のものかがわかるように，添え字 R, L, C を付している．これらを係数器と積分器で表したのが図 2.5 である．抵抗に関しては，電流を入力とするものと電圧を入力とするものの二つの形が考えられる．キャパシタの入力は電流，インダクタの入力は電圧である．

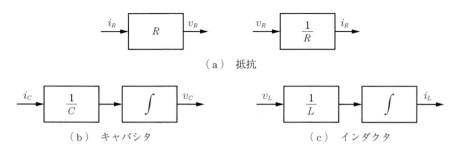

図 2.5　抵抗，キャパシタ，インダクタのブロック線図表現

電気回路においては，回路素子の接続関係を反映して，素子の電圧・電流間にキルヒホフの法則として知られる拘束条件が成立する．

● **キルヒホフ電圧則**：　回路素子で形成される閉路において，閉路を一周するとき

　　　進行方向と同方向電圧の総和＝進行方向と逆方向電圧の総和

● **キルヒホフ電流則**：　素子の接続点において

　　　流入電流の総和＝流出電流の総和

電気回路の記述式は，式 (2.4) の素子特性式と，これらキルヒホフの法則から導くことができる．

【例 2.1】（RC 回路）

図 2.6(a) において，電圧源 e を入力，キャパシタ電圧 v_C を出力とする．この回路において，

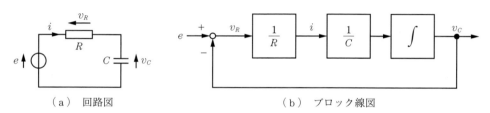

図 2.6　RC 回路

キルヒホフ電流則により抵抗の電流 i_R とキャパシタの電流 i_C は等しいから，これを i とする。一方，キルヒホフ電圧則は $e-v_R-v_C=0$ を意味している。これらの関係に基づき，電圧 v_R を入力とした抵抗とキャパシタのブロックを加え合わせ点でつないだものが図 2.6(b) である。この回路には 1 個の積分器しかないので，1 次のシステムである。■

【例 2.2】（RLC 回路）

図 2.7(a) の RLC 回路において，キルヒホフ電流則により，抵抗，インダクタ，キャパシタの電流 i_R, i_L, i_C はすべて等しいから，これを i とする。一方，キルヒホフ電圧則より $e-v_R-v_L-v_C=0$ である。図 2.6 の RC 回路とは異なり，抵抗の入力を電流 i としてこれらの関係を引き出し点と加え合わせ点で表したのが図 2.7(b) である。これより，RLC 回路は積分器 2 個をもつ 2 次システムであることがわかる。

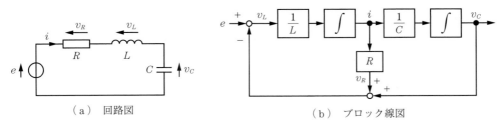

(a) 回路図　　　　　　　　　(b) ブロック線図

図 2.7 RLC 回路

■

2.3.2 機械系

剛体，ばね，ダンパから構成される直線運動系と回転運動系を考える。2.2.1 項で述べたように，剛体，ばね，ダンパの特性は，それぞれ

$$\text{ばね}: f_k(t)=kz_k(t) \quad \text{（直線運動系）}, \quad T_k(t)=k\theta_k(t) \quad \text{（回転運動系）} \tag{2.5a}$$

$$\text{ダンパ}: f_D(t)=Dv_D(t) \quad \text{（直線運動系）}, \quad T_B(t)=B\omega_B(t) \quad \text{（回転運動系）} \tag{2.5b}$$

$$\text{剛体}: v_M(t)=\frac{1}{M}\int_{t_0}^{t} f_M(\tau)d\tau+v_M(t_0) \quad \text{（直線運動系）},$$

$$\omega_J(t)=\frac{1}{J}\int_{t_0}^{t} T_J(\tau)d\tau+\omega_J(t_0) \quad \text{（回転運動系）} \tag{2.5c}$$

と表せる。添え字はどの要素の変数かがわかるようにつけている。機械系の場合

$$\text{変位差と速度差の関係}: z(t)=\int_{t_0}^{t} v(\tau)d\tau+z(t_0) \quad \text{（直線運動系）} \tag{2.6a}$$

$$\text{角度差と角速度差の関係}: \theta(t)=\int_{t_0}^{t} \omega(\tau)d\tau+\theta(t_0) \quad \text{（回転運動系）} \tag{2.6b}$$

も加えて，図 2.8 のブロックを用いる。

18   2. システムの数式モデル

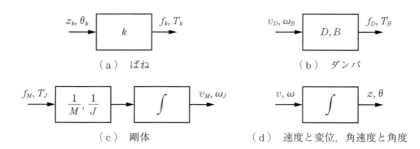

図 2.8 機械系の基本ブロック

【例 2.3】（回転運動系）

図 2.9(a)の剛体-ダンパ系を考えよう。剛体 J に加わる外部からのトルク T を入力，その角速度 ω_J を出力とする。なお，ω_J とダンパ B の角速度 ω_B は等しいので ω としている。ダンパの片側は固定されているので，ω はダンパの両端の角速度差でもある。剛体には外からのトルク T とともに，ダンパによって発生するトルク T_B が逆方向に加わるので，$T_J(t) = T(t) - T_B(t)$ が剛体に作用するトルクである。図 2.8 の剛体とダンパのブロックをこの関係に基づいて引き出し点と加え合わせ点で結びつけると，図 2.9(b)のブロック線図が得られる。

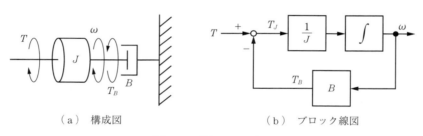

図 2.9 剛体-ダンパ系

■

【例 2.4】（直線運動系）

図 2.10(a)の質量-ばね-ダンパ系において，質量 M に働く外力 f を入力，変位 z_M を出力とする。なお，変位の基準 0 をばね k が自然長で全体が静的な状態とすると，z_M はばねの両端の変位差 z_k と同じであるから z と記している。また，同様に，剛体の速度 v_M とダンパ D の両端の速度差 v_D は同じであるから，v と記している。剛体には外力 f とともに，ばねによる力 f_k と

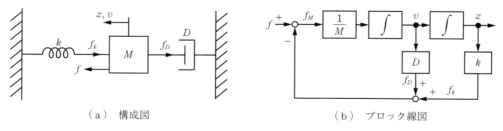

図 2.10 質量-ばね-ダンパ系

ダンパによる力 f_D が逆方向に加わるので，$f_M = f - f_k - f_D$ である．図2.8の各要素のブロックをこの関係に基づいて引き出し点と加え合わせ点で結びつけると，図2.10(b)のブロック線図が得られる．このシステムは積分器を2個含んでいるので2次系である．■

2.3.3 タンク水位系

タンク水位系のブロック線図を導く前に，まず非線形特性をもつ要素に対する線形化モデルの導出について述べよう．本項の二つの例に現れる流路では，水力学によると，乱流が発生しない状態において，流量 Q と流路の両端の圧力差 P の関係は

$$Q = \alpha \sqrt{P} \quad (\alpha：定数) \tag{2.7}$$

のように非線形である．非線形要素を含むシステムの解析は困難なので，通常，動作範囲が小さいものとして，以下のように線形化したモデルが用いられる．

いま，圧力差 P_0 のときの流量を Q_0 とし，これを基準動作点としよう．すなわち，$Q_0 = \alpha \sqrt{P_0}$ とする．そして，その基準動作点から少し変動した状況として，圧力差 $P = P_0 + p$ と流量 $Q = Q_0 + q$ を考える．すなわち，$Q_0 + q = \alpha \sqrt{P_0 + p}$ である．この右辺をテイラー展開した

$$Q_0 + q = \alpha \sqrt{P_0} + \frac{\alpha}{2\sqrt{P_0}} p + c_2 p^2 + c_3 p^3 + \cdots$$

において，2次項以降は1次項に比べて充分に小さいとして無視すれば，変動分について，線形モデル

$$q = \frac{1}{R} p \tag{2.8}$$

が得られる．ここで，$1/R = \alpha/(2\sqrt{P_0})$ であり，**図2.11** に示すように，式(2.7)の非線形特性の動作点 (P_0, Q_0) における勾配である．R は式(2.8)からわかるように，等価的な流路抵抗を表している．

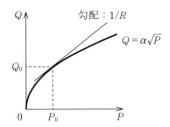

図2.11 非線形特性の線形化

以上の準備のもとに，二つの例を考える．

【例2.5】（1タンク水位系）

図2.12のタンク水位系において，円筒形のタンクへの単位時間当りの水の流入量 Q_1 を入力，流出量 Q_2 を出力とする．

2. システムの数式モデル

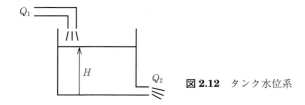

図 2.12 タンク水位系

ここで，タンクへの水の正味の流入量を $\tilde{q}$，タンクの水平断面積を A，水位を H とするとき，水量保存則から

$$\frac{dH(t)}{dt} = \frac{1}{A}\tilde{q}(t) \tag{2.9}$$

が成立する。ただし

$$\tilde{q}(t) = Q_1(t) - Q_2(t) \tag{2.10}$$

である。

一方，出口流路の両端の圧力差は水位に等しいので，その関係は

$$Q_2(t) = \alpha\sqrt{H(t)} \quad (\alpha : 定数) \tag{2.11}$$

で表される。ここで，上で述べたのと同様に，$Q_0 = \alpha\sqrt{H_0}$ という平衡状態を考え，水位と流入出量の変動分をそれぞれ h, q_1, q_2 として

$$H(t) = H_0 + h(t), \quad Q_1(t) = Q_0 + q_1(t), \quad Q_2(t) = Q_0 + q_2(t) \tag{2.12}$$

とおく。この変動分については

$$q_2(t) = \frac{1}{R}h(t), \quad \frac{1}{R} = \frac{\alpha}{2\sqrt{H_0}} \tag{2.13}$$

が成立する。また，式(2.12)を式(2.9)，(2.10)に代入すれば

$$\frac{dh(t)}{dt} = \frac{1}{A}\tilde{q}(t) \tag{2.14}$$

$$\tilde{q}(t) = q_1(t) - q_2(t) \tag{2.15}$$

となる。

以上より，式(2.13)の流路と式(2.14)のタンクは基本ブロックとして**図 2.13**のように表すことができる。これらを式(2.15)の関係から引き出し点と加え合わせ点で結びつけると，図 2.12 のタンク水位系の線形化モデルを表すブロック線図が**図 2.14**のように得られ，1次システムであることがわかる。

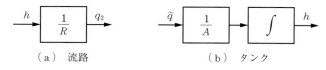

図 2.13 水位系の基本ブロック

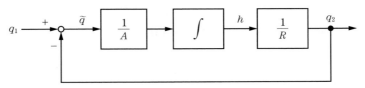

図 2.14 線形化された水位系のブロック線図

【例 2.6】（2 タンク水位系）

二つの円筒形タンクをもつ図 2.15 の水位系を考えよう。【例 2.5】と同様に，平衡状態が存在し，そのときのタンク 1 と 2 の水位をそれぞれ H_{10}, H_{20}，すべての流路の流量を Q_0，タンク 1 からタンク 2 への流路の圧力差を P_0，タンク 2 から外部への流路の圧力差を P_{20} とする。このとき，$P_0 = H_{10} - H_{20}$, $P_{20} = H_{20}$ である。

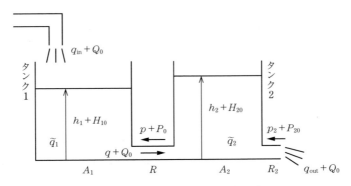

図 2.15 二つのタンクをもつ水位系

その平衡状態からの変動分として，タンク 1, 2 の水位をそれぞれ h_1, h_2，外部からタンク 1 への流入量を q_{in}，タンク 1 からタンク 2 への流路の圧力差を p，流量を q，タンク 2 から外部への流路の圧力差を p_2，流出量を q_{out} とする。$\tilde{q}_1$, $\tilde{q}_2$ はタンク 1, 2 への正味の流入量である。図 2.15 において，A_1 と A_2 はタンク 1, 2 の水平断面積，R と R_2 はタンク 1 とタンク 2 を結ぶ流路およびタンク 2 から外部への流路の流路抵抗を表している。

以上より，二つのタンクと二つの流路はつぎの式で表すことができる。

$$\frac{dh_1(t)}{dt} = \frac{1}{A_1}\tilde{q}_1(t), \quad \frac{dh_2(t)}{dt} = \frac{1}{A_2}\tilde{q}_2(t) \tag{2.16}$$

$$q(t) = \frac{1}{R}p(t), \quad q_{\text{out}}(t) = \frac{1}{R_2}p_2(t) \tag{2.17}$$

そして，そこに現れる変数の間に，つぎの関係が成立する。

$$\tilde{q}_1(t) = q_{\text{in}}(t) - q(t), \quad \tilde{q}_2(t) = q(t) - q_{\text{out}}(t) \tag{2.18a}$$

$$p(t) = h_1(t) - h_2(t), \quad p_2(t) = h_2(t) \tag{2.18b}$$

式 (2.16), (2.17) を図 2.13 のブロックで表し，式 (2.18) の関係で，引き出し点と加え合わせ点で

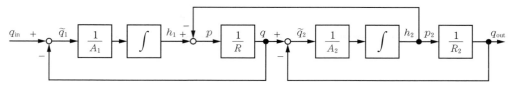

図 2.16　二つのタンクをもつ線形化された水位系のブロック線図

結びつけると，線形化された 2 タンク水位系のブロック線図が図 2.16 のように得られる。これより，このシステムが 2 次系であることがわかる。■

以上，電気回路，機械系，タンク水位系という異なる物理系のいくつかのシステムについて，それらの入出力関係を，入力 u から出力 y への信号の流れを表すブロック線図という共通の道具を用いて記述した。

2.3.4 平衡状態周りの数式モデル

以上の説明において，タンク水位系に対しては，「平衡状態」という水位と流量がある関係を満たしてともに一定である状態を考え，それらの値からの変動分を変数としてシステムを記述した。これは非線形要素を含む対象システムを線形のモデルで表すためであって，考える平衡状態ごとに線形モデル内のパラメータの値が異なることに注意する必要がある。また，変動分が小さい範囲でしかモデルが有効でないということにも注意する必要がある。

一方，電気回路と機械系においては平衡状態を明示的には示していなかったが，【例 2.1】〜【例 2.4】においては，すべての変数が 0 である平衡状態を考えていた。実際には，それら以外にも平衡状態が存在し，以下のとおりである。

- 【例 2.1】の場合：

　　電圧源の一定電圧 $e = e_0$ に対して：$i = 0$, 　$v_R = 0$, 　$v_C = e_0$

- 【例 2.2】の場合：

　　電圧源の一定電圧 $e = e_0$ に対して：$i = 0$, 　$v_R = 0$, 　$v_L = 0$, 　$v_C = e_0$

- 【例 2.3】の場合：

　　外部からの一定トルク $T = T_0$ に対して：$T_j = 0$, 　$T_B = T_0$, 　$\omega = \dfrac{T_0}{B}$

- 【例 2.4】の場合：

　　一定の外力 $f = f_0$ に対して：$f_M = 0$, 　$v = 0$, 　$f_D = 0$, 　$f_k = f_0$, 　$z = \dfrac{f_0}{k}$

これら線形要素で構成されたシステムの場合，0 以外の平衡状態からの変動分を変数とするモデルは 0 を平衡状態とするモデルと同じになることが容易に確かめられる。多くの制御問題の場合，各変数は平衡状態からの変動分を表す場合が多い。したがって，変数の値 0 を物理量の 0 を意味すると理解するのではなく，変数の値 0 は平衡状態を意味すると理解する意識が必要である。

例えば，車を一定の速度 60 km/h で走らせる制御の場合，速度変数としては実際の速度ではなく 60 km/h との差を考え，それを 0 にすることを目標とする。そして，車を 60 km/h で走らせるために必要な一定の力を基準として，それとの差を操作すべき入力と考える。このモデルの場合，速度変数が負の値をとったとしても，車がバックすることを意味するわけではない。あくまで基準の速度より遅いという意味である。

2.4　入出力微分方程式

システムの入出力関係を表す方法としては，例えば，2 タンク水位系を表す式(2.16)〜(2.18)から入力 $u = q_{\mathrm{in}}$ と出力 $y = q_{\mathrm{out}}$ 以外の変数を消去して得られる

$$A_1 A_2 R R_2 \frac{d^2 y(t)}{dt^2} + (A_1 R + A_1 R_2 + A_2 R_2) \frac{dy(t)}{dt} + y(t) = u(t) \tag{2.19}$$

や，その一般形である入出力微分方程式

$$a_n \frac{d^n y(t)}{dt^n} + a_{n-1} \frac{d^{n-1} y(t)}{dt^{n-1}} + \cdots + a_0 y(t) = b_m \frac{d^m u(t)}{dt^m} + b_{m-1} \frac{d^{m-1} u(t)}{dt^{m-1}} + \cdots + b_0 u(t)$$

$$\tag{2.20}$$

が用いられることがある。これはシステムの入出力応答の情報をすべて含む基本的な数式モデルであるが，複雑なシステムの場合，導出とともに，得られる高階微分方程式の解を記述することが容易ではない。

さて，制御理論では

① 入出力応答だけでなく，システム内部の状態も把握したい

② 入出力応答を，係数器のように「出力＝ゲイン×入力」という掛算の形で扱いたい

ということがしばしば要求される（ゲインはシステム利得とも呼ばれる）。① の要求を満たす数式モデルなら，より高度で精密な制御目的に対応できる。② の要求を満たすと，全体システムが複数のシステムの結合から構成されるようなとき，全体システムの数式モデルが構成システムの数式モデルから容易に求められて便利である。入出力微分方程式は，これらの要求も満たしていないため，制御理論の道具としてあまり使われていない。

上記 ① の要求に応える数式モデルが 1 階連立微分方程式である**状態方程式**（state equation）であり，② の要求に応える数式モデルが信号をラプラス変換された領域で扱う**伝達関数**（transfer function）である。これらのほうが数学的に扱いやすいため，制御理論ではこれらがおもに用いられる。

なお，2.6.2 項で述べるように，伝達関数は，入力と出力，そしてそれらの微分（高階を含む）の初期値がすべて 0 の場合の入出力微分方程式と等価である。

2.5 状態方程式

2.3節で述べたように，線形システムは積分器と係数器の結合であるブロック線図で表すことができる．積分器の現在の出力は過去に加わった入力の蓄積であり，過去の振る舞いによって生じた現在の**状態**を表している．また，積分器の未来の出力は，現在の出力とこれから加わる入力によって決まるので，積分器はシステムの将来を決める重要な情報をもっているといえる．積分器のこのような機能に注目してシステムを表すのが**状態方程式**である．以下に述べるように導出が容易であり，しかも，その係数行列を用いて解を記述できるので，制御系の解析や設計において有用である．

2.5.1 状態方程式の導出

ブロック線図から状態方程式を導く基本は，各積分器の出力を状態を表す変数（**状態変数**，state variable）とし，それらの入力，すなわち状態変数の微分を状態変数とシステムの入力で表す，というものである．

いま，図2.7(b)のRLC回路のブロック線図を**図2.17**のように描き直そう．

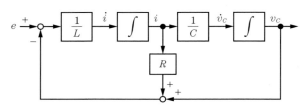

図2.17 RLC回路の状態変数

二つの積分器の出力はキャパシタ電圧 v_C とインダクタ電流 i である．図より，それらの微分は

$$\dot{v}_C(t) = \frac{1}{C}i(t), \quad \dot{i}(t) = \frac{1}{L}(e(t) - Ri(t) - v_C(t))$$

と求まり[†1]，これはまとめて

$$\begin{bmatrix} \dot{v}_C(t) \\ \dot{i}(t) \end{bmatrix} = \begin{bmatrix} 0 & 1/C \\ -1/L & -R/L \end{bmatrix} \begin{bmatrix} v_C(t) \\ i(t) \end{bmatrix} + \begin{bmatrix} 0 \\ 1/L \end{bmatrix} e(t) \quad (2.21a)$$

と書くことができる．ここで，状態変数を成分とするベクトル $[v_C \ i]^T$ を**状態ベクトル**（state vector）[†2]，あるいは単に状態という．そして，式(2.21a)が状態方程式である．出力をキャパシタ電圧 v_C とすると，状態ベクトルを用いて

[†1] $\dot{v}_C$, $\dot{i}$ は v_C, i の時間 t についての微分を表す．
[†2] $[\ ]^T$ の T は行列やベクトルの転置を表す．

$$v_C(t) = \begin{bmatrix} 1 & 0 \end{bmatrix} \begin{bmatrix} v_C(t) \\ i(t) \end{bmatrix} \tag{2.21b}$$

と表され，これを**出力方程式**（output equation）という。

つぎに，図 2.10 の質量-ばね-ダンパ系のブロック線図を**図 2.18** のように描き直そう。

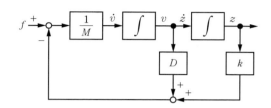

図 2.18 質量-ばね-ダンパ系の状態変数

二つの積分器の出力は質量の変位 z と速度 v であり，それらの微分はこの図より

$$\dot{z}(t) = v(t), \quad \dot{v}(t) = \frac{1}{M}(f(t) - Dv(t) - kz(t))$$

のように表すことができる。したがって，$[z \ v]^T$ を状態ベクトルとして，状態方程式

$$\begin{bmatrix} \dot{z}(t) \\ \dot{v}(t) \end{bmatrix} = \begin{bmatrix} 0 & 1 \\ -k/M & -D/M \end{bmatrix} \begin{bmatrix} z(t) \\ v(t) \end{bmatrix} + \begin{bmatrix} 0 \\ 1/M \end{bmatrix} f(t) \tag{2.22a}$$

が得られる。ここで，z を出力とすると，出力方程式は

$$z(t) = \begin{bmatrix} 1 & 0 \end{bmatrix} \begin{bmatrix} z(t) \\ v(t) \end{bmatrix} \tag{2.22b}$$

となる。

以上の積分器を 2 個含むブロック線図で表すことができるシステムに対する式(2.21)や式(2.22)の状態方程式および出力方程式は，2 次元ベクトル $x = [x_1 \ x_2]^T$ と 2×2 の行列 A，2 次元列ベクトル b，2 次元行ベクトル c を用いて

$$\dot{x}(t) = Ax(t) + bu(t), \quad y(t) = cx(t)$$

の形に表せる。つまり，システムの次数と状態ベクトルの次元は等しい。ここで，$\dot{x} = [\dot{x}_1 \ \dot{x}_2]^T$，すなわちベクトルの微分は各成分を微分したものとする。

以上，次数が 2 のシステムの場合を説明したが，一般のシステムについても，状態方程式および出力方程式を導出する基本的な考え方および手順は同じである。以下にまとめておこう。

- **状態方程式および出力方程式の導き方**：
  ① 積分器，係数器，引き出し点，加え合わせ点を用いたシステムのブロック線図を描く（**図 2.19**）。
  ② システムが n 個の積分器を含むとする。各積分器の出力 $x_i \ (i = 1, 2, ..., n)$ を状態変数，$x = [x_1 \ x_2 \ \cdots \ x_n]^T$ を状態ベクトルとする。
  ③ 各積分器の入力，すなわち $\dot{x}_i \ (i = 1, 2, ..., n)$ に着目し，係数器，引き出し点，加え合わせ点との関係を用いて $\dot{x}_i$ を状態変数 $x_i \ (i = 1, 2, ..., n)$ と入力 u の線形結合として表

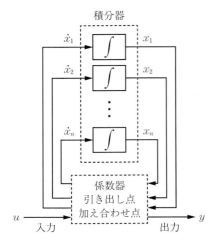

図 2.19 動的システムの内部構造

す。この結果をまとめて $\dot{x} = Ax + bu$ ($A: n \times n$ 行列,$b: n$ 次元列ベクトル)と書く。

④ 出力 y を状態変数 x_i ($i = 1, 2, ..., n$) と入力 u の線形結合として,$y = cx + du$ ($c: n$ 次元行ベクトル,d: スカラ)と表す。

以上により状態ベクトル $x = [x_1 \ x_2 \ \cdots \ x_n]^T$ について

$$\text{状態方程式:} \dot{x}(t) = Ax(t) + bu(t) \tag{2.23a}$$

$$\text{出力方程式:} y(t) = cx(t) + du(t) \tag{2.23b}$$

が導かれる。

式 (2.23a),(2.23b) がシステムの状態方程式と出力方程式の標準的な形で,式 (2.21) と式 (2.22) は $d = 0$ の場合である。式 (2.23a),(2.23b) をあわせて状態方程式ということも多い。

以上の ①〜④ は状態方程式を導く基本的な手順であるが,簡単なシステムの場合は図 2.19 のようなブロック線図を描く必要がないことも多い。例えば RLC 回路では,一般にインダクタ電流 i_L とキャパシタ電圧 v_C が積分器出力に対応することがわかっているので,図 2.7 程度の回路であれば,それらを状態変数として回路図から直接に状態方程式を導くことができる。同様に,質量,ばね,ダンパからなる機械系では,図 2.10 程度の簡単なシステムの場合,質量の変位 z と速度 v を状態変数として,記述式から直接,状態方程式を導くことができる。

一般にシステム記述式において,適当な変数 x_i ($i = 1, 2, ..., n$) を選び,式 (2.23) の形の方程式が書けたならば,結果的にそれら x_i ($i = 1, 2, ..., n$) はしかるべきブロック線図の積分器出力であり,したがってシステムの状態変数であるといえるのである。以下に二つの例を与えよう。

【例 2.6】(2 タンク水位系)(続き)

二つのタンクをもつ図 2.15 の水位系において,記述式 (2.16),(2.17) をみると,水位 h_1,h_2 について式 (2.23) の形の状態方程式が導けることが予想される。じっさい,式 (2.16) に式 (2.18a),式 (2.17),式 (2.18b) を順に代入していくと

$$\begin{bmatrix} \dot{h}_1(t) \\ \dot{h}_2(t) \end{bmatrix} = \begin{bmatrix} -1/(A_1 R) & 1/(A_1 R) \\ 1/(A_2 R) & -(1/(A_2 R) + 1/(A_2 R_2)) \end{bmatrix} \begin{bmatrix} h_1(t) \\ h_2(t) \end{bmatrix} + \begin{bmatrix} 1/A_1 \\ 0 \end{bmatrix} q_{\text{in}}(t) \tag{2.24a}$$

が得られる。また，式(2.17)と式(2.18b)から，出力は

$$q_{\text{out}}(t) = \begin{bmatrix} 0 & \dfrac{1}{R_2} \end{bmatrix} \begin{bmatrix} h_1(t) \\ h_2(t) \end{bmatrix} \tag{2.24b}$$

と表せるので，式(2.23)の形の状態方程式および出力方程式が得られたことになり，h_1 と h_2 が状態変数であることがわかる。当然であるが，この結果は図2.16のブロック線図からも，上で述べた手順で容易に得ることができる。■

【例 2.7】（電機系）

図2.20は一定励磁の直流サーボモータである。電機子の印加電圧 e を入力，回転体負荷の回転角 θ を出力として状態方程式を導こう。

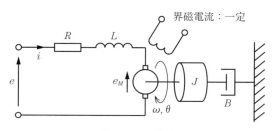

図 2.20 電機系

いま，電機子回路の抵抗を R，インダクタンスを L とすると，キルヒホフ電圧則より

$$L\dfrac{di(t)}{dt} + Ri(t) + e_M(t) = e(t) \tag{2.25}$$

となる。ここで e_M はモータ逆起電力であり，その大きさはモータ回転角速度 ω に比例し

$$e_M(t) = k_M \omega(t) \quad (k_M：逆起電力定数) \tag{2.26}$$

と与えられる。モータは回転体負荷に直結しており，$\omega(t) = d\theta(t)/dt$ である。モータの発生トルク T_M の特性は電機子電流に比例するので

$$T_M(t) = k_T i(t) \quad (k_T：トルク定数) \tag{2.27}$$

と書ける。電機子と負荷の慣性モーメントを合わせて J，負荷の粘性摩擦係数を B とすれば

$$J\dfrac{d\omega(t)}{dt} + B\omega(t) = T_M(t) \tag{2.28}$$

が成立する。式(2.25)～(2.28)より $\dot{i}, \dot{\theta}, \dot{\omega}$ を i, θ, ω および入力 e について整理すると

$$\begin{bmatrix} \dot{i}(t) \\ \dot{\theta}(t) \\ \dot{\omega}(t) \end{bmatrix} = \begin{bmatrix} -R/L & 0 & -k_M/L \\ 0 & 0 & 1 \\ k_T/J & 0 & -B/J \end{bmatrix} \begin{bmatrix} i(t) \\ \theta(t) \\ \omega(t) \end{bmatrix} + \begin{bmatrix} 1/L \\ 0 \\ 0 \end{bmatrix} e(t), \quad \theta(t) = \begin{bmatrix} 0 & 1 & 0 \end{bmatrix} \begin{bmatrix} i(t) \\ \theta(t) \\ \omega(t) \end{bmatrix} \tag{2.29}$$

となり，状態変数を i, θ, ω とした状態方程式が得られる。■

状態変数による数式モデルの特徴は，入出力微分方程式がシステム入出力応答のみの表現であるのに対し，システムの内部状態が把握できるところにある。したがって，入出力微分方程式や2.6節で述べる伝達関数よりも，システムの動的な振る舞いについての情報量が多い数式

28   2. システムの数式モデル

モデルといえる。

2.5.2　状態方程式の変換

図 2.7 の RLC 回路において，状態変数 (v_C, i) の線形結合により定まる新しい変数の組 $(\widetilde{x}_1, \widetilde{x}_2)$，例えば $\widetilde{x}_1 = v_C + i$，$\widetilde{x}_2 = v_C - i$ を考えてみよう。(v_C, i) の値から $(\widetilde{x}_1, \widetilde{x}_2)$ は定まり，また逆に $(\widetilde{x}_1, \widetilde{x}_2)$ の値から (v_C, i) も $v_c = (\widetilde{x}_1 + \widetilde{x}_2)/2$，$i = (\widetilde{x}_1 - \widetilde{x}_2)/2$ のように一意に定まる。すなわち両者は 1 対 1 に対応する。したがって，変数 $\widetilde{x}_1, \widetilde{x}_2$ はもはや電圧，電流という物理的な意味をもっていないが，これらも RLC 回路の過去の振る舞いの結果と将来の振る舞いへの影響に関する充分な情報を保持しており，状態変数の資格を有している。

このことを一般的に考えよう。いま n 次の状態ベクトル x を用いてシステムが状態方程式 (2.23) により表されているとしよう。ここで，任意の $n \times n$ 正則行列 T により $x = T\widetilde{x}$，すなわち

$$\widetilde{x} = T^{-1}x \tag{2.30}$$

なる n 次ベクトル $\widetilde{x}$ を導入する。x と $\widetilde{x}$ は 1 対 1 に対応するので，$\widetilde{x}$ もまた状態ベクトルである。新しい状態ベクトル $\widetilde{x}$ について状態方程式を書き直すと，$\dot{\widetilde{x}}(t) = T^{-1}\dot{x}(t)$ に式(2.23)および式(2.30)を代入して，次式となる。

$$\dot{\widetilde{x}}(t) = \widetilde{A}\widetilde{x}(t) + \widetilde{b}u(t)$$
$$y(t) = \widetilde{c}\widetilde{x}(t) + \widetilde{d}u(t) \tag{2.31}$$

ここで，$\widetilde{A} = T^{-1}AT$，$\widetilde{b} = T^{-1}b$，$\widetilde{c} = cT$，$\widetilde{d} = d$ となることがわかる。状態方程式(2.23)と(2.31)は，システムの動的挙動に関して同等の情報を有するのでたがいに**等価**であるという。変換行列 T は任意の正則行列であるから，正則な範囲で T を適切に選択することにより，変換後の係数行列 $\widetilde{A} = T^{-1}AT$ の構造を単純な形にして，状態の振る舞いの見通しをよくすることができる。特に，行列 A がたがいに異なる n 個の固有値をもつとき，$\widetilde{A}$ が対角行列になるように T を選び，$\widetilde{x}$ に関する状態方程式が独立した n 個のスカラ微分方程式となるようにできる。後に第3章で利用するので，以下で示しておこう。

いま，行列 A はたがいに異なる n 個の固有値 $\lambda_1, \lambda_2, ..., \lambda_n$ をもつとする。対応する固有ベクトルを $v_1, v_2, ..., v_n$ とすれば，ベクトルの組 $\{v_1, v_2, ..., v_n\}$ は 1 次独立であり，したがって，それらを列とする $n \times n$ 行列 $[v_1 \quad v_2 \quad \cdots \quad v_n]$ は正則である。固有値の定義から $Av_i = \lambda_i v_i$ $(i = 1, 2, ..., n)$ が成立するので，まとめて

$$A[v_1 \quad v_2 \quad \cdots \quad v_n] = [v_1 \quad v_2 \quad \cdots \quad v_n]\Lambda, \quad \Lambda = \begin{bmatrix} \lambda_1 & 0 & \cdots & 0 \\ 0 & \lambda_2 & \cdots & 0 \\ \vdots & \vdots & \ddots & \vdots \\ 0 & 0 & \cdots & \lambda_n \end{bmatrix}$$

と書ける。ここで変換行列を $T = [v_1 \quad v_2 \quad \cdots \quad v_n]$ と選ぶと，$AT = T\Lambda$ すなわち $T^{-1}AT = \Lambda$ であるから，式(2.31)は，$\widetilde{x} = [\widetilde{x}_1 \quad \widetilde{x}_2 \quad \cdots \quad \widetilde{x}_n]^T$，$\widetilde{b} = [\widetilde{b}_1 \quad \widetilde{b}_2 \quad \cdots \quad \widetilde{b}_n]^T$，$\widetilde{c} = [\widetilde{c}_1 \quad \widetilde{c}_2 \quad \cdots \quad \widetilde{c}_n]$ とするとき

$$\begin{bmatrix} \dot{\widetilde{x}}_1(t) \\ \dot{\widetilde{x}}_2(t) \\ \vdots \\ \dot{\widetilde{x}}_n(t) \end{bmatrix} = \begin{bmatrix} \lambda_1 & 0 & \cdots & 0 \\ 0 & \lambda_2 & \cdots & 0 \\ \vdots & \vdots & \ddots & \vdots \\ 0 & 0 & \cdots & \lambda_n \end{bmatrix} \begin{bmatrix} \widetilde{x}_1(t) \\ \widetilde{x}_2(t) \\ \vdots \\ \widetilde{x}_n(t) \end{bmatrix} + \begin{bmatrix} \widetilde{b}_1 \\ \widetilde{b}_2 \\ \vdots \\ \widetilde{b}_n \end{bmatrix} u(t),$$

$$y(t) = \begin{bmatrix} \widetilde{c}_1 & \widetilde{c}_2 & \cdots & \widetilde{c}_n \end{bmatrix} \begin{bmatrix} \widetilde{x}_1(t) \\ \widetilde{x}_2(t) \\ \vdots \\ \widetilde{x}_n(t) \end{bmatrix} + \widetilde{d}u(t) \tag{2.32}$$

となる。すなわち，状態 $\widetilde{x}$ の各成分の振る舞いは，n 個のスカラ微分方程式

$$\dot{\widetilde{x}}_i(t) = \lambda_i \widetilde{x}_i(t) + \widetilde{b}_i u(t), \quad i = 1, 2, ..., n$$

により表され，初期条件を $\widetilde{x}_i(t_0) = \widetilde{x}_{0i}$ $(i = 1, 2, ..., n)$ とすると，入力 $u(t)$, $t \geqq t_0$, が与えられたときの解は

$$\widetilde{x}_i(t) = e^{\lambda_i(t-t_0)} \widetilde{x}_{0i} + \widetilde{b}_i \int_{t_0}^t e^{\lambda_i(t-\tau)} u(\tau) d\tau, \quad i = 1, 2, ..., n$$

となる。これをみると，行列 A のたがいに異なる n 個の固有値 $\lambda_1, \lambda_2, ..., \lambda_n$ に対応して，システムは独立した n 個の運動の型 $e^{\lambda_i t}$ $(i = 1, 2, ..., n)$ をもっていることがわかる。これらシステム固有の運動の型 $e^{\lambda_i t}$ $(i = 1, 2, ..., n)$ をシステムモード（詳しくは 3.1 節参照）という。変換後の状態ベクトル $\widetilde{x}(t)$ の第 i 成分 $\widetilde{x}_i(t)$ は，初期条件と入力に対応して励起された i 番目のシステムモードの振る舞いを表している。式 (2.32) は，**モード正準形**（modal canonical form）の状態方程式と呼ばれる。

なお，つぎの例のように，A が複素数の固有値をもつ場合，T, $\widetilde{A}$, $\widetilde{b}$, $\widetilde{c}$ が複素行列や複素ベクトルになることに注意しよう。

【例 2.8】

図 2.7 の RLC 回路は，$R = 1$, $L = 1$, $C = 1$ のとき，状態を $x = [v_C \quad i]^T$ として状態方程式

$$\dot{x}(t) = Ax(t) + be(t), \quad A = \begin{bmatrix} 0 & 1 \\ -1 & -1 \end{bmatrix}, \quad b = \begin{bmatrix} 0 \\ 1 \end{bmatrix} \tag{2.33}$$

により記述される。この状態方程式のモード正準形を求めよう。行列 A の特性多項式は

$$\det(\lambda I - A) = \det \begin{bmatrix} \lambda & -1 \\ 1 & \lambda+1 \end{bmatrix} = \lambda^2 + \lambda + 1$$

であるから A は共役複素固有値 $\lambda_1 = (-1 + \sqrt{3}j)/2$, $\lambda_2 = (-1 - \sqrt{3}j)/2$ をもち，この RLC 回路のシステムモードは $e^{\lambda_1 t}$, $e^{\lambda_2 t}$ である。λ_1, λ_2 に対応する固有ベクトル v_1, v_2, および変換行列 T を

$$T = \begin{bmatrix} v_1 & v_2 \end{bmatrix} = \frac{1}{2} \begin{bmatrix} 2 & 2 \\ -1 + \sqrt{3}j & -1 - \sqrt{3}j \end{bmatrix}$$

と選ぶと

$$T^{-1} = \frac{1}{2\sqrt{3}} \begin{bmatrix} \sqrt{3} - j & -2j \\ \sqrt{3} + j & 2j \end{bmatrix}$$

30   2. システムの数式モデル

であり，変換後の新しい状態 $\tilde{x} = T^{-1}x$ についての状態方程式 (2.81) は

$$\begin{bmatrix} \dot{\tilde{x}}_1 \\ \dot{\tilde{x}}_2 \end{bmatrix} = \begin{bmatrix} \lambda_1 & 0 \\ 0 & \lambda_2 \end{bmatrix} \begin{bmatrix} \tilde{x}_1 \\ \tilde{x}_2 \end{bmatrix} + \frac{1}{\sqrt{3}} \begin{bmatrix} -j \\ j \end{bmatrix} e(t) \tag{2.34}$$

となる。$\tilde{x}_1(t)$，$\tilde{x}_2(t)$ は，初期条件と入力により励起されたそれぞれのモード成分の振る舞いを表している。

この例の場合，行列 A の固有値が複素数のため，$\tilde{x}_1$ と $\tilde{x}_2$ は複素変数であるが，おのおのに対するスカラ微分方程式を解き，$[v_C \quad i]^T = T[\tilde{x}_1 \quad \tilde{x}_2]^T$ によって元の状態ベクトルに変換すると，実数ベクトルになる。■

2.6 伝 達 関 数

状態方程式は，状態変数を介して，微分方程式の形でシステムの入力から出力への応答を規定している。だが，システムの数式モデルとしては，入出力応答を係数器におけるそれのように「出力＝ゲイン×入力」という形でもっと直接的に表現できないであろうか。それが可能ならば，ゲインの形から応答の予想が容易にでき，またいくつかのシステムを結合したときも全体システムの入出力特性が容易に求められるなど，いろいろと便利なことが多い。以下では，それを可能にする**伝達関数**について述べる。

2.6.1　伝達関数の状態方程式からの導出

式 (2.23) の状態方程式で表されたシステムにおいて，初期状態 $x(0_-)$ のとき $t \geqq 0$ で入力 $u(t)$ が加えられたとする。ベクトル $x(t) = [x_1(t) \quad x_2(t) \quad \cdots \quad x_n(t)]^T$ のラプラス変換を一括して扱うため，ベクトルのラプラス変換は成分のラプラス変換，すなわち

$$\mathcal{L}[x(t)] = [\mathcal{L}[x_1(t)] \quad \mathcal{L}[x_2(t)] \quad \cdots \quad \mathcal{L}[x_n(t)]]^T$$

であるとする。各成分について微分公式 $\mathcal{L}[\dot{f}(t)] = s\mathcal{L}[f(t)] - f(0_-)$ を適用すると[†]，ベクトル $x(t)$ の微分のラプラス変換は

$$\mathcal{L}[\dot{x}(t)] = [\mathcal{L}[\dot{x}_1(t)] \quad \mathcal{L}[\dot{x}_2(t)] \quad \cdots \quad \mathcal{L}[\dot{x}_n(t)]]^T = s\mathcal{L}[x(t)] - x(0_-)$$

となる。

式 (2.23a) の両辺をラプラス変換し，$\mathcal{L}[Ax(t)] = A\mathcal{L}[x(t)]$，$\mathcal{L}[bu(t)] = b\mathcal{L}[u(t)]$ が成立することに注意すると，$s\mathcal{L}[x(t)] - x(0_-) = A\mathcal{L}[x(t)] + b\mathcal{L}[u(t)]$，あるいは $(sI - A)\mathcal{L}[x(t)] = x(0_-) + b\mathcal{L}[u(t)]$ となり，逆行列 $(sI - A)^{-1}$ を用いて $\mathcal{L}[x(t)]$ について解くと，状態応答のラプラス変換は

$$\mathcal{L}[x(t)] = (sI - A)^{-1}x(0_-) + (sI - A)^{-1}b\mathcal{L}[u(t)] \tag{2.35}$$

[†]　初期時刻として $t = 0_-$（0 の直前）としているのは，$t = 0$ で加える単位インパルス入力 $\delta(t)$（3.4 節参照）を考慮するため，および $t = 0_-$ の初期条件と $t = 0_+$ のそれとを区別するためである。なお，ラプラス変換については 1.7 節を参照されたい。

と求まる。一方，出力方程式(2.23b)のラプラス変換は $\mathcal{L}[y(t)] = c\mathcal{L}[x(t)] + d\mathcal{L}[u(t)]$ であり，式(2.35)を代入すると出力応答は

$$\mathcal{L}[y(t)] = c(sI-A)^{-1}x(0_-) + (c(sI-A)^{-1}b+d)\mathcal{L}[u(t)] \tag{2.36}$$

となる。式(2.35)，(2.36)が初期状態 $x(0_-)$ と入力 $u(t)$，$t \geqq 0$ に対する状態および出力の応答（のラプラス変換）で，それぞれ第1項が**零入力応答**（zero-input response），第2項が**零状態応答**（zero-state response）と呼ばれる。

このように出力は一般に初期状態 $x(0_-)$ により生じる零入力応答と入力 $u(t)$，$t \geqq 0$ に対する零状態応答の和であるが，制御系の解析・設計においてはつぎのような理由から，零入力応答を無視して零状態応答だけに着目することが多い。

- 制御対象が平衡状態にあり，出力の平衡状態からの変動分を問題とするとき，初期状態はゼロ（$x(0_-) = 0$）としてよいので零状態応答が対象となる。
- 零入力応答に含まれるシステムモードは，多くの場合，零状態応答にも含まれる（3.7節参照）。したがって，例えばシステムが $t \to \infty$ で $|e^{\lambda_i t}| \to \infty$ と発散するような不安定モードをもつかどうかは，零状態応答について判断しても差し支えないことが多い。

そこで，以下では $x(0_-) = 0$ として零状態応答に注目することにしよう。このとき出力は

$$Y(s) = G(s)U(s), \quad G(s) = c(sI-A)^{-1}b+d \tag{2.37}$$

である。ただし，$Y(s)$ は出力 $y(t)$ のラプラス変換 $\mathcal{L}[y(t)]$，$U(s)$ は入力 $u(t)$ のラプラス変換 $\mathcal{L}[u(t)]$ である。ここで，$G(s)$ はシステムパラメータ A，b，c，d によって定まる関数であり，システムの「ゲイン」とみることができる。これを状態方程式(2.23)により表されるシステムの伝達関数という。

$(sI-A)$ の余因子行列を $\mathrm{adj}(sI-A)$ と表すと，$(sI-A)^{-1} = \mathrm{adj}(sI-A)/\det(sI-A)$ であるから，伝達関数は

$$G(s) = \frac{c\,\mathrm{adj}(sI-A)b}{\det(sI-A)} + d \tag{2.38}$$

と表される。$A = n \times n$ のとき $\det(sI-A)$ は n 次の多項式で，$\mathrm{adj}(sI-A)$ はたかだか $(n-1)$ 次の多項式を要素とする $n \times n$ 行列であるから，$G(s)$ は分子の次数が分母の次数より低い（$d = 0$ の場合），または分子と分母の次数が等しい（$d \neq 0$ の場合）多項式の比の形，すなわち有理関数である。このように，式(2.23)の状態方程式で表せる，すなわち有限個の積分器と係数器から構成される線形有限次元システムの伝達関数は有理関数となる。

2.6.2　入出力関係から導く伝達関数

さて，以上では数式モデルの状態方程式(2.23)から伝達関数を導いたが，もともと伝達関数は，システムがどの数式モデルによって記述されていたかには関係がなく，入出力応答を**図2.21** のように係数器（増幅器）の感覚で扱い

$$\mathcal{L}[零状態応答] = 伝達関数 \times \mathcal{L}[入力] \tag{2.39}$$

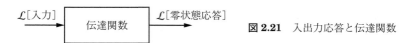

図 2.21 入出力応答と伝達関数

と表すために導入するものである。

そこで，基本的な立場から改めて伝達関数を定義しておこう。いまシステムは $t=0_-$（すなわち $t\geqq 0$ で入力を加える直前において）零状態にあるとする。$t=0_-$ で**零状態**とは，システムのすべての積分器において初期条件の蓄積がなく，$t\geqq 0$ で入力を加えない限り，出力も発生しないという状態である。$t=0_-$ で零状態にあるシステムに，入力 $u(t)$，$t\geqq 0$ を加え，発生する出力（零状態応答）を $y(t)$，$t\geqq 0$ とするとき，出力と入力のラプラス変換の比を**伝達関数**という。すなわち

$$\text{伝達関数} = \frac{Y(s)}{U(s)} = \frac{\mathcal{L}[\text{零状態応答}]}{\mathcal{L}[\text{入力}]} \tag{2.40}$$

この定義に従って，入出力微分方程式およびシステム記述式から伝達関数を求めよう。2.4 節で述べた入出力微分方程式

$$a_n \frac{d^n y(t)}{dt^n} + a_{n-1}\frac{d^{n-1}y(t)}{dt^{n-1}} + \cdots + a_0 y(t) = b_m \frac{d^m u(t)}{dt^m} + b_{m-1}\frac{d^{m-1}u(t)}{dt^{m-1}} + \cdots + b_0 u(t) \tag{2.20}$$

と伝達関数の関係を示そう。両辺をラプラス変換し，微分のラプラス変換

$$\mathcal{L}[\dot{y}(t)] = sY(s) - y(0_-), \quad \mathcal{L}[\ddot{y}(t)] = s^2 Y(s) - sy(0_-) - \dot{y}(0_-), \ldots$$
$$\mathcal{L}[\dot{u}(t)] = sU(s) - y(0_-), \quad \mathcal{L}[\ddot{u}(t)] = s^2 U(s) - su(0_-) - \dot{u}(0_-), \ldots$$

を代入し，時刻 0_- における値

$$y(0_-), \dot{y}(0_-), \ddot{y}(0_-), \ldots, \quad u(0_-), \dot{u}(0_-), \ddot{u}(0_-), \ldots$$

をすべて 0 にして整理すると，伝達関数

$$G(s) = \frac{Y(s)}{U(s)} = \frac{b_m s^m + b_{m-1}s^{m-1} + \cdots + b_0}{a_n s^n + a_{n-1}s^{n-1} + \cdots + a_0} \tag{2.41}$$

が得られ，分母および分子多項式の係数は，それぞれ式(2.20)の左辺および右辺の係数に対応している。

2.6.3　システム記述式と伝達関数

システムの構成要素の特性とそれら要素のつながりに着目して，システムの振る舞いを表現した数式の集合をシステム記述式と呼ぼう。システム記述式から伝達関数を求めるには，まず各構成要素が零状態にあるとして，要素の入出力特性をラプラス変換し，零状態応答を表す。つぎに要素のつながりを考慮しながら，システムの入力，出力以外の中間変数を消去し，全体の伝達関数を求めればよい。

【例 2.1】（RC 回路）（続き）

図 2.6(a) の RC 回路において，電圧 e を入力，キャパシタ電圧 v_C を出力とする伝達関数を

導こう．RC 回路の場合，抵抗とキャパシタの特性式 $v_R(t) = Ri(t)$ および $i(t) = Cdv_C(t)/dt$ をそれぞれラプラス変換すると，端子電流 $\mathcal{L}[i(t)] = I(s)$，端子電圧 $\mathcal{L}[v_R(t)] = V_R(s)$，$\mathcal{L}[v_C(t)] = V_C(s)$ について

$$V_R(s) = RI(s) \quad (抵抗), \quad I(s) = sCV_C(s) \quad (キャパシタ)$$

が成立する．ここで，零状態応答を対象にしているので $v_C(0_-) = 0$ としている．変数 $I(s)$，$V_R(s)$，$V_C(s)$ からみると，抵抗は抵抗値 $V_R(s)/I(s) = R$，キャパシタはインピーダンス $V_C(s)/I(s) = 1/sC$ をもつ素子である．素子のつながりを考慮して出力 $V_C(s)$ を求めるには，図 2.6（a）において抵抗は抵抗値 R（すなわち抵抗そのまま）とし，キャパシタはインピーダンス $1/sC$ で置き換えた図 **2.22**（a）の回路を考える．これを零状態等価回路という．この等価回路において，$E(s) = \mathcal{L}[e(t)]$ として

$$V_C(s) = \left(\frac{1}{sC}\right)I(s) \quad (素子特性), \quad E(s) = I(s)\left(R + \frac{1}{sC}\right) \quad (キルヒホフ電圧則)$$

が成立するので，$V_C(s)$ を $E(s)$ で割ると $I(s)$ が消去され，入出力間の伝達関数 $V_C(s)/E(s) = 1/(RCs+1)$ が求まる．

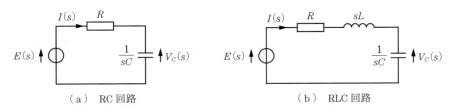

（a）RC 回路　　　　　　　　　（b）RLC 回路

図 2.22 零状態等価回路　■

【例 2.2】（RLC 回路）（続き）

図 2.7（a）の RLC 回路についても同様に，それぞれ抵抗は抵抗値 R，キャパシタはインピーダンス $1/sC$ をもつ素子，インダクタはインピーダンス sL をもつ素子で置き換える．この零状態等価回路（図 2.22（b））において

$$V_C(s) = \left(\frac{1}{sC}\right)I(s) \quad (素子特性),$$

$$E(s) = I(s)\left(R + sL + \frac{1}{sC}\right) \quad (キルヒホフ電圧則)$$

であるから，出力 $V_C(s)$ を入力 $E(s)$ で割ると $I(s)$ が消去され，伝達関数 $= V_C(s)/E(s) = 1/(LCs^2 + RCs + 1)$ が求まる．■

【例 2.7】（電機系）（続き）

図 2.20 の直流サーボモータについて，電機子に加えられた電圧 e を入力，負荷回転角 θ を出力とする伝達関数 $G_\theta(s) = \mathcal{L}[\theta(t)]/\mathcal{L}[e(t)]$ を求めよう．式（2.25）〜（2.28）において初期値 $i(0_-) = 0$，$\omega(0_-) = 0$ としてラプラス変換すると

$$(sL+R)I(s)+E_M(s)=E(s) \tag{2.42a}$$
$$E_M(s)=k_M\Omega(s) \tag{2.42b}$$
$$T_M(s)=k_T I(s) \tag{2.42c}$$
$$(sJ+B)\Omega(s)=T_M(s) \tag{2.42d}$$

となる。ここで$I(s)$, $\Omega(s)$などはそれぞれ時間関数$i(t)$, $\omega(t)$などのラプラス変換を表す。これらの式から入力$E(s)$と角速度$\Omega(s)$以外の中間変数$I(s)$, $E_M(s)$, $T_M(s)$を消去すると，$((sL+R)(sJ+B)+k_M k_T)\Omega(s)=k_T E(s)$となるので，$E(s)$と$\Omega(s)$の間の伝達関数

$$G_\omega(s)=\frac{\Omega(s)}{E(s)}=\frac{k_T}{(sL+R)(sJ+B)+k_M k_T}$$

が得られる。さらに，$\omega(t)=d\theta(t)/dt$であるから，$\theta(0_-)=0$としてラプラス変換すると，$\Theta(s)=\Omega(s)/s$であり，これから入出力間の伝達関数は

$$G_\theta(s)=\frac{\Theta(s)}{E(s)}=\frac{G_\omega(s)}{s} \tag{2.43}$$

と求まる。■

2.6.4 むだ時間要素の伝達関数

図 **2.23**（a）のように物体がベルトコンベアで運ばれるとき，速度v〔m/s〕で距離l〔m〕を移動するとすれば，$T=l/v$〔s〕の移動時間を要するので，単位時間の流入量$u(t)$〔kg/s〕と流出量$y(t)$〔kg/s〕の関係は，図（b）のように

$$y(t)=u(t-T) \tag{2.44}$$

と表される。このように入力が一定時間$T>0$遅れてそのまま出力に現れるシステムを**むだ時間要素**（time-delay element），Tをむだ時間という。

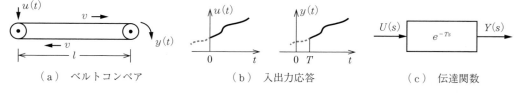

（a） ベルトコンベア　　　（b） 入出力応答　　　（c） 伝達関数

図 2.23 むだ時間要素

むだ時間要素に$t\geq 0$で入力$u(t)$を加えると，その影響は時刻T以降の出力に$y(t)=u(t-T)$，$t\geq T$となって現れる。それまでの区間$0\leq t<T$においては，$t=0$の時点でむだ時間要素が蓄えていたデータ（初期条件）による出力を生じる。図2.23の例でいうと，ベルトコンベア上にすでに置かれている物体に対応する出力である。つまり，区間$-T\leq t<0$で加えられた入力$u(t)$が$0\leq t<T$において$y(t)=u(t-T)$なる出力となるので，区間$-T\leq t<0$の入力波形が初期条件である。この初期条件は有限個の値では表せない。したがって，むだ時間要素は有限次元システムではなく，無限次元システムである。

むだ時間要素の伝達関数を求めよう。$t=0_-$で零状態にあるむだ時間要素（初期条件がゼロ。すなわち$u(t)=0$，$-T\leqq t<0$）に$t\geqq 0$で入力$u(t)$を加える。このとき，出力$y(t)=0$，$t<T$，$y(t)=u(t-T)$，$t\geqq T$となるから，零状態応答のラプラス変換は$Y(s)=e^{-Ts}U(s)$である。式(2.40)から伝達関数は

$$G(s)=e^{-Ts} \tag{2.45}$$

となり，これは有理関数でない。ブロック線図では図2.23(c)のように表す。

むだ時間要素を含むシステムの取り扱いは，有理伝達関数の場合と比較して一般に困難であり，そのため式(2.45)の特性を

$$G_1(s)=\frac{1-(T/2)s}{1+(T/2)s}, \quad G_2(s)=\frac{1-(T/2)s+(T^2/12)s^2}{1+(T/2)s+(T^2/12)s^2} \tag{2.46}$$

などの有理関数で近似することがある。式(2.46)は1次および2次の**パデー近似**（Padé approximation）と呼ばれ，$s=0$における値とともに，$G_1(s)$は1階微分が，$G_2(s)$は2階微分までがe^{-Ts}に等しい。

2.6.5　ブロック線図と伝達関数

2.2節において，システムの構成要素とそのつながりを視覚的に表すブロック線図を導入した。ここで，ブロック線図から伝達関数を求めることを考えよう。

2.2節では，積分器と係数器で表されるブロック線図を考えた。伝達関数は零状態応答を取り扱うので，まず各ブロックの入出力特性を伝達関数で表す。すなわち，入出力特性$\dot{y}(t)=u(t)$（$u=$入力，$y=$出力）の積分器は伝達関数$G(s)=1/s$をもつブロックで表し，入出力特性$y(t)=\alpha u(t)$の係数器は伝達関数$G(s)=\alpha$のブロックで表す。その結果，積分器を係数器と同様に扱うことができて，都合がよい。なお，2.2節では状態方程式を導く便利さのために，ブロックとして積分器と係数器のみを考えたが，伝達関数を求めるにはそのような制限は不要であり，後述の【例2.7】（続き2）のように，それら以外のブロックを用いたほうが便利なことが多い。

システム全体の伝達関数を求めるためには，入力と出力以外の中間変数を消去する必要があるが，そのためには，**表2.2**のように，入出力間の中間ブロックを結合して一つにまとめる結合則が有用である。

- **ブロックの直列結合**：　伝達関数$G_1(s)$のブロックの後に$G_2(s)$のブロックが結合されるとき，表2.2の(a)において$Y_1(s)=G_1(s)U(s)$，$Y(s)=G_2(s)Y_1(s)$であるから，$U(s)$と$Y(s)$に関しては伝達関数$G(s)=G_2(s)G_1(s)$のブロックにまとめられる。

- **ブロックの並列結合**：　伝達関数$G_1(s)$のブロックと$G_2(s)$のブロックが並列に結合されるとき，表2.2の(b)において$Y_1(s)=G_1(s)U(s)$，$Y_2(s)=G_2(s)U(s)$であるから，$U(s)$と$Y(s)=Y_1(s)+Y_2(s)$に関しては伝達関数$G(s)=G_1(s)+G_2(s)$のブロックにまとめられる。

- **ブロックのフィードバック結合**：　表2.2の(c)のように伝達関数$G_1(s)$のブロックと$G_2(s)$のブロックが閉ループを構成しているとする。$U_1(s)=U(s)-G_2(s)Y(s)$，$Y(s)=G_1(s)$

表 2.2 ブロックの基本結合則

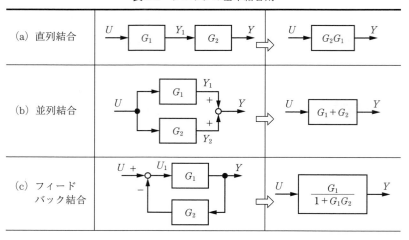

$U_1(s)$ から $U_1(s)$ を消去して，$U(s)$ と $Y(s)$ に関する伝達関数 $G(s)$ は式 (2.47) のようにまとめられる。すなわち，フィードバック結合の伝達関数は，前向き経路の伝達関数/(1+ループを形成する伝達関数の積)，である。

$$G(s) = \frac{Y(s)}{U(s)} = \frac{G_1(s)}{1+G_1(s)G_2(s)} \tag{2.47}$$

【例 2.7】（電機系）（続き 2）

直流モータのブロック線図に表 2.2 のブロック結合則を適用して入出力間の伝達関数を求めよう。記述式 (2.42) と $\Theta(s) = \Omega(s)/s$ の関係から，図 2.24(a) のブロック線図が得られる。前

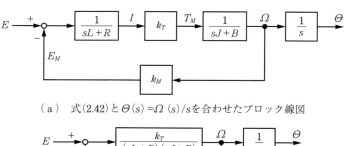

(a) 式 (2.42) と $\Theta(s) = \Omega(s)/s$ を合わせたブロック線図

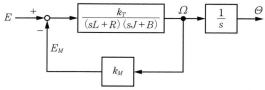

(b) 直列結合部分の等価変換

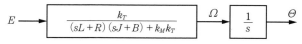

(c) フィードバック結合部分の等価変換

図 2.24 直流モータのブロック線図

2.6 伝 達 関 数　　*37*

向き経路のブロックを直列結合則によりまとめると図（b）となり，これにフィードバック結合則を用いると，全体が式(2.43)の伝達関数 $G_\theta(s)$ をもつブロックにまとめられる（図（c））。■

2.6.6　ブロック線図における等価変換

与えられたブロック線図において，入出力からみた全体の伝達関数を求めるために中間ブロックをまとめるにあたって，そのままでは表2.2の基本結合則が適用できないが，若干の等価変換を施せばそれが可能になることがある。そのような等価変換則を**表2.3**に示しておこう。ここでいう等価変換とは，その変換が物理的に実行可能ということではなく，変換前後のシステムの零状態応答がたがいに（数学的に）等しいという意味である。

表 2.3　ブロック線図における等価変換

（a）加え合わせ点の交換 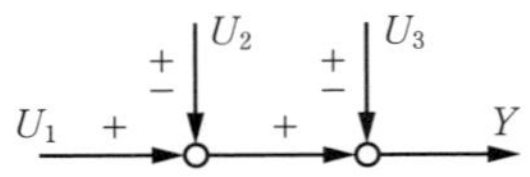 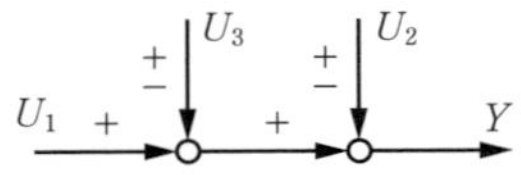	
（b）加え合わせ点の移動 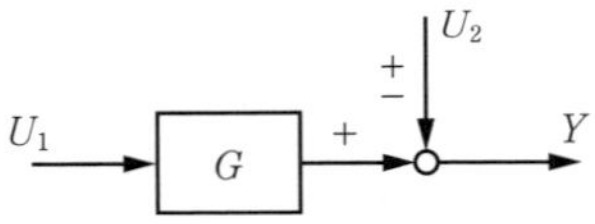 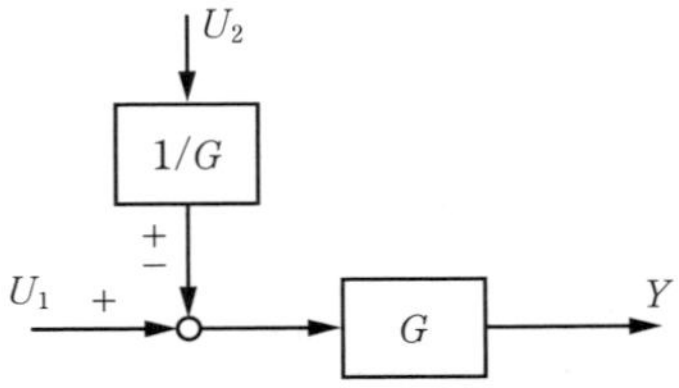	
（c）引き出し点の移動 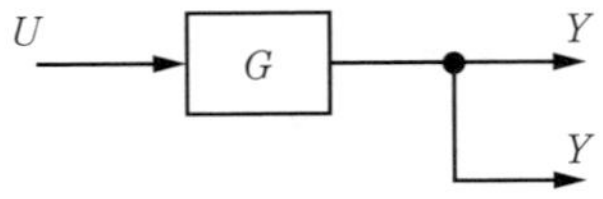 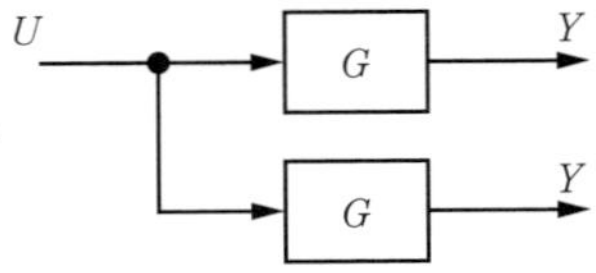	

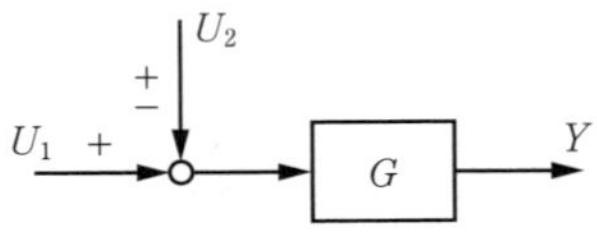

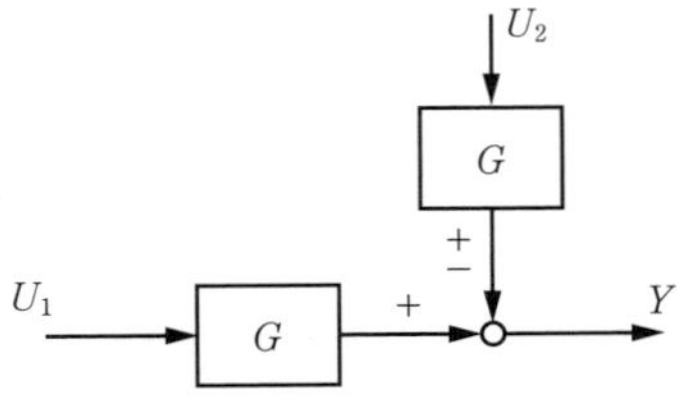

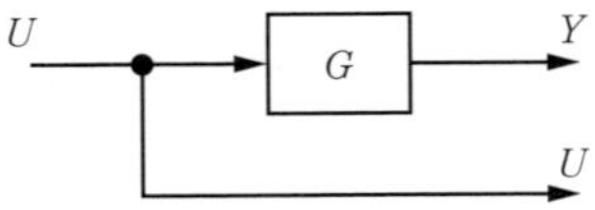

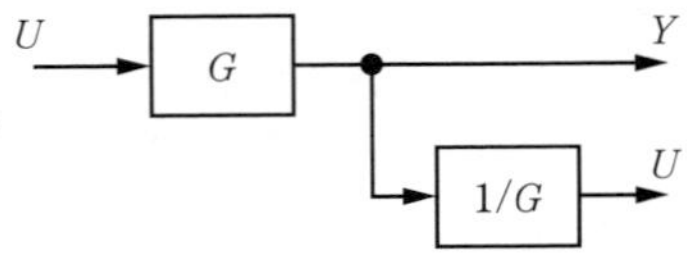

2.6.7　ブロック線図の結合における注意

表2.2のブロックの結合則を適用するとき

● ブロック線図では，信号は矢印が示す方向にだけ流れる

● 2個のブロックを結合するとき，各ブロックの特性はたがいに影響を受けない

という前提条件があることを忘れてはならない。【例2.7】（続き2）のように，① システム全体の記述式を列記し，② それに基づいてブロック線図を描き，③ そのうえで結合則を適用する，という手順に従っている限り，この前提が成立している。しかし，システム全体の記述式の裏付けなしに形式的にブロック結合則を適用すると，誤った結果を生じる恐れがあるので，気をつけなければならない。

【例 2.9】

図 2.25（a），（b）の二つの RC 回路 N_1, N_2 はそれぞれ左端子の電圧を入力，右端子の電圧を出力とする。N_1 の伝達関数は $G_1(s) = 1/(1+R_1C_1s)$，N_2 の伝達関数は $G_2(s) = 1/(1+R_2C_2s)$ である。N_1, N_2 を図（c）のように縦続接続したとき，全体回路の伝達関数 $G(s) = \mathcal{L}[e_3(t)]/\mathcal{L}[e_1(t)]$ を求めよう。このとき，ブロック直列結合則を形式的に適用し $G(s) = G_2(s)G_1(s)$ とするのは誤りである。なぜなら，縦続接続した回路（図（c））の記述式をブロック線図で表すと図（d）となり，これからわかるように後段 $G_2(s)$ の電流 I_3 が前段 $G_1(s)$ へフィードバックされ，ブロック直列結合則において前提とする信号の流れの1方向性が成立しないからである。

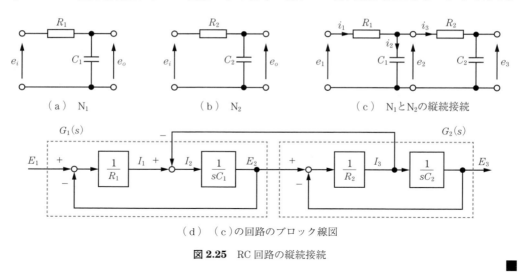

（a） N_1　　（b） N_2　　（c） N_1 と N_2 の縦続接続

（d） （c）の回路のブロック線図

図 2.25　RC 回路の縦続接続

まとめ　本章では，システムの数式モデルとして，制御系の解析と設計でおもに用いられる状態方程式と伝達関数を紹介し，それらの導出方法と特徴，そしてたがいの関係について述べた。また，システムの構造を理解するうえで有用なブロック線図について，その求め方と等価変換を紹介した。本章で述べたこれらのことは，本書全体の基礎である。

演 習 問 題

【2.1】　図 2.26 の RC 回路について，キャパシタ C_1 に入力 i_1，出力 v_{C_1} の積分器，キャパシタ C_2 に入力 i_2，出力 v_{C_2} の積分器，抵抗 R_1, R_2 にそれぞれ係数器を対応させたブロック線図を描き，積分器の出

演 習 問 題   39

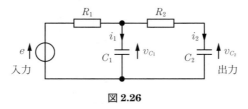

図 2.26

力 v_{C_1}, v_{C_2} を状態変数とする状態方程式を求めよ。

【2.2】 図 2.27 の RLC 回路について，零状態等価回路から入力電圧 e とキャパシタ電圧出力 v_C の間の伝達関数を求めよ。また，回路を記述する方程式（キャパシタとインダクタの特性式，キルヒホフ電圧則，電流則）から，キャパシタ電圧 v_C とインダクタ電流 i_L を状態変数とする状態方程式を導け。

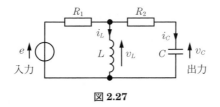

図 2.27

【2.3】 図 2.28（a），（b）の RC 回路について，入力電圧 e_1〔V〕と出力電圧 e_2〔V〕の間の伝達関数を求めよ。また，キャパシタ電圧を状態変数として状態方程式を導け。

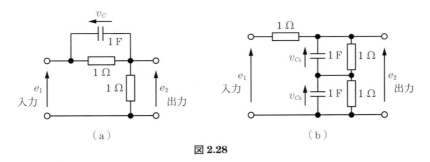

図 2.28

【2.4】 図 2.29 の直線運動系について，質量 m_1 に加えられる外力 f を入力，質量 m_2 の変位 z_2 を出力とするとき，入出力間の伝達関数および状態方程式を求めよ。

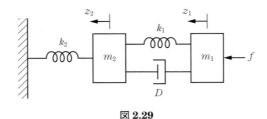

図 2.29

【2.5】 図 2.30 は熱系システムの一例である。容器内の液体が加熱されるとき，液体は速やかに撹拌されるので液体温度 T〔℃〕は容器内で一様であるとする。容器の外部温度 T_0〔℃〕は一定であり，外部への熱損失 q_0〔J/s〕は容器内外の温度差 $(T-T_0)$ に比例し，また，液体温度の変化率 dT/dt〔℃/s〕は液体が受け取る熱量 q_i〔J/s〕に比例するものとする。このとき，この熱系システムの状態方程式と伝達関数を求めよ。ただし熱源ヒーターの発生熱量 u〔J/s〕を入力，温度差 $(T-T_0)$ を出力とする。

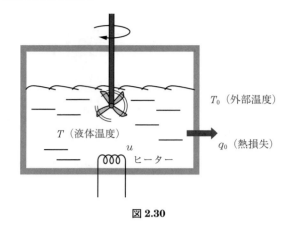

図 2.30

【2.6】 図 2.31(a)は非線形抵抗を含む RLC 回路で，E は直流バイアス電圧源，e は信号電圧源である．非線形抵抗は図(b)に示す電流－電圧特性 $i=f(v)$ を有する．いま $t<0$ で $e(t)=0$ であり，回路は $i_L(t)=i(t)=I_0$，$v(t)=V_0$ なる定常状態（平衡状態）にあるとする．$t \geq 0$ で信号電圧 e を加え，生じる電流，電圧の変化分を $\Delta i_L(t) = i_L(t) - I_0$，$\Delta v(t) = v(t) - V_0$ とする．Δi_L，Δv を状態変数とし，非線形抵抗の特性を動作点 (V_0, I_0) において線形化して得られる状態方程式を求めよ．

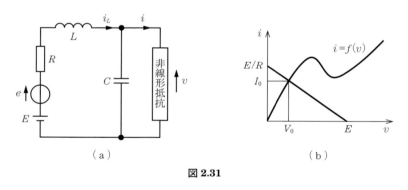

図 2.31

【2.7】
(1) 図 2.16 のブロック線図について，表 2.3 の等価変換則を用い，表 2.2 の基本結合則が適用できる形にしてから，入力 q_{in} と出力 q_{out} の間の伝達関数を求めよ．
(2) 同様に図 2.25(d)のブロック線図について，入力 E_1 と出力 E_3 の間の伝達関数を求めよ．

第3章

システムの時間応答特性

　第2章では，システムの数式モデルを導くモデリングについて述べ，制御理論では，導きやすく，扱いやすい状態方程式と伝達関数がおもに使われることを述べた。状態方程式がシステムの内部状態を介して入力に対する出力応答を与えるのに対し，伝達関数は入力に対する零状態応答の出力を直接的に表現するということであった。本章では状態方程式と伝達関数を用いて，入力に対してシステムの状態や出力の時間応答がどのように形成されるかをみよう。

3.1　状態の応答とシステムモード

　2.5.2項において，簡単な例について，システムの振る舞いが2.5.1項で導いた状態方程式

$$\dot{x}(t) = Ax(t) + bu(t), \quad A : n \times n \text{ 行列}, \quad b : n \text{ 次元列ベクトル} \tag{2.23a}$$

の行列Aの固有値によって定まることを示した。ここでは，そのことを詳細に議論する。

3.1.1　状態方程式の解

　1階連立微分方程式である状態方程式(2.23a)がシステムの解析や設計において優れている点は，その解を式の形で記述できることである。まず，状態変数が1個（$n=1$）の場合を考える。1次の状態方程式$\dot{x}(t) = ax(t) + bu(t)$（$a,\ b = $実数）で，任意の時刻$t_0$における初期条件$x(t_0) = x_0$，と入力$u(t)$，$t \geq t_0$，が与えられたとき，解は

$$x(t) = e^{a(t-t_0)}x_0 + \int_{t_0}^{t} e^{a(t-\tau)}bu(\tau)d\tau, \quad t \geq t_0 \tag{3.1}$$

となる。この$x(t)$について，$t = t_0$とすれば$x(t_0) = x_0$となり，またtで微分すると

$$\frac{dx(t)}{dt} = ae^{(t-t_0)}x_0 + a\int_{t_0}^{t} e^{a(t-\tau)}bu(\tau)d\tau + bu(t) = ax(t) + bu(t)$$

であるから，初期条件と微分方程式を満足する解であることがわかる。

　つぎに，n次の場合（$n \geq 1$）の解を考える。スカラ指数関数

$$e^{at} = 1 + at + \frac{(at)^2}{2!} + \cdots + \frac{(at)^k}{k!} + \cdots$$

は，$de^{at}/dt = ae^{at}$，$e^{at_1}e^{at_2} = e^{a(t_1+t_2)}$（$t_1,\ t_2$は任意の実数）なる性質をもつが，これに準じて

42　　**3. システムの時間応答特性**

$n \times n$ 行列 A の指数関数を

$$e^{At} = I + At + \frac{(At)^2}{2!} + \cdots + \frac{(At)^k}{k!} + \cdots, \quad I : n \times n \text{ 単位行列} \tag{3.2}$$

により定義する。この右辺の各項は $n \times n$ 行列であるから，e^{At} も $n \times n$ 行列となる。式(3.2)の右辺の各項を微分すると

$$\frac{d}{dt} e^{At} = A + A^2 t + \cdots + \frac{A^k t^{k-1}}{(k-1)!} + \cdots = Ae^{At} = e^{At}A \tag{3.3}$$

となる。また任意の t_1，t_2 について，行列指数関数 e^{At_1} と e^{At_2} の積を計算すると

$$e^{At_1} e^{At_2} = \left(I + At_1 + \frac{(At_1)^2}{2!} \cdots \right) \left(I + At_2 + \frac{(At_2)^2}{2!} + \cdots \right) = I + A(t_1 + t_2) + \frac{A^2 (t_1 + t_2)^2}{2!} + \cdots$$

$$= e^{A(t_1 + t_2)} \tag{3.4}$$

となり，スカラ関数の場合と同様の性質をもつことがわかる。特に $t_1 = t$，$t_2 = -t$ と置けば

$$e^{At} e^{-At} = e^{A(t-t)} = I \tag{3.5}$$

となるから，行列指数関数 e^{At} は正則で，任意の $n \times n$ 行列 A と実数 t について逆行列をもち，$(e^{At})^{-1} = e^{-At}$ である。

　行列指数関数を用いると，任意の時刻 t_0 について，初期条件 $x(t_0) = x_0$ と入力 $u(t)$，$t \geq t_0$ が与えられたとき，状態方程式 $\dot{x}(t) = Ax(t) + bu(t)$ の解は，$n = 1$ の場合の式(3.1)と同じ形で

$$x(t) = e^{A(t-t_0)} x_0 + \int_{t_0}^{t} e^{A(t-\tau)} bu(\tau) d\tau, \quad t \geq t_0 \tag{3.6}$$

と書ける。これが解であること，すなわち初期条件および微分方程式を満たすことは，$n = 1$ の場合と同様に示すことができる。

　式(3.6)を出力方程式 $y(t) = cx(t) + du(t)$ に代入すれば，出力は

$$y(t) = ce^{A(t-t_0)} x_0 + \left(c \int_{t_0}^{t} e^{A(t-\tau)} bu(\tau) d\tau + du(t) \right), \quad t \geq t_0 \tag{3.7}$$

となる。

　ここで改めて式(3.6)，(3.7)の右辺の意味を考えよう。第1項

$$x_{zi}(t) = e^{A(t-t_0)} x_0, \quad y_{zi}(t) = ce^{A(t-t_0)} x_0 \tag{3.8}$$

は，入力が存在しないとき（$u(t) = 0$，$t \geq t_0$），初期状態 x_0 による応答成分であって，2.6.1項で伝達関数表現の式(2.35)，(2.36)について述べたのと同様に，それぞれ状態および出力の**零入力応答**と呼ばれる。右辺第2項

$$x_{zs}(t) = \int_{t_0}^{t} e^{A(t-\tau)} bu(\tau) d\tau, \quad y_{zs}(t) = c \int_{t_0}^{t} e^{A(t-\tau)} bu(\tau) d\tau + du(t) \tag{3.9}$$

は，初期状態が $x_0 = 0$ のときの入力 $u(t)$，$t \geq t_0$ による応答成分で，それぞれ状態および出力の**零状態応答**と呼ばれる。このように，式(3.6)，(3.7)は

① 応答は零入力応答と零状態応答の和として表される。

② 零入力応答は初期状態 x_0 の線形関数[†]である。

③ 零状態応答は入力 u の線形関数である。

という性質が成立することを示している。これら ①，②，③ はすべての線形システムが共有する性質で，非線形システムでは成立しない。

【例 3.1】

【例 2.8】で述べたように，図 2.7 の RLC 回路で $R=1$，$L=1$，$C=1$ とすれば，状態方程式は $x=[v_c \quad i]^T$ として

$$\dot{x}(t)=Ax(t)+be(t), \quad A=\begin{bmatrix} 0 & 1 \\ -1 & -1 \end{bmatrix}, \quad b=\begin{bmatrix} 0 \\ 1 \end{bmatrix} \tag{2.33}$$

となる。このとき，後述の【例 3.3】の（b）で示すように

$$e^{At}=e^{-\frac{t}{2}}\left(\cos\frac{\sqrt{3}}{2}t\begin{bmatrix} 1 & 0 \\ 0 & 1 \end{bmatrix}+\frac{1}{\sqrt{3}}\sin\frac{\sqrt{3}}{2}t\begin{bmatrix} 1 & 2 \\ -2 & -1 \end{bmatrix}\right)$$

である。したがって，例えば，初期状態 $v_C(0)=1$，$i(0)=0$ に対する状態の零入力応答は

$$\begin{bmatrix} v_C(t) \\ i(t) \end{bmatrix}=e^{At}\begin{bmatrix} 1 \\ 0 \end{bmatrix}=e^{-\frac{t}{2}}\left(\cos\frac{\sqrt{3}}{2}t\begin{bmatrix} 1 \\ 0 \end{bmatrix}+\frac{1}{\sqrt{3}}\sin\frac{\sqrt{3}}{2}t\begin{bmatrix} 1 \\ -2 \end{bmatrix}\right), \quad t\geq 0$$

となる。また，入力を単位ステップ関数 $e(t)=1$，$t\geq 0$ とすると，零状態応答は

$$\begin{bmatrix} v_C(t) \\ i(t) \end{bmatrix}=\int_0^t e^{A(t-\tau)}\begin{bmatrix} 0 \\ 1 \end{bmatrix}d\tau=\int_0^t e^{A\tau}\begin{bmatrix} 0 \\ 1 \end{bmatrix}d\tau$$

$$=\int_0^t e^{-\frac{\tau}{2}}\left(\cos\frac{\sqrt{3}}{2}\tau\begin{bmatrix} 0 \\ 1 \end{bmatrix}+\frac{1}{\sqrt{3}}\sin\frac{\sqrt{3}}{2}\tau\begin{bmatrix} 2 \\ -1 \end{bmatrix}\right)d\tau$$

$$=\begin{bmatrix} 1 \\ 0 \end{bmatrix}+e^{-\frac{t}{2}}\left(\cos\frac{\sqrt{3}}{2}t\begin{bmatrix} -1 \\ 0 \end{bmatrix}+\frac{1}{\sqrt{3}}\sin\frac{\sqrt{3}}{2}t\begin{bmatrix} -1 \\ 2 \end{bmatrix}\right), \quad t\geq 0$$

のように計算できる。■

なお，以上の説明の式(3.6)，(3.7)において，初期条件を $x(t_0)=x_0$ とし，積分時間を t_0 から t までとしているが，3.4 節で述べるように，入力が初期時刻 t_0 でインパルス状である場合には，1.7 節のラプラス変換の定義で述べたように，積分区間を t_{0-} から t にして，初期条件を $x(t_{0-})=x_0$ で与えるものとする。入力が初期時刻 t_0 でインパルス状でない場合は，t_0 と t_{0-} を，そして $x(t_0)$ と $x(t_{0-})$ を区別する必要はない。

3.1.2 システムモード

それでは，指数関数 e^{At} は行列 A からどのように決まるのであろうか。いま，式(3.8)の $x_{zi}(t)$ の初期時刻 t_0 を 0_-，初期状態 x_0 を $x(0_-)$ としてラプラス変換した形と，式(2.35)の零入力応答のラプラス変換 $(sI-A)^{-1}x(0_-)$ を比較すると

[†]　ベクトル x の関数 $f(x)$ は，任意のスカラ a，b とベクトル x_1，x_2 について $f(ax_1+bx_2)=af(x_1)+bf(x_2)$ が成り立つとき，線形関数であるという。

44　　3. システムの時間応答特性

$$\mathcal{L}[e^{At}x(0_-)] = \mathcal{L}[e^{At}]x(0_-) = (sI-A)^{-1}x(0_-)$$

が成立することがわかる†。これが任意の $x(0_-)$ について成立するから

$$\mathcal{L}[e^{At}] = (sI-A)^{-1} \tag{3.10}$$

なる関係が得られる。これより行列 A が与えられたとき，行列指数関数 e^{At} は $(sI-A)^{-1}$ の逆ラプラス変換として求められることがわかる。その $(sI-A)^{-1}$ は

$$\mathcal{L}[e^{At}] = (sI-A)^{-1} = \frac{\mathrm{adj}(sI-A)}{\det(sI-A)} = \frac{N(s)}{\alpha(s)} \tag{3.11}$$

ただし，　$N(s) = \mathrm{adj}(sI-A), \quad \alpha(s) = \det(sI-A)$

と表される。ここで，$\alpha(s)$ は A の**特性多項式**（characteristic polynomial）で，その次数は n であり，$N(s)$ は $(sI-A)$ の余因子行列で，たかだか $(n-1)$ 次の多項式を要素とする $n \times n$ 行列である。$\alpha(s)$ の根は行列 A の固有値であるから，いま A が σ 個の相異なる固有値 λ_i をもち，おのおのの重複度を $n_i \ (i=1,2,...,\sigma)$ とするとき

$$\alpha(s) = \det(sI-A) = (s-\lambda_1)^{n_1}(s-\lambda_2)^{n_2}\cdots(s-\lambda_\sigma)^{n_\sigma}, \quad n = n_1 + n_2 + \cdots + n_\sigma$$

である。行列 A は重複度も含め n 個の固有値をもつが，以下ではこれらを**システム固有値**と呼ぶ。

ここで，式(3.11)において，分母 $\alpha(s)$ と分子 $N(s)$ の n^2 個の要素が同時に（1 次以上の）共通因子 $(s-\lambda_i)$ をもつならば，それらを式(3.3)からすべて消去したものを

$$(sI-A)^{-1} = \frac{N(s)}{\alpha(s)} = \frac{M(s)}{\beta(s)}, \quad \beta(s) = (s-\lambda_1)^{m_1}(s-\lambda_2)^{m_2}\cdots(s-\lambda_\sigma)^{m_\sigma} \tag{3.12}$$

とする。分母多項式 $\beta(s)$ は $\alpha(s)$ から $N(s)$ との共通因子を除いたものであるから，$n_i \geq m_i \ (i=1,2,...,\sigma)$ であるが，そのうえ $m_i \geq 1 \ (i=1,2,...,\sigma)$，すなわち，$\beta(s)$ は各固有値 $\lambda_i \ (i=1,2,...,\sigma)$ を 1 次以上の根として有している（演習問題【3.1】参照）。この $\beta(s)$ を行列 A の**最小多項式**（minimal polynomial）という。そして，式(3.12)は

$$(sI-A)^{-1} = \sum_{i=1}^{\sigma} \left(\frac{R_{i1}}{s-\lambda_i} + \frac{R_{i2}}{(s-\lambda_i)^2} + \cdots + \frac{R_{im_i}}{(s-\lambda_i)^{m_i}} \right) \tag{3.13}$$

という形に部分分数に展開できる。ここで，$R_{ij} \ (i=1,2,...,\sigma, \ j=1,2,...,m_i)$ はおのおの

$$R_{im_i} = \frac{M(s)}{\beta(s)}(s-\lambda_i)^{m_i}, \quad R_{i(m_i-l)} = \frac{1}{l!}\left(\frac{d}{ds}\right)^l \left(\frac{M(s)}{\beta(s)}(s-\lambda_i)^{m_i}\right), \quad l=1,2,...,m_i-1$$

の右辺に $s=\lambda_i$ を代入して計算できる。したがって，式(3.13)を逆ラプラス変換することにより，行列 A の指数関数 e^{At} は

$$e^{At} = \sum_{i=1}^{\sigma} \left(R_{i1} + R_{i2}t + \cdots + \frac{R_{im_i}}{(m_i-1)!}t^{m_i-1} \right) e^{\lambda_i t} \tag{3.14}$$

と表すことができるとわかる。この式に現れている重複度 m_i の λ_i により定まる m_i 個の関数

---

†　ここで行列のラプラス変換は，ベクトルの場合と同様に，要素をラプラス変換したものである。

3.1 状態の応答とシステムモード　　45

$e^{\lambda_i t}, te^{\lambda_i t}, ..., t^{m_i-1}e^{\lambda_i t}$ をシステム固有値 λ_i に対する**システムモード**と呼ぶ。つまり，システムの振る舞いの基本は，最小多項式 $\beta(s)$ によって規定される重複度 m_i の σ 個の固有値 λ_i によって定まるシステムモードによるのである。

【例 3.2】

重複した固有値 -1 をもつ二つの行列を考えよう。

$$A_1 = \begin{bmatrix} -1 & 0 \\ 0 & -1 \end{bmatrix}, \quad A_2 = \begin{bmatrix} -1 & 1 \\ 0 & -1 \end{bmatrix}$$

いずれも特性多項式は $(s+1)^2$ で同一である。しかし

$$(sI-A_1)^{-1} = \frac{\begin{bmatrix} s+1 & 0 \\ 0 & s+1 \end{bmatrix}}{(s+1)^2} = \frac{\begin{bmatrix} 1 & 0 \\ 0 & 1 \end{bmatrix}}{(s+1)}, \quad (sI-A_2)^{-1} = \frac{\begin{bmatrix} s+1 & 1 \\ 0 & s+1 \end{bmatrix}}{(s+1)^2}$$

であるから，それぞれの最小多項式は $s+1$ と $(s+1)^2$ で，異なる。したがって，$e^{A_1 t}$ は e^{-t} のみで表すことができるのに対して，$e^{A_2 t}$ を表すには e^{-t} とともに te^{-t} を必要とする。すなわち

$$e^{A_1 t} = \begin{bmatrix} e^{-t} & 0 \\ 0 & e^{-t} \end{bmatrix}, \quad e^{A_2 t} = \begin{bmatrix} e^{-t} & te^{-t} \\ 0 & e^{-t} \end{bmatrix}$$

である。■

なお，式(3.12)で $\alpha(s)$ と $N(s)$ に打ち消しが生じるのは，この A_1 の対角要素である $(1,1)$ 要素と $(2,2)$ 要素が同じであるような，（ブロック）対角化したときに同じものが現れる特殊な場合であり，一般的には打ち消しがなく特性多項式 $\alpha(s)$ と最小多項式 $\beta(s)$ が一致して，e^{At} は A の特性多項式により定まる場合が多い。

式(3.13)に基づき，式(3.14)のように，e^{At} を計算する例を与える。

【例 3.3】

(a) $A = \begin{bmatrix} 0 & 2 \\ -1 & -3 \end{bmatrix}$ とする。

$$(sI-A)^{-1} = \frac{\mathrm{adj}(sI-A)}{\det(sI-A)} = \frac{\begin{bmatrix} s+3 & 2 \\ -1 & s \end{bmatrix}}{s^2+3s+2} = \frac{s\begin{bmatrix} 1 & 0 \\ 0 & 1 \end{bmatrix} + \begin{bmatrix} 3 & 2 \\ -1 & 0 \end{bmatrix}}{(s+1)(s+2)} = \frac{\begin{bmatrix} 2 & 2 \\ -1 & -1 \end{bmatrix}}{s+1} + \frac{\begin{bmatrix} -1 & -2 \\ 1 & 2 \end{bmatrix}}{s+2}$$

から，特性多項式＝最小多項式＝$(s+1)(s+2)$，システム固有値は -1 と -2，システムモードは e^{-t} と e^{-2t} であり

$$e^{At} = \begin{bmatrix} 2 & 2 \\ -1 & -1 \end{bmatrix} e^{-t} + \begin{bmatrix} -1 & -2 \\ 1 & 2 \end{bmatrix} e^{-2t}$$

となる。

(b) $A = \begin{bmatrix} 0 & 1 \\ -1 & -1 \end{bmatrix}$ については

$$(sI-A)^{-1}=\frac{\mathrm{adj}\,(sI-A)}{\det\,(sI-A)}=\frac{\begin{bmatrix} s+1 & 1 \\ -1 & s \end{bmatrix}}{s^2+s+1}=\frac{R}{s+1/2+(\sqrt{3}/2)j}+\frac{\bar{R}}{s+1/2-(\sqrt{3}/2)j}$$

であり，特性多項式＝最小多項式＝s^2+s+1で，1対の共役な複素システム固有値$-1/2$ $\pm(\sqrt{3}/2)j$をもち，対応するシステムモードは$e^{((-1/2)\pm(\sqrt{3}/2)j)t}$となる。ここで

$$R=\frac{1}{2\sqrt{3}}\begin{bmatrix} j+\sqrt{3} & 2j \\ -2j & -j+\sqrt{3} \end{bmatrix}\quad (\bar{R}:R\text{ の共役行列})$$

であり，したがって

$$e^{At}=e^{-((1/2)+(\sqrt{3}/2)j)t}R+e^{-((1/2)-(\sqrt{3}/2)j)t}\bar{R}=2\times(e^{-((1/2)+(\sqrt{3}/2)j)t}R)\text{ の実部}$$

$$=e^{-\frac{t}{2}}\Big(\cos\frac{\sqrt{3}}{2}t\begin{bmatrix} 1 & 0 \\ 0 & 1 \end{bmatrix}+\frac{1}{\sqrt{3}}\sin\frac{\sqrt{3}}{2}t\begin{bmatrix} 1 & 2 \\ -2 & -1 \end{bmatrix}\Big)$$

となる。

(c) $A=\begin{pmatrix} 0 & 1 \\ -1 & -2 \end{pmatrix}$とすれば

$$(sI-A)^{-1}=\frac{1}{(s+1)^2}\begin{bmatrix} s+2 & 1 \\ -1 & s \end{bmatrix}=\frac{1}{(s+1)}\begin{bmatrix} 1 & 0 \\ 0 & 1 \end{bmatrix}+\frac{1}{(s+1)^2}\begin{bmatrix} 1 & 1 \\ -1 & -1 \end{bmatrix}$$

であるから，特性多項式＝最小多項式＝$(s+1)^2$で，重複するシステム固有値$\{-1,-1\}$と，対応するシステムモード$\{e^{-t},te^{-t}\}$があり

$$e^{At}=\begin{bmatrix} 1 & 0 \\ 0 & 1 \end{bmatrix}e^{-t}+\begin{bmatrix} 1 & 1 \\ -1 & -1 \end{bmatrix}te^{-t}$$

となる。■

3.1.3　零入力応答と零状態応答におけるシステムモード

行列指数関数e^{At}の形がわかったところで，状態の零入力応答と零状態応答をみておこう。まず零入力応答については，初期状態を$x(0_-)$とするとき，そのラプラス変換は$X_{zi}(s)=(sI-A)^{-1}x(0_-)$であるから，逆変換$x_{zi}(t)$は式(3.14)から

零入力応答 $x_{zi}(t)=\mathcal{L}^{-1}[(sI-A)^{-1}]x(0_-)$

$$=e^{At}x(0_-)=\text{システムモードの線形結合}, \quad t\geqq 0 \tag{3.15}$$

と表される。

一方，零状態応答のラプラス変換は$X_{zs}(s)=(sI-A)^{-1}bU(s)$であるから，入力$u(t)$のラプラス変換$U(s)$が有理関数$U(s)=q(s)/p(s)$で与えられるとすれば，式(3.11)，(3.12)から

$$X_{zs}(s)=(sI-A)^{-1}bU(s)=\frac{N(s)bq(s)}{\alpha(s)p(s)}=\frac{M(s)bq(s)}{\beta(s)p(s)}$$

と表される。ただし，$p(s)$の次数$\geqq q(s)$の次数とする。ここで，上式右辺の分子$M(s)bq(s)$と分母$\beta(s)p(s)$の間に共通因子がなく，また$\beta(s)$の根（システム固有値）と$p(s)$の根に重複す

3.1 状態の応答とシステムモード　47

るものはないとすれば，右辺の部分分数は分母 $\beta(s)$ に対応する項と分母 $p(s)$ に対応する項の和として表される（重複がある場合については，【例3.4】に例示する）。したがって，$X_{zs}(s)$ の逆変換 $x_{zs}(t)$ は $t \geqq 0$ で

$$零状態応答\, x_{zs}(t) = システムモードの線形結合$$
$$+ 入力\, U(s) の分母多項式の根に対応する項 \qquad (3.16)$$

となることがわかる。

【例3.4】

状態方程式 $\dot{x}(t) = Ax(t) + bu(t)$ において

$$A = \begin{bmatrix} 0 & 2 \\ -1 & -3 \end{bmatrix}, \quad b = \begin{bmatrix} 0 \\ 1 \end{bmatrix}$$

としよう。【例3.3】の (a) から，このシステムは固有値 -1, -2 とシステムモード e^{-t}, e^{-2t} を有しており，初期状態 $x(0_-) = [x_{01} \; x_{02}]^T$ に対する零入力応答は

$$x_{zi}(t) = \mathcal{L}^{-1}[(sI - A)^{-1}] x(0_-) = e^{At} x(0_-)$$

$$= \begin{bmatrix} 2 & 2 \\ -1 & -1 \end{bmatrix} \begin{bmatrix} x_{01} \\ x_{02} \end{bmatrix} e^{-t} + \begin{bmatrix} -1 & -2 \\ 1 & 2 \end{bmatrix} \begin{bmatrix} x_{01} \\ x_{02} \end{bmatrix} e^{-2t} = \begin{bmatrix} 2x_{01} + 2x_{02} \\ -x_{01} - x_{02} \end{bmatrix} e^{-t} + \begin{bmatrix} -x_{01} - 2x_{02} \\ x_{01} + 2x_{02} \end{bmatrix} e^{-2t}, \quad t \geqq 0$$

となる。また入力を $u(t) = 1$, $t \geqq 0$, とすれば，$U(s) = \mathcal{L}[u(t)] = 1/s$ であるから零状態応答は

$$X_{zs}(s) = (sI - A)^{-1} bU(s)$$

$$= \frac{\begin{bmatrix} s+3 & 2 \\ -1 & s \end{bmatrix} \begin{bmatrix} 0 \\ 1 \end{bmatrix}}{(s+1)(s+2)s} = \frac{\begin{bmatrix} 2 \\ s \end{bmatrix}}{(s+1)(s+2)s} = \frac{\begin{bmatrix} -2 \\ 1 \end{bmatrix}}{s+1} + \frac{\begin{bmatrix} 1 \\ -1 \end{bmatrix}}{s+2} + \frac{\begin{bmatrix} 1 \\ 0 \end{bmatrix}}{s}$$

であり，これから $x_{zs}(t)$ は

$$x_{zs}(t) = \mathcal{L}^{-1}[X_{zs}(s)] = \begin{bmatrix} -2 \\ 1 \end{bmatrix} e^{-t} + \begin{bmatrix} 1 \\ -1 \end{bmatrix} e^{-2t} + \begin{bmatrix} 1 \\ 0 \end{bmatrix}, \quad t \geqq 0$$

となる。右辺の第1項，第2項が入力を加えたことにより励起されたシステムモードで，第3項は入力 $U(s)$ の分母多項式の根 $s = 0$ に対応する項である。ここで，入力が $U(s) = 1/s$ ではなく，$U(s)$ の分母多項式の根とシステム固有値に重複があるならば，対応する応答項が発生する。例えば入力が $U(s) = 1/(s+1)$ の場合

$$X_{zs}(s) = \frac{\begin{bmatrix} 2 \\ s \end{bmatrix}}{(s+1)^2 (s+2)} = \frac{\begin{bmatrix} 2 \\ -2 \end{bmatrix}}{s+2} + \frac{\begin{bmatrix} -2 \\ 2 \end{bmatrix}}{s+1} + \frac{\begin{bmatrix} 2 \\ -1 \end{bmatrix}}{(s+1)^2}$$

より

$$x_{zs}(t) = \begin{bmatrix} 2 \\ -2 \end{bmatrix} e^{-2t} + \begin{bmatrix} -2 \\ 2 \end{bmatrix} e^{-t} + \begin{bmatrix} 2 \\ -1 \end{bmatrix} te^{-t}$$

となる。$x_{zs}(t)$ の第3項は $U(s)$ の分母多項式の根とシステム固有値の重複（$s = -1$）により生じたものである。■

3.2 システムモードの安定性

ここで，システムモードの安定性を定義しておこう．以下，本節では，モードはシステムモードを意味する．**図 3.1** は複素数平面上のシステム固有値（重複がないとする）とそれに対応するモードの波形を示したものである．システム固有値 λ が実数（$\neq 0$）のとき，$t \to \infty$ でモードは，(a)のように $\lambda<0$ なら $e^{\lambda t} \to 0$ と収束し，(b)のように $\lambda>0$ なら $e^{\lambda t} \to \infty$ と発散する．λ が複素数 $=\sigma+j\omega$（$\sigma \neq 0$, $\omega \neq 0$）なら，$|e^{\lambda t}|=e^{\sigma t}$ であるから，$|e^{\lambda t}|$ は(c)のように $\sigma<0$ なら 0 に収束し，(d)のように $\sigma>0$ なら発散する．

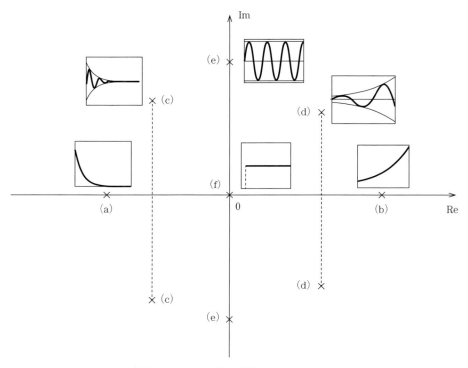

図 3.1 システム固有値とシステムモード

一般に，$t \to \infty$ で 0 に収束するモードを**安定モード**（stable mode）といい，そうでない場合を**不安定モード**（unstable mode）という．不安定モードは，(b)と(d)のように $t \to \infty$ でその大きさが限りなく大きくなるか，(e)のように一定の振幅で振動するか，あるいは(f)のように 0 でない有限値に収束する．すなわち，複素平面の虚軸を境に左半平面内にある固有値に対応するモードは安定で，虚軸を含め右半平面にある固有値に対応するモードは不安定である．λ に対応するモードが安定であるとき，λ は**安定なシステム固有値**であるという．

すべてのモードが安定なら，$t \to \infty$ のとき，式(3.15)から零入力応答 $x_{zi}(t)$ の各成分は初期状態に関係なく 0 に収束し，また式(3.16)から，零状態応答 $x_{zs}(t)$ では入力の分母多項式の根に対

応する項だけが残る。もし $t \to \infty$ で発散するような不安定モードがあれば，零入力応答 $x_{zi}(t)$ と零状態応答 $x_{zs}(t)$ は，初期状態や入力に関係なく発散する成分をもつことになる。このため，一般に制御系においては不安定なモードがあってはならない。

システム固有値 $\lambda = \sigma + j\omega$ に重複がある場合も同様である。λ が重複度 k $(k = 2, 3, ...)$ の固有値なら，$e^{\lambda t}$ の他に $t^j e^{\lambda t}$ $(j = 1, 2, ..., k-1)$ というモードを生じるが，この場合も同様に $t \to \infty$ で $t^j e^{\lambda t} \to 0$ となるのは，$\sigma < 0$ のとき，またそのときに限られる。すなわち，モードの安定性の条件はつぎのように与えられる。

- **安定モードの条件**：システム固有値を λ とするとき，λ の重複度に関係なく，対応するシステムモードが安定モードである必要十分条件は，λ の実部が負である（λ が複素数平面の左半面内にある）ことである。

つぎに，安定なモードについて，その減衰の速さに注目しよう。λ を左半面内にある重複のないシステム固有値とする。λ が実数のとき，モード $e^{\lambda t}$ の $t = 0$ における時間微分，つまり $e^{\lambda t}$ を時間関数として図示したときの接線の傾きは $\lambda < 0$ であり，$|\lambda|$ が大きいほど速く減衰する。そして，その接線は $t = 1/|\lambda|$ で 0 になるので，$1/|\lambda|$ をモード $e^{\lambda t}$ の**時定数** (time constant) という。時定数はモードの減衰の速さの尺度である。

また，固有値が複素数 $\lambda = \sigma + j\omega$ で $\sigma < 0$ の場合，モードの振幅 $|e^{\lambda t}| = |e^{\sigma t} e^{j\omega t}| = e^{\sigma t}$ の減衰の速さは σ によって決まるので，λ が実数の場合と同様に，$1/|\sigma|$ をモード $e^{\lambda t}$ の時定数という。つまり，左半面内にある重複のないシステム固有値 λ（実数あるいは複素数）は，虚軸からの距離が大きいほど時定数が小さく，そのモードは速い減衰特性を示す。

実部が負の固有値 λ が重複している場合の $t^j e^{\lambda t}$ $(j = 1, 2, ..., k-1)$ のモードについては，時定数の概念はないが，$|\sigma|$ が大きいほど減衰が速いことは同様である。

システムモードがすべて安定であるとき，そのシステムは**内部安定** (internally stable) であるという。

3.3　可制御性と可観測性

本章ではここまで，状態方程式で表されるシステムの振る舞いについて述べてきた。3.4〜3.6 節では，いったん状態方程式から離れ，入出力関係に注目してシステムの振る舞いを考える。その前に本節で，入力，状態，出力の関係の捉え方について述べておこう。

システムを状態方程式で表すということは，**図 3.2** のように，システムに加わる入力 u とシステムから現れる出力 y とともに，システムの内部に状態という変数 x があると考えているということである。つまり，入力は状態を介して出力を操る。このとき，入力 u によって状態 x を任意に操れるという概念として可制御性があり，状態 x のどれだけの情報が出力 y に現れるかという概念として可観測性がある。それらは，以下のように定義されている。

- **可制御性**：どのような初期状態 x_0 と目標状態 x_T に対しても，初期時刻 0 以降の任意に

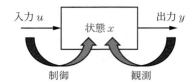

図3.2 状態の制御と観測

指定した時刻 t_1 で，適切な入力により状態を x_0 から $x(t_1)=x_T$ に移動させることができるとき，そのシステムは**可制御**（controllable）であるという。

- **可観測性**： どのような初期状態 x_0 についても，初期時刻 0 以降の任意に指定した時刻 t_2 までの入力と出力 $(u(t), y(t))$，$0 \leq t \leq t_2$ の情報から，初期状態 x_0 の値を決定することができる（したがって，式(3.6)により，その後の状態 $x(t)$，$0 \leq t \leq t_2$，の値も決定できる）とき，そのシステムは**可観測**（observable）であるという。

可制御性の定義をいいかえれば，可制御でないシステムの場合は，入力をどのように操作しても到達できない状態があるということである。可観測性の定義をいいかえれば，可観測でないシステムの場合は，入力と出力の情報から状態を知ることができないということである。

それでは，可制御性の条件を導こう。システムの初期時刻 0 における状態 x_0 と任意に指定された時刻 t_1 の状態 x_T の関係は式(3.6)より

$$x_T = e^{At_1}x_0 + \int_0^{t_1} e^{A(t_1-\tau)}bu(\tau)d\tau \tag{3.17}$$

で表される。ここに現れる行列の指数関数 e^{At} は式(3.2)の無限級数で定義されているが，A の特性多項式 $\det(sI-A) = s^n + a_{n-1}s^{n-1} + \cdots + a_1 s + a_0$ の係数を用いて，ケイリー・ハミルトンの定理[16]

$$A^n + a_{n-1}A^{n-1} + \cdots + a_1 A + a_0 I = 0$$

が成立するから，A^n 以上の項は A^{n-1} 以下の項の線形結合で表せるので

$$e^{At} = \alpha_0(t)I + \alpha_1(t)A + \cdots + \alpha_{n-2}(t)A^{n-2} + \alpha_{n-1}(t)A^{n-1} \tag{3.18}$$

と書くことができる。したがって，式(3.17)は

$$x_T - e^{At_1}x_0 = [b \quad Ab \quad \cdots \quad A^{n-1}b] \int_0^{t_1} \begin{bmatrix} \alpha_0(t_1-\tau) \\ \alpha_1(t_1-\tau) \\ \vdots \\ \alpha_{n-1}(t_1-\tau) \end{bmatrix} u(\tau)d\tau \tag{3.19}$$

と表せ，システムが可制御であるということは，左辺の任意の n 次元ベクトルに対して式(3.19)が成立するような入力 $u(t)$，$0 \leq t \leq t_1$，が存在するということである。

いま，可制御性行列と呼ばれる

$$Q = [b \quad Ab \quad \cdots \quad A^{n-1}b] \tag{3.20}$$

が非正則なら，どのように $u(t)$ を選んでも，Q を介して実現できる右辺のベクトルは $n-1$ 次元以下であるから，式(3.19)左辺の任意の n 次元ベクトルを実現することはできない。したがって，システムは可制御ではない。一方，Q が正則の場合は，入力を

$$u(t) = [\alpha_0(t_1-t) \quad \alpha_1(t_1-t) \quad \cdots \quad \alpha_{n-1}(t_1-t)] W^{-1} Q^{-1}(x_T - e^{At_1}x_0)$$

と選ぶことにより，式(3.19)を成立させることができる。ここで

$$W = \int_0^{t_1} \begin{bmatrix} \alpha_0(t_1-\tau) \\ \alpha_1(t_1-\tau) \\ \vdots \\ \alpha_{n-1}(t_1-\tau) \end{bmatrix} [\alpha_0(t_1-\tau) \quad \alpha_1(t_1-\tau) \quad \cdots \quad \alpha_{n-1}(t_1-\tau)] d\tau \tag{3.21}$$

である（行列 W が正則であることは，演習問題【3.8】(1) 参照）。以上より，つぎのことがいえた。

- **可制御性条件 I**： システムの可制御性の必要十分条件は，式(3.20)の Q が正則であることである。

つぎに，可観測性の条件を導こう。システムの初期時刻 0 から任意に指定された時刻 t_2 までの出力は式(3.7)より

$$y(t) = c e^{At}x_0 + c \int_0^t e^{A(t-\tau)} bu(\tau) d\tau + du(t), \quad 0 \le t \le t_2 \tag{3.22}$$

で表される。ここで，式(3.18)の e^{At} を用いると

$$[\alpha_0(t) \quad \alpha_1(t) \quad \cdots \quad \alpha_{n-1}(t)] \begin{bmatrix} c \\ cA \\ \vdots \\ cA^{n-1} \end{bmatrix} x_0 = y(t) - c \int_0^t e^{A(t-\tau)} bu(\tau) d\tau - du(t) \tag{3.23}$$

と書くことができる。この右辺は入力と出力より計算できる。いま，可観測性行列と呼ばれる

$$R = \begin{bmatrix} c \\ cA \\ \vdots \\ cA^{n-1} \end{bmatrix} \tag{3.24}$$

が正則なら，式(3.23)より，初期状態は次式で決定できることがわかる。

$$x_0 = R^{-1} Y^{-1} \int_0^{t_2} \begin{bmatrix} \alpha_0(t) \\ \alpha_1(t) \\ \vdots \\ \alpha_{n-1}(t) \end{bmatrix} \left(y(t) - c \int_0^t e^{A(t-\tau)} bu(\tau) d\tau - du(t) \right) dt \tag{3.25}$$

ここで

$$Y = \int_0^{t_2} \begin{bmatrix} \alpha_0(t) \\ \alpha_1(t) \\ \vdots \\ \alpha_{n-1}(t) \end{bmatrix} [\alpha_0(t) \quad \alpha_1(t) \quad \cdots \quad \alpha_{n-1}(t)] dt \tag{3.26}$$

であり，その正則性は式(3.21)の W の正則性と同様に示すことができる。一方，R が非正則の場合，式(3.23)の右辺のわれわれの知り得る情報には R の零化空間にある x_0 の情報が含まれな

いため，x_0 を決定することができない。以上より，つぎのことがいえた。

- **可観測性条件 I**： システムの可観測性の必要十分条件は，式(3.24)の R が正則であることである。

【例 3.5】

つぎの三つのシステムを考えよう。

(a) $\begin{bmatrix} \dot{x}_1 \\ \dot{x}_2 \end{bmatrix} = \begin{bmatrix} 2 & 1 \\ 0 & -1 \end{bmatrix} \begin{bmatrix} x_1 \\ x_2 \end{bmatrix} + \begin{bmatrix} 0 \\ 1 \end{bmatrix} u, \quad y = \begin{bmatrix} 1 & 0 \end{bmatrix} \begin{bmatrix} x_1 \\ x_2 \end{bmatrix}$

(b) $\begin{bmatrix} \dot{x}_1 \\ \dot{x}_2 \end{bmatrix} = \begin{bmatrix} -1 & 1 \\ 0 & 2 \end{bmatrix} \begin{bmatrix} x_1 \\ x_2 \end{bmatrix} + \begin{bmatrix} 1 \\ 3 \end{bmatrix} u, \quad y = \begin{bmatrix} 1 & 0 \end{bmatrix} \begin{bmatrix} x_1 \\ x_2 \end{bmatrix}$

(c) $\begin{bmatrix} \dot{x}_1 \\ \dot{x}_2 \end{bmatrix} = \begin{bmatrix} 2 & 3 \\ 0 & -1 \end{bmatrix} \begin{bmatrix} x_1 \\ x_2 \end{bmatrix} + \begin{bmatrix} 0 \\ 1 \end{bmatrix} u, \quad y = \begin{bmatrix} 1 & 1 \end{bmatrix} \begin{bmatrix} x_1 \\ x_2 \end{bmatrix}$

おのおのの可制御性行列と可観測性行列を計算すると，以下のとおりである。

$Q_a = \begin{bmatrix} 0 & 1 \\ 1 & -1 \end{bmatrix}, \quad R_a = \begin{bmatrix} 1 & 0 \\ 2 & 1 \end{bmatrix}$

$Q_b = \begin{bmatrix} 1 & 2 \\ 3 & 6 \end{bmatrix}, \quad R_b = \begin{bmatrix} 1 & 0 \\ -1 & 1 \end{bmatrix}$

$Q_c = \begin{bmatrix} 0 & 3 \\ 1 & -1 \end{bmatrix}, \quad R_a = \begin{bmatrix} 1 & 1 \\ 2 & 2 \end{bmatrix}$

したがって，可制御性条件 I と可観測性条件 I より，(a)のシステムは可制御かつ可観測，(b)は可観測だが可制御ではない，(c)は可制御だが可観測ではないシステムである。■

システムが可制御でない場合，状態には入力が効かない部分があることになる。また，システムが可観測でない場合には，出力に影響しない部分が状態にあることになる。これらの場合を考えると，一般に状態には入力が効く（可制御な）部分と入力が効かない（不可制御な）部分があり，かつ出力に影響を与える（可観測な）部分と出力に影響を与えない（不可観測な）部分があるといえる。したがって，システムは一般に図 **3.3** のように，四つのブロックから成り[17]，その全部を含む場合，システムは可制御でも可観測でもない。可制御だが不可観測なシ

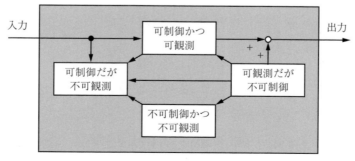

図 3.3 可制御性と可観測性からみたシステムの構造

ステムは一般に，可制御かつ可観測なブロックと可制御だが不可観測なブロックから成る。また，可観測だが不可制御なシステムは一般に，可制御かつ可観測なブロックと可観測だが不可制御なブロックから成る。そして，可制御かつ可観測なシステムは可制御かつ可観測なブロックのみから成る。図 3.3 の関係は，3.7.1 項で述べるように，システムの状態方程式表現と伝達関数表現の関係を知るうえで重要である。なお，3.4〜3.6 節で考える入出力関係に現れるのは，ブロック間の矢印の向きからわかるように，可制御かつ可観測な部分の動特性だけである。

3.4　ステップ応答とインパルス応答

ここで，入出力関係だけに注目するために，出力の零状態応答を考えよう。初期時刻を $t_0 = 0_-$ としたときの出力の零状態応答 $y(t)$ は 3.1.1 項で述べたように

$$y(t) = \int_{0_-}^{t} ce^{A(t-\tau)} bu(\tau) d\tau + du(t) \tag{3.9}$$

と書くことができる。ここで初期時刻を $t_0 = 0_-$ としているのは，入力 $u(t)$ として $t=0$ で ∞ を極限とするインパルス関数も含めて考えるためである。$t=0$ で有限の値をとる入力，例えばステップ関数に対しては，$t_0 = 0$ とすることと変わりはない。

与えられた入力に対応して零状態応答がどのように形成されるのかをみよう。出力の零状態応答の特性を表すための入力として，つぎに示すステップ関数とインパルス関数が有用である。

単位ステップ関数 $u_s(t)$（以下，単にステップ関数という）は

$$u_s(t) = \begin{cases} 1, & t \geq 0 \\ 0, & t < 0 \end{cases} \tag{3.27}$$

なる関数であり（**図 3.4**），そのラプラス変換は

$$\mathcal{L}[u_s(t)] = \int_{0_-}^{\infty} u_s(t) e^{-st} dt = \int_{0}^{\infty} e^{-st} dt = \frac{1}{s} \tag{3.28}$$

である。

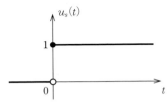

図 3.4　ステップ関数

単位インパルス関数 $\delta(t)$（デルタ関数ともいう。以下，単にインパルス関数という）は

$$\delta(t) = \frac{du_s(t)}{dt} \tag{3.29}$$

で定義される†。電気回路についていうと，1V の直流電圧源を $t \geq 0$ で 1F のキャパシタに加え

---

† $\delta(t)$ はインパルス関数やデルタ関数と呼ばれているが，普通の関数としては表すことができず，**超関数**（distribution）と呼ばれる。

たときのキャパシタ充電電流がインパルス関数 $\delta(t)$ 〔A〕である。いま，実数 $\Delta>0$ について

$$p_\Delta(t) = \frac{u_s(t) - u_s(t-\Delta)}{\Delta}$$

なる関数 $p_\Delta(t)$ を考えるとき，微分の定義より $\delta(t) = \lim_{\Delta \to 0} p_\Delta(t)$ である。関数 $p_\Delta(t)$ は幅 Δ，高さ $1/\Delta$ のパルス（**図 3.5**）で，Δ に無関係に面積＝1 であるから，$\delta(t)$ においても任意の実数 $\varepsilon>0$，$\mu>0$ について

$$\int_{-\varepsilon}^{\mu} \delta(t)dt = 1 \tag{3.30}$$

が成り立つと考える。また $t \neq 0$ について $\delta(t)=0$ であるから，任意の連続関数 $f(t)$ について

$$f(t)\delta(t) = f(0)\delta(t) \tag{3.31}$$

なる性質がある。式 (3.30) と (3.31) から，インパルス関数のラプラス変換は

$$\mathcal{L}[\delta(t)] = \int_{0_-}^{\infty} e^{-st}\delta(t)dt = \int_{0_-}^{\infty} \delta(t)dt = 1 \tag{3.32}$$

となる。

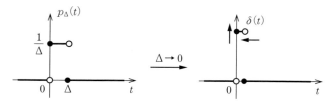

図 3.5 インパルス関数のイメージ

入力にインパルス関数 $\delta(t)$，ステップ関数 $u_s(t)$ を加えたときの零状態応答をそれぞれ $g(t)$，$y_s(t)$ とするとき，$g(t)$ を**インパルス応答**（impulse response），$y_s(t)$ を**ステップ応答**（step response）という。すなわち

- **インパルス応答** $g(t)$： 零状態においてインパルス関数入力を加えたときの出力 $y(t)$
- **ステップ応答** $y_s(t)$： 零状態においてステップ関数入力を加えたときの出力 $y(t)$

である[†]。

3.5 伝達関数とシステムの応答

システムの伝達関数を $G(s)$ とすると，式 (2.37) に与えたように

$$\mathcal{L}[零状態応答\ y(t)] = G(s) \times \mathcal{L}[入力\ u(t)] \tag{3.33}$$

であるから，インパルス応答とステップ応答については，式 (3.32)，式 (3.28) より

$$\mathcal{L}[g(t)] = G(s)\mathcal{L}[\delta(t)] = G(s) \tag{3.34}$$

[†] インパルス関数は超関数であって物理的には実現できないので，インパルス応答は仮想的な応答である。

$$\mathcal{L}[y_s(t)] = G(s)\mathcal{L}[u_s(t)] = \frac{G(s)}{s} \tag{3.35}$$

となり，インパルス応答のラプラス変換が伝達関数であることがわかる。したがって，式(3.33)より，時間域では，出力 $y(t)$ は $g(t)$ と入力 $u(t)$ のたたみ込み積分（演習問題【1.4】参照）

$$y(t) = \int_0^t g(t-\tau)u(\tau)d\tau = \int_0^t g(\tau)u(t-\tau)d\tau, \quad t \geq 0 \tag{3.36}$$

で表される[†]。入出力関係をこのように記述できることが仮想的なインパルス応答を考える理由である。

それでは，ステップ応答とインパルス応答はどのように関連しているのであろうか。式(3.36)から，ステップ応答 $y_s(t)$ については $u(t) = u_s(t)$ として

$$y_s(t) = \int_0^t g(\tau)u_s(t-\tau)d\tau = \int_0^t g(\tau)d\tau \tag{3.37}$$

であるから，$y_s(t)$ は $g(t)$ の積分であり，また $g(t)$ は $y_s(t)$ の微分

$$\frac{dy_s(t)}{dt} = g(t) \tag{3.38}$$

であることがわかる。

式(3.9)と式(3.36)を比較することにより，状態方程式で表されているシステムのインパルス応答は

$$g(t) = ce^{At}b + d\delta(t) \tag{3.39}$$

であり，式(3.37)より，ステップ応答は

$$y_s(t) = \int_0^t ce^{At}bdt + d \tag{3.40}$$

であるといえる。

【例 3.6】

伝達関数

$$G(s) = \frac{s+1}{s+2}$$

をもつシステムのインパルス応答 $g(t)$ とステップ応答 $y_s(t)$ を求めよう。

$$G(s) = 1 - \frac{1}{s+2}$$

であるから，$g(t) = \mathcal{L}^{-1}[G(s)] = \delta(t) - e^{-2t}$, $t \geq 0$, となる。インパルス応答の定義より $g(t) = 0$, $t < 0$, であるから，まとめて $g(t) = \delta(t) - e^{-2t}u_s(t)$, $-\infty < t < \infty$, と表される。一方，ステップ応答については

[†] ここで，積分区間の下限 $\tau = 0$ と上限 t において被積分関数がインパルス関数を含むときは，それも含めて積分する。すなわち，積分区間を $(0_-, t_+)$ と考える。

$$\mathcal{L}[y_s(t)] = \frac{G(s)}{s} = \frac{s+1}{s(s+2)} = \frac{1}{2}\left(\frac{1}{s} + \frac{1}{s+2}\right)$$

より $y_s(t) = (1/2)(1+e^{-2t})$, $t \geqq 0$, を得るが,定義により $y_s(t) = 0$, $t < 0$, であるから,$y_s(t) = (1/2)(1+e^{-2t})u_s(t)$, $-\infty < t < \infty$, と表される。この場合,$t=0$ においてステップ応答が $y_s(0_-) = 0$, $y_s(0) = 1$, のように不連続に変化することに注意しよう。このようなことは,伝達関数 $G(s)$ の分子と分母の次数が等しい場合に起きる。分母が分子より高次(下で述べる伝達関数が真にプロパー)の場合,ステップ応答は $t=0$ で連続である。

なお,$y_s(t)$ を微分すると,$dy_s(t)/dt = -e^{-2t}u_s(t) + (1/2)(1+e^{-2t})\delta(t)$ となるが,式(3.31)より第2項は $\delta(t)$ に等しいから,$dy_s(t)/dt = g(t)$ であり,式(3.38)の関係が確かめられる。■

3.5.1　有理伝達関数をもつシステムのインパルス応答とステップ応答

ここで,システムの伝達関数 $G(s)$ は実数係数をもつ多項式 $d(s)$ と $n(s)$ により

$$G(s) = \frac{n(s)}{d(s)} \tag{3.41}$$

$$d(s) = s^n + a_{n-1}s^{n-1} + \cdots + a_1 s + a_0$$

$$n(s) = b_m s^m + b_{m-1}s^{m-1} + \cdots + b_1 s + b_0, \quad b_m \neq 0$$

と表される有理関数であるとしよう。式(3.41)において,分母多項式 $d(s)$ の次数 $n \geqq$ 分子多項式 $n(s)$ の次数 m, が成立するとき,$G(s)$ は**プロパー**(proper)であるという。特に $n > m$ ならば,$G(s)$ は**真にプロパー**(あるいは厳密にプロパー,strictly proper)であるという。また,$n-m$ を**相対次数**(relative degree)という。

第2章で述べたように,一般の実システムは状態方程式で表すことができ,その伝達関数は

$$G(s) = \frac{c\,\mathrm{adj}(sI-A)b}{\det(sI-A)} + d \tag{2.38}$$

であるから,有理関数でプロパーである。したがって,実システムのモデルとしての有理伝達関数は,一般にプロパーであると考えてよい[†]。

$d(s)$ と $n(s)$ はたがいに既約である(次数1以上の共通多項式をもたない)としよう。そのとき,$d(s)$ の次数 n を $G(s)$ の次数,$d(s)$ の根を $G(s)$ の**極**(pole),$n(s)$ の根を $G(s)$ の**零点**(zero)という。後に改めて3.7節で説明するが,極は伝達関数 $G(s)$ に含まれるシステム固有値である。$G(s)$ の極は実数とは限らず,複素数となることもある。$d(s)$ は実数係数の多項式であるから,複素数 $p = \sigma + j\omega$ が極ならその共役値 $\bar{p} = \sigma - j\omega$ も極である。これは $G(s)$ の零点についても同様である。

極を $p_1, p_2, ..., p_n$,零点を $z_1, z_2, ..., z_m$ とすると,式(3.41)は

[†]　特別な場合であるが,【例2.4】の直線運動系において,振動抑制のために質量の加々速度(ジャーク,すなわち加速度の微分)を小さくしたい場合がある。その場合,加々速度を出力と考えると,分子多項式の次数のほうが高くなり,プロパーでなくなる。

$$G(s) = \frac{K(s-z_1)(s-z_2)\cdots(s-z_m)}{(s-p_1)(s-p_2)\cdots(s-p_n)}, \quad K = b_m \tag{3.42}$$

と表されるので，$G(s)$は定数Kと極と零点により規定され，インパルス応答およびステップ応答も定数Kと極と零点により定まる。

ここで，$G(s)$の極の重複を考慮して，$d(s) = (s-p_1)^{\nu_1}(s-p_2)^{\nu_2}\cdots(s-p_l)^{\nu_l}$と表されるものとしよう。すなわち，$p_i \ (i=1,2,...,l)$は相異なる極で，その重複度を$\nu_i$とする。このとき式(3.42)は

$$G(s) = K\sum_{i=1}^{l}\left(\frac{c_{i1}}{(s-p_i)} + \frac{c_{i2}}{(s-p_i)^2} + \cdots + \frac{c_{i\nu_i}}{(s-p_i)^{\nu_i}}\right) \qquad (n > m \ \text{のとき})$$

$$= K\left(1 + \sum_{i=1}^{l}\left(\frac{\widetilde{c}_{i1}}{(s-p_i)} + \frac{\widetilde{c}_{i2}}{(s-p_i)^2} + \cdots + \frac{\widetilde{c}_{i\nu_i}}{(s-p_i)^{\nu_i}}\right)\right) \quad (n = m \ \text{のとき})$$

と部分分数に展開できる。ここで，$c_{ij} \ (i=1,2,...,l, \ j=1,2,...,\nu_i)$は

$$c_{i\nu_i} = \frac{G(s)}{K}(s-p_i)^{\nu_i}, \quad c_{i(\nu_i-l)} = \frac{1}{l!}\left(\frac{d}{ds}\right)^l\left(\frac{G(s)}{K}(s-p_i)^{\nu_i}\right), \quad l = 1,2,...,\nu_i - 1$$

の右辺に$s = p_i$を代入して得られる値である。$\widetilde{c}_{ij} \ (i=1,2,...,l, \ j=1,2,...,\nu_i)$は$G(s)$を$G(s) - K$に置き換えて，同様に計算できる。これからインパルス応答は，式(3.34)より

$$g(t) = \mathcal{L}^{-1}[G(s)] = K\sum_{i=1}^{l}\left(c_{i1} + c_{12}t + \cdots + \frac{c_{i\nu_i}}{(\nu_i-1)!}t^{\nu_i-1}\right)e^{p_i t}, \qquad t \geq 0 \quad (n > m \ \text{のとき})$$

$$= K\left(\delta(t) + \sum_{i=1}^{l}\left(\widetilde{c}_{i1} + \widetilde{c}_{12}t + \cdots + \frac{\widetilde{c}_{i\nu_i}}{(\nu_i-1)!}t^{\nu_i-1}\right)e^{p_i t}\right), \quad t \geq 0 \quad (n = m \ \text{のとき})$$

となる。$n > m$のとき$G(\infty) = 0$で，$n = m$なら$G(\infty) = K$であるから，まとめて一般に

$$g(t) = G(\infty)\delta(t) + \{e^{p_i t}, te^{p_i t}, ..., t^{\nu_i-1}e^{p_i t} \quad (i=1,2,...,l)\} \ \text{の線形結合} \tag{3.43}$$

と表すことができる。

同様にステップ応答$y_s(t)$については，$\mathcal{L}[u_s(t)] = 1/s$であるから，$y_s(t)$のラプラス変換は

$$\mathcal{L}[y_s(t)] = \frac{G(s)}{s} = K\left(\frac{d_0}{s} + \sum_{i=1}^{l}\left(\frac{d_{i1}}{(s-p_i)} + \frac{d_{i2}}{(s-p_i)^2} + \cdots + \frac{d_{i\nu_i}}{(s-p_i)^{\nu_i}}\right)\right)$$

と部分分数に展開される。$d_0 = G(0)/K$であり，$d_{ij} \ (i=1,2,...,l, \ j=1,2,...,\nu_i)$は上記の$\widetilde{c}_{ij}$と同様に定まる定数である。ここで，$G(s)$は原点$s = 0$に極をもたない，すなわち$G(s)$の極$p_i \ (i=1,2,...,l)$には$0$はないとしている。式(3.35)により，この部分分数展開を逆ラプラス変換すると，ステップ応答が

$$y_s(t) = K\left(d_0 + \sum_{i=1}^{l}\left(d_{i1} + d_{12}t + \cdots + \frac{d_{i\nu_i}}{(\nu_i-1)!}t^{\nu_i-1}\right)e^{p_i t}\right), \quad t \geq 0 \tag{3.44}$$

と表される。

$y_s(t)$は$g(t)$の積分であるから，その初期値について，$y_s(0_+) = g(t)$のインパルス項$G(\infty)\delta(t)$の積分$= G(\infty)$，となる。したがって，$n > m$（真にプロパー）のとき$y_s(0_+) = G(\infty) = 0$

58   3. システムの時間応答特性

で，定義により $y_s(0_-)=0$ であるから，ステップ応答 $y_s(t)$ は $t=0$ で連続である。しかし，$n=m$ なら $y_s(0_+)=G(\infty)=K$ となり，$y_s(t)$ は $t=0$ で不連続に変化する。

式 (3.43) と式 (3.44) に含まれる指数関数項 $e^{p_i t}, te^{p_i t}, ..., t^{\nu_i-1}e^{p_i t}$ $(i=1, 2, ..., l)$ は，式 (3.39) と式 (3.40) より，インパルス応答およびステップ応答に含まれるシステムモード（行列 A の固有値によって決まる e^{At} のモード）ということができるが，ここでは直接的には伝達関数の極 p_i $(i=1, 2, ..., l)$ に対応しているので，以下では**極に対応するモード**と呼ぶことにする。

極に対応するモードの集合はシステムモードの集合に含まれ，それらの集合が一致する場合と，極に対応するモードがシステムモードの部分集合である場合がある。これは，伝達関数にはシステムの動特性のうち，図 3.3 の可制御かつ可観測な部分しか反映されないことによる。これについては，3.7.1 項でより詳しく述べる。

システムモードについてすでに述べたことと同様に，極 p に対応するモードが安定である（$t \to \infty$ で 0 に収束する）ための必要十分条件は p の実部が負であることである。安定モードを生む極を**安定な極**という。安定で重複がない極 p について，対応するモード e^{pt} の時定数は $1/|p$ の実部$|$ で，時定数が小さいほど（極の虚軸からの距離が大きいほど），そのモードは速く減衰する。極に対応するモードがすべて安定であるとき，そのシステムは**入出力安定**（input-output stable）であるという。

式 (3.43)，(3.44) のインパルス応答およびステップ応答の一般的な形より，極に対応するモードがすべて安定であるとき，そしてそのときに限り，$t \to \infty$ で，$g(t) \to 0$，$y_s(t) \to G(0)$ と収束する。以上の性質をまとめておこう。

● **プロパーな有理伝達関数 $G(s)$ をもつシステムのインパルス応答とステップ応答：**

インパルス応答 $g(t)$ は一般に

$$g(t) = G(\infty)\delta(t) + \text{極に対応するモードの線形結合}, \quad t \geq 0 \tag{3.45}$$

と表され，$G(s)$ が真にプロパーならインパルス関数 $\delta(t)$ の項を含まない。すべての極の実部が負のとき，そしてそのときに限り，$t \to \infty$ で $g(t) \to 0$ となる。

ステップ応答 $y_s(t)$ は一般に

$$y_s(t) = G(0) + \text{極に対応するモードの線形結合}, \quad t \geq 0 \tag{3.46}$$

と表される。ただし $G(s)$ は原点 $s=0$ に極をもたないものとする。すべての極の実部が負のとき，そして，そのときに限り，$t \to \infty$ で $y_s(t)$ は定常値 $G(0)$ に収束する。ステップ応答の初期値は $g(t)$ を 0_- から 0_+ まで積分して得られる $y_s(0_+)=G(\infty)$ であり，$G(s)$ が真にプロパーなら $G(\infty)=0$ であるから，$y_s(t)$ は $t=0$ において 0 であり，連続である。

3.5.2　低次系のステップ応答

一般に，制御系の零状態応答の入力に対する速応性や減衰性などの過渡応答の評価には，ステップ応答が用いられる。そこで，代表的な低次伝達関数についてそれらのステップ応答をみておこう。

〔1〕 1次系のステップ応答

$$G(s) = \frac{K}{Ts+1}, \quad T>0, \quad K>0 \tag{3.47}$$

式(3.47)の伝達関数を，1個の実数極 $s = -1/T < 0$ をもち，ゲイン定数が K の1次遅れ伝達関数という。また，1次遅れ伝達関数をもつシステムを1次遅れ系という。図2.6のRC回路や図2.9の剛体-ダンパ系などは1次遅れ系である。

そのステップ応答は

$$\mathcal{L}[y_s(t)] = \frac{G(s)}{s} = \frac{K}{(Ts+1)s} = K\left(\frac{1}{s} + \frac{-1}{s+(1/T)}\right)$$

より，**図3.6** のように

$$\frac{y_s(t)}{K} = 1 - e^{-t/T}, \quad t \geq 0 \tag{3.48}$$

となる。

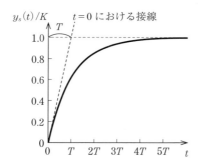

図3.6 1次系のステップ応答

$G(s)$ の極に対応するモードは $e^{-t/T}$，極の時定数は T で，1次遅れ系の時定数と呼ばれる。図3.6において，$t=0$ における接線の傾きは $1/T$ であり，$t=T$ において，$y_s(t)/K = 1$ と交わる。T が時定数と呼ばれる所以である。図2.6のRC回路では時定数 $T=RC$，図2.9の剛体-ダンパ系では時定数 $T=J/B$ である。時定数 T が大きいほど，$y_s(t)$ が定常値 $G(0) = K$ に収束するまでに時間を要する。$t=T$ で定常値の63.2%，$t=5T$ で99.3%の値であり，時定数の5倍の時間でほぼ定常値に達する（**表3.1**）。

表3.1 時定数で計った経過時間と定常値への到達度

経過時間 t	T	$2T$	$3T$	$4T$	$5T$	$6T$
到達度 $y_s(t)/K$ [%]	63.2	86.5	95.0	98.2	99.3	99.8

〔2〕 **2次系のステップ応答** 図2.7のRLC回路や図2.20の直流サーボモータの伝達関数は，【例2.2】（続き）と【例2.7】（続き）で示したように，定数の分子と2次多項式の分母をもつ真にプロパーな有理関数であり，パラメータ ζ，ω_n，K を適当に選ぶことによって，一般に

$$G(s) = \frac{K\omega_n^2}{s^2 + 2\zeta\omega_n s + \omega_n^2}, \quad K>0, \quad \omega_n>0, \quad \zeta \geqq 0 \tag{3.49}$$

と表される．この式において，ζ を**減衰係数** (damping ratio)，ω_n を**自然角周波数** (natural angular frequency)，K をゲイン定数という．$G(s)$ の極は $s^2 + 2\zeta\omega_n s + \omega_n^2 = 0$ の根，すなわち

$$p_1 = -\zeta\omega_n + \omega_n\sqrt{\zeta^2-1}, \quad p_2 = -\zeta\omega_n - \omega_n\sqrt{\zeta^2-1} \tag{3.50}$$

である．式(3.46)とその下で述べたステップ応答 $y_s(t)$ の性質から，つぎのことがわかる．

- $G(s)$ は真にプロパーであるから，$y_s(0_+) = 0$ となり $y_s(t)$ は $t=0$ で連続である．
- 減衰係数が $\zeta = 0$ なら，極は虚軸上 $p_1, p_2 = \pm j\omega_n$ にあり，$y_s(t)$ は角周波数 ω_n の正弦波状である．$1 > \zeta > 0$ のとき，極 p_1, p_2 は実部が負のたがいに共役な複素極であるから（**図 3.7**），$y_s(t)$ は減衰振動を示し，$t \to \infty$ で定常値 $G(0) = K$ に収束する．$\zeta > 1$ なら極 p_1, p_2 は負の実極となり，$y_s(t)$ は $t \to \infty$ で非振動的に定常値 $G(0) = K$ に収束する．

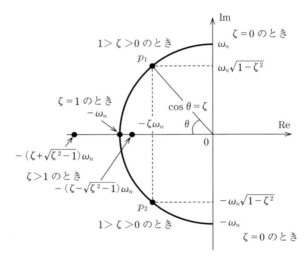

図 3.7 2次伝達関数の極 ($s^2 + 2\zeta\omega_n s + \omega_n^2 = 0$ の根)

以上のことを踏まえてステップ応答 $y_s(t)$ を求めよう．ゲイン定数は $K=1$ としておく．

(1) $1 > \zeta > 0$ のとき $G(s)$ は共役複素極 $p_1 = -\zeta\omega_n + j\omega_n\sqrt{1-\zeta^2}$, $p_2 = -\zeta\omega_n - j\omega_n\sqrt{1-\zeta^2}$ をもち，ステップ応答 $y_s(t)$ のラプラス変換は

$$\mathcal{L}[y_s(t)] = Y_s(s) = \frac{G(s)}{s} = \frac{\omega_n^2}{(s-p_1)(s-p_2)s} = \frac{c_1}{s-p_1} + \frac{c_2}{s-p_2} + \frac{c_3}{s}$$

と表される．ここで

$$c_1 = \frac{\omega_n^2}{(p_1-p_2)p_1} = \frac{\omega_n^2}{2j\omega_d(-\zeta\omega_n + j\omega_d)} = \frac{\omega_n}{2\omega_d}e^{j(\theta-\pi/2)}, \quad \omega_d = \omega_n\sqrt{1-\zeta^2}, \quad \theta = \tan^{-1}\frac{\sqrt{1-\zeta^2}}{\zeta}$$

$c_2 = \bar{c}_1$ (c_1 の複素共役値)

$c_3 = G(0) = 1$

である．これから

$$y_s(t) = 1 + c_1 e^{p_1 t} + c_2 e^{p_2 t} = 1 + 2\mathrm{Re}[c_1 e^{p_1 t}] = 1 - \frac{1}{\sqrt{1-\zeta^2}} e^{-\zeta\omega_n t} \sin(\omega_d t + \theta), \quad t \geq 0 \tag{3.51}$$

となる。

(2) $\zeta > 1$ のとき $G(s)$ は相異なる実数極 $p_3 = -\zeta\omega_n - \omega_n\sqrt{\zeta^2-1}$, $p_4 = -\zeta\omega_n + \omega_n\sqrt{\zeta^2-1}$ をもつので

$$\mathcal{L}[y_s(t)] = Y_s(s) = \frac{G(s)}{s} = \frac{\omega_n^2}{(s-p_3)(s-p_4)s} = \frac{c_4}{s-p_3} + \frac{c_5}{s-p_4} + \frac{c_6}{s}$$

と表される。ここで $c_4 = 1/((2\sqrt{\zeta^2-1})(\zeta + \sqrt{\zeta^2-1}))$, $c_5 = 1/((2\sqrt{\zeta^2-1})(-\zeta + \sqrt{\zeta^2-1}))$, $c_6 = 1$ である。これから

$$y_s(t) = 1 - \frac{e^{-\zeta\omega_n t}}{2\sqrt{\zeta^2-1}} \left(\frac{e^{\omega_n\sqrt{\zeta^2-1}\,t}}{\zeta - \sqrt{\zeta^2-1}} - \frac{e^{-\omega_n\sqrt{\zeta^2-1}\,t}}{\zeta + \sqrt{\zeta^2-1}} \right), \quad t \geq 0 \tag{3.52}$$

となる。

図 3.8 は，減衰係数 $\zeta = 0 \sim 2$ に対するステップ応答 $y_s(t)$ を時間軸 $\omega_n t$ について示したものである。$1 > \zeta > 0$ のとき $y_s(t)$ は振動的となり，ステップ応答は**不足制動**（under damping）であるという。$\zeta > 1$ のとき $y_s(t)$ は非振動的で，ステップ応答は**過制動**（over damping）であるという。

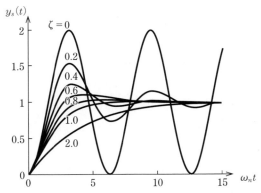

図 3.8 2次系 $\omega_n^2/(s^2 + 2\zeta\omega_n s + \omega_n^2)$ のステップ応答

3.5.3 ステップ応答に対する指標

一般に，制御系のステップ応答としては，過不足の制動がなく速やかに定常値 $G(0)$ に到達するような応答特性が望ましいとされ，ステップ応答を評価するのにつぎの特性値が用いられる（**図 3.9**）。

- **整定時間**（settling time）t_s: 定常値の $\pm\Delta$ 以内の幅に収まるまでに要する時間。Δ としては 1%，2%，5% などの値が用いられる。
- **立ち上がり時間**（rise time）t_r: 定常値の 10% から 90% まで立ち上がるのに要する時間（5% から 95% とする場合もある）。

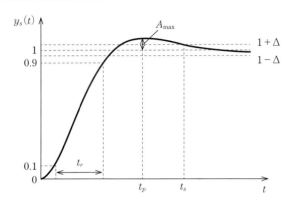

図 3.9 ステップ応答の特性値（応答を定常値 $G(0)$ で割って表している）

- **行き過ぎ量**（overshoot）$A_{\max}$： 定常値を行き過ぎて達する最大値（ピーク値）と定常値の差。
- **行き過ぎ時間**（peak time）t_p： ピーク値に達する時間。

整定時間，立ち上がり時間，行き過ぎ時間はステップ応答の**速応性**の尺度である。行き過ぎ量はステップ応答の振動成分の**減衰性**（極に対応するモードの減衰性）と逆の関係にある。これらの特性値の小さい波形が，よい速応性と減衰性をもつ応答である。しかし，図 3.8 からもわかるように，速応性を重視すると応答が振動的となり，振動を抑えると応答が遅くなるのが普通である。そこで制御系の設計においては，振動を許容範囲に抑えたうえで，速応性の向上を目指すことになる。

これらの特性値は伝達関数に対応して定まるが，このことを式(3.49)の 2 次伝達関数 $G(s)$ について調べておこう。ゲイン定数 $K=1$ と規格化しておく。

まず，図 3.8 のステップ応答において時間軸は $\omega_n t$ であるから，応答の速さは ω_n に比例することに注意する。ζ の値が同じなら，ω_n が例えば 2 倍になると，立ち上がり時間，行き過ぎ時間，整定時間はいずれも 1/2 となる。

立ち上がり時間 t_r については，これを $G(s)$ のパラメータ ω_n, ζ の関数として表すのは難しいが，数値計算により**図 3.10** に示される関係が求められている。これから，$\omega_n t_r$ の値は ζ について単調に増加し，ζ が大きい（小さい）と $\omega_n t_r$ も大きい（小さい）ことがわかる。この図の $0<\zeta<1$ の範囲の $\omega_n t_r$ は，近似式 $\omega_n t_r = 1.76\zeta^3 - 0.417\zeta^2 + 1.04\zeta + 1$ により表される[18]。

以下では，応答の速応性を考慮して，減衰係数 ζ は不足制動となる $1>\zeta>0$ の範囲にあり，$G(s)$ は複素極 $p, \bar{p} = -\zeta\omega_n \pm j\omega_n\sqrt{1-\zeta^2}$，をもつ場合を考える。まず，整定時間 t_s については，式(3.51)より

$$|y_s(t) - 1| \leq \frac{e^{-\zeta\omega_n t}}{\sqrt{1-\zeta^2}}$$

であるから，上式右辺の値が Δ 以下となる最小の時刻を上界とするつぎの不等式が得られる[†]。

[†] ln は底が e の対数であり，自然対数と呼ばれる。

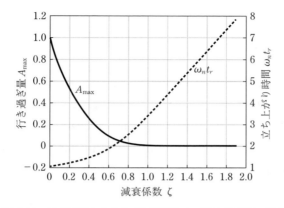

図 3.10 減衰係数と立ち上がり時間および行き過ぎ量の関係

$$t_s \leqq \frac{-\ln\Delta\sqrt{1-\zeta^2}}{\zeta\omega_n} \tag{3.53}$$

いま，減衰係数が $0.8 > \zeta$ の範囲にあるとすれば，式(3.53)より

$$t_s < \frac{4.43}{\zeta\omega_n} = 4.43 \times 時定数 \quad (\Delta = 2\%の場合),$$

$$t_s < \frac{3.51}{\zeta\omega_n} = 3.51 \times 時定数 \quad (\Delta = 5\%の場合) \tag{3.54}$$

と表されるので，整定時間の上限値 T_s を指定し $t_s \leqq T_s$ とするには，$\zeta\omega_n \geqq 4.43/T_s$（または $\zeta\omega_n \geqq 3.51/T_s$）であればよい。$-\zeta\omega_n$ は極 $p, \bar{p}$ の実部であるから，これは**図 3.11**(a)に示すように，極が複素平面で実軸上の $-4.43/T_s$（$-3.51/T_s$）を通る垂直線より左の領域内にあるということである。

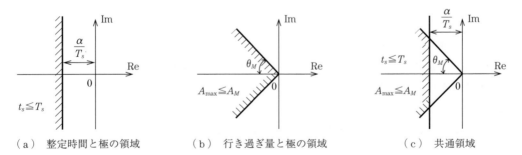

（a） 整定時間と極の領域　　　（b） 行き過ぎ量と極の領域　　　（c） 共通領域

図 3.11 2 次系の極位置とステップ応答特性値（α は 4.43 または 3.51）

つぎに，行き過ぎ時間 $t = t_p$ と行き過ぎ量 $A_{\max}$ は，式(3.51)の微分

$$\frac{dy_s(t)}{dt} = \frac{\omega_n}{\sqrt{1-\zeta^2}} e^{-\zeta\omega_n t} \sin\omega_d t$$

より，$\sin\omega_d t$ が最初に 0 になる時刻とそのときの $y_s(t_p)$ として

$$t_p = \frac{\pi}{\omega_n \sqrt{1-\zeta^2}} \tag{3.55}$$

$$A_{\max} = e^{-\zeta\pi/\sqrt{1-\zeta^2}} \tag{3.56}$$

と求めることができる。式 (3.56) の関係を図 3.10 に示すが，$A_{\max}$ は ζ の単調減少関数であるから，$A_{\max}$ の上限値 A_M を指定し $A_{\max} \leqq A_M$ とするには，$\zeta \geqq \zeta_M$ と選べばよい。ただし，ζ_M は式 (3.56) の左辺を A_M としたときの ζ の値である。図 3.7 において $\zeta = \cos\theta$ であるから，$\zeta \geqq \zeta_M$ とするには，極 $p, \bar{p}$ が中心角 $\theta_M = \cos^{-1}\zeta_M$ の扇状領域内にあればよい（図 3.11（b））。以上のことから，極が図 3.11（a）と（b）の共通領域（図 3.11（c））に含まれていれば，$t_s \leqq T_s$ および $A_{\max} \leqq A_M$ が同時に成立する。

3.5.4　ステップ応答に対する零点の影響

伝達関数 $G(s) = \omega_n^2/(s^2 + 2\zeta\omega_n s + \omega_n^2)$ に零点が加わると，ステップ応答はどう影響されるのであろうか。$G(s)$ に零点 $s = z$（実数）を加えた 2 次伝達関数

$$\widetilde{G}(s) = G(s)\left(1 - \frac{s}{z}\right) \tag{3.57}$$

のステップ応答 $\widetilde{y}_s(t)$ をみてみよう。$\widetilde{G}(0) = G(0) = 1$ であるから，$\widetilde{y}_s(t)$ と $G(s)$ のステップ応答 $y_s(t)$ の定常値は等しく，$\widetilde{y}_s(\infty) = y_s(\infty) = 1$ である。

式 (3.35) から $\widetilde{y}_s(t)$ のラプラス変換は

$$\mathcal{L}[\widetilde{y}_s(t)] = \frac{\widetilde{G}(s)}{s} = \frac{G(s)}{s} - \frac{G(s)}{z}$$

となるが，式 (3.34)，(3.35)，(3.38) により $\widetilde{y}_s(t)$ は

$$\widetilde{y}_s(t) = y_s(t) - \frac{g(t)}{z} = y_s(t) - \frac{\dot{y}_s(t)}{z} \tag{3.58}$$

と表される。z を含む項が零点により生じた応答成分で，$|z|$ が小さい（零点が原点 $s = 0$ に近い）ほどその影響が大きい。

$t = 0$ における $\widetilde{y}_s(t)$ の微分は，ラプラス変換の初期値定理により $\dot{\widetilde{y}}_s(0_+) = \lim_{s\to\infty} s(s\widetilde{G}(s)(1/s)) = -\omega_n^2/z$ であるから，$z > 0$（右半平面内の零点）のとき，$\widetilde{y}_s(t)$ は最初に負の方向に振れる。このようにステップ応答が $t = 0$ からいったん定常値と逆方向に振れることを逆応答現象といい，ステップ応答として好ましくない特性である。逆応答の一般的な条件については，文献 19)，20) を参照されたい。

$z < 0$（左半平面内の零点）なら逆応答は生じないが，$t = 0$ から $\dot{y}_s(t) = 0$ となる時点（$y_s(t)$ が最初に最大となる時点）までの区間において，$-\dot{y}_s(t)/z > 0$ であるから，$\widetilde{y}_s(t) > y_s(t)$ となる。そのため，$G(s)$ が過制動でステップ応答 $y_s(t)$ に行き過ぎがないとしても，$|z|$ の値が小さいと $\widetilde{y}_s(t)$ には行き過ぎが発生することがある（【例 3.7】参照）。$|z|$ が大きいときは零点の影響は小さくなり，以下に示すように，$|z| \to \infty$ で $\widetilde{y}_s(t)$ は（z の符号に関係なく）$y_s(t)$ に一致する。

p_1, p_2 を $G(s)$ の相異なる極（実極あるいは複素極）とすると，$G(s)$ のステップ応答は

$$\mathcal{L}[y_s(t)] = \frac{G(s)}{s} = \frac{1}{s} + \frac{c_1}{s-p_1} + \frac{c_2}{s-p_2}, \quad c_1 = \frac{\omega_n^2}{p_1(p_1-p_2)}, \quad c_2 = \frac{\omega_n^2}{p_2(p_2-p_1)}$$

$$y_s(t) = 1 + c_1 e^{-p_1 t} + c_2 e^{-p_2 t} \tag{3.59}$$

と表される。一方，$\widetilde{G}(s)$ のステップ応答 $\widetilde{y}_s(t)$ は

$$\mathcal{L}[\widetilde{y}_s(t)] = \frac{G(s)}{s}\left(1 - \frac{s}{z}\right) = \frac{1}{s} + \frac{\widetilde{c}_1}{s-p_1} + \frac{\widetilde{c}_2}{s-p_2}, \quad \widetilde{c}_1 = c_1\left(1 - \frac{p_1}{z}\right), \quad \widetilde{c}_2 = c_2\left(1 - \frac{p_2}{z}\right)$$

$$\widetilde{y}_s(t) = 1 + \widetilde{c}_1 e^{-p_1 t} + \widetilde{c}_2 e^{-p_2 t} \tag{3.60}$$

である。$\widetilde{y}_s(t)$ は $y_s(t)$ と同じモードをもつが，係数 $\widetilde{c}_1$，$\widetilde{c}_2$ に零点が影響するため，その過渡波形は $y_s(t)$ と異なる。しかし，$|z| \gg |p_1|$，$|z| \gg |p_2|$ ならば $\widetilde{c}_1 \cong c_1$，$\widetilde{c}_2 \cong c_2$ となり

$$\widetilde{y}_s(t) \cong y_s(t), \quad t \geq 0$$

が成立する。

【例 3.7】

伝達関数 $G(s) = 2/((s+1)(s+2))$ のステップ応答について零点の影響をみておこう。**図 3.12**(a) は $G(s)$ のステップ応答 $y_s(t)$ とその微分（すなわち $G(s)$ のインパルス応答 $g(t)$）

$$y_s(t) = 1 - 2e^{-t} + e^{-2t} \quad (t \geq 0), \quad \dot{y}_s(t) = g(t) = 2e^{-t} - 2e^{-2t} \quad (t \geq 0)$$

である。$G(s)$ の減衰係数 $\zeta = 3/(2\sqrt{2}) = 1.06$（過制動）であるから，$y_s(t)$ に行き過ぎは生じない。

図 3.12(b) は $G(s)$ に零点 $s=z$ を付加した $\widetilde{G}(s) = G(s)(1-s/z)$ のステップ応答 $\widetilde{y}_s(t)$ である。$z > 0$ のとき逆応答特性を示し，$z \to \infty$ で $\widetilde{y}_s(t)$ は $y_s(t)$ に一致する（$z = 5$ でもほとんど $y_s(t)$ に一致している）。$z < 0$ なら逆応答は起こらないが，$\dot{y}_s(t) > 0$，$t > 0$ であるから，全区間において $\widetilde{y}_s(t) > y_s(t)$ であり（式 (3.58) 参照），$|z|$ が小さいと $\widetilde{y}_s(t)$ に行き過ぎが生じることがわかる。

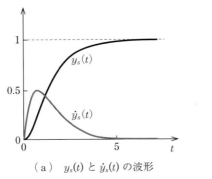
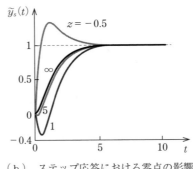

(a) $y_s(t)$ と $\dot{y}_s(t)$ の波形　　(b) ステップ応答における零点の影響

図 3.12 【例 3.7】のステップ応答　■

3.5.5 ステップ応答に対する極の影響

伝達関数 $G(s) = \omega_n^2/(s^2 + 2\zeta\omega_n s + \omega_n^2)$ に極が付加されると，ステップ応答はどう影響されるのであろうか。$G(s)$ に実数極 $s = p$（$p < 0$）が加わった 3 次伝達関数を

$$\widehat{G}(s) = G(s)\left(\frac{p}{p-s}\right) = G(s)\left(\frac{1}{1-s/p}\right) \tag{3.61}$$

とする。$\widehat{G}(0) = G(0) = 1$ であるから，ステップ応答の定常値は変わらない。$G(s)$ が一対の複素極 $p_1 = -\zeta\omega_n + j\omega_d$，$p_2 = \bar{p}_1 = -\zeta\omega_n - j\omega_d$ をもつとき，$\widehat{G}(s)$ の極は p_1，p_2 および p であり，そのステップ応答 $\widehat{y}_s(t)$ のラプラス変換は

$$\mathcal{L}[\widehat{y}_s(t)] = \frac{\widehat{G}(s)}{s} = \frac{\omega_n^2}{s(s-p_1)(s-p_2)}\left(\frac{1}{1-s/p}\right) = \frac{1}{s} + \frac{\widehat{c}_1}{s-p_1} + \frac{\widehat{c}_2}{s-p_2} + \frac{\widehat{c}_3}{s-p}$$

と表される。ただし，$\widehat{c}_1 = c_1/(1-p_1/p)$，$\widehat{c}_2 = c_2/(1-p_2/p)$，$\widehat{c}_3 = -\omega_n^2/((p-p_1)(p-p_2))$ で，c_1，c_2 は $G(s)$ のステップ応答 $y_s(t)$ におけるモード $e^{p_1 t}$，$e^{p_2 t}$ の係数である（式(3.59)参照）。

$$\widehat{y}_s(t) = 1 + \widehat{c}_1 e^{p_1 t} + \widehat{c}_2 e^{p_2 t} + \widehat{c}_3 e^{pt}, \quad t \geq 0 \tag{3.62}$$

であるから，$y_s(t)$ と比較すると，極 p により第3のモード e^{pt} が発生し，係数 $\widehat{c}_1, \widehat{c}_2, \widehat{c}_3$ が影響を受けることがわかる。

ここで $|p| \gg \zeta\omega_n$，すなわち極 p は複素極 p_1, p_2 と比較して虚軸から大きく離れているとき，（極 p の時定数 $(=1/|p|)$）$\ll$（p_1, p_2 の時定数 $(=1/\zeta\omega_n)$）となり，モード e^{pt} は $e^{p_1 t}$，$e^{p_2 t}$ よりもかなり速く減衰する。さらに $|p| \gg |p_1| = |p_2| = \omega_n$ ならば，$|\widehat{c}_3| \ll 1$，$\widehat{c}_1 \cong c_1$，$\widehat{c}_2 \cong c_2$ であるから

$$\widehat{y}_s(t) \cong 1 + \widehat{c}_1 e^{p_1 t} + \widehat{c}_2 e^{p_2 t} \cong 1 + c_1 e^{p_1 t} + c_2 e^{p_2 t} = y_s(t), \quad t \geq 0 \tag{3.63}$$

となり，3次伝達関数 $\widehat{G}(s)$ のステップ応答波形 $\widehat{y}_s(t)$ は $G(s)$ のステップ応答 $y_s(t)$ により近似される。このとき，$\widehat{y}_s(t)$ は極 p_1, p_2 により代表されるという意味で，極 p_1, p_2 を $\widehat{G}(s)$ の**支配極** (dominant pole) という。

【例 3.8】

複素極 $p_1, p_2 = -1 \pm j\sqrt{2}$ を有する $G(s) = 3/(s^2 + 2s + 3)$ に実数極 $s = p < 0$ を加えた3次伝達関数を

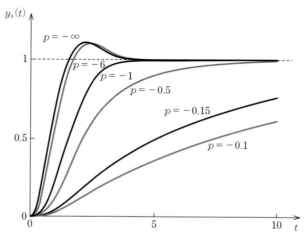

図 3.13 【例 3.8】のステップ応答

$$\widehat{G}(s) = G(s)\left(\frac{1}{1-s/p}\right) = \frac{3}{s^2+2s+3}\left(\frac{1}{1-s/p}\right) \tag{3.64}$$

とする。$|p|$ を $0.1\sim\infty$ の範囲で変化させたときの $\widehat{G}(s)$ のステップ応答を**図 3.13** に示す。上で述べたように，$|p|\to\infty$ に対応する波形が $G(s)$ のステップ応答である。$|p|>6$（極 p の虚軸からの距離が極 p_1, p_2 の 6 倍以上）ならば極 p_1, p_2 が支配的となり，$\widehat{G}(s)$ のステップ応答は $G(s)$ のステップ応答により近似されることがわかる。また逆に $|p|\ll 1$ ならば，実極 p が支配極となることがみて取れる。■

3.5.6　一般の入力に対する応答

以上，ステップ応答を取り上げたが，一般の入力に対する出力の零状態応答はどのように形成されるのであろうか。入力 $u(t)$ として，そのラプラス変換 $\mathcal{L}[u(t)]=U(s)$ が真にプロパーな有理関数 $U(s)=n_u(s)/d_u(s)$ で与えられる場合を考えるとすれば，式(3.41)の有理伝達関数 $G(s)=n(s)/d(s)$ をもつシステムの零状態応答は

$$Y_{zs}(s) = G(s)U(s) = \frac{n(s)}{d(s)}\frac{n_u(s)}{d_u(s)} \tag{3.65}$$

であるから，右辺を部分分数に展開し，$G(s)$ の極と $U(s)$ の極に対応する項をそれぞれまとめると

$$Y_{zs}(s) = \frac{n_1(s)}{d(s)} + \frac{n_2(s)}{d_u(s)} \tag{3.66}$$

という形に表される。ここで，$G(s)$ と $U(s)$ は共通する極をもたず，また式(3.66)の分母と分子の間に共通多項式による相殺はないものとする。$n_1(s)$，$n_2(s)$ はそれぞれ対応する分母 $d(s)$，$d_u(s)$ より低次の多項式である。これから逆ラプラス変換 $y_{zs}(t)=\mathcal{L}^{-1}[Y_{zs}(s)]$ は，ステップ応答と同様に

$$y_{zs}(t) = G(s) \text{ の極に対応するモードの線形結合} + \text{入力の極に対応する項} \tag{3.67}$$

と表されることがわかる。$G(s)$ と入力 $U(s)$ が共通する極（重複極）をもつ場合は，【例 3.9】の (b) に示すように，さらに重複極に対応する項が加わることになる。

【例 3.9】

伝達関数 $G(s)=(s+1)/(s+2)^2$ をもつシステムに $t\geq 0$ で入力 (a) $u(t)=1+t$，および (b) $u(t)=(1+2t-e^{-2t})/4$，が加えられたときの零状態応答を求めよう。

(a) $\mathcal{L}[U(s)]=(s+1)/s^2$ であるから，零状態応答は

$$Y_{zs}(s) = G(s)U(s) = \frac{s+1}{(s+2)^2}\frac{s+1}{s^2} = \left(\frac{c_1}{(s+2)} + \frac{c_2}{(s+2)^2}\right) + \left(\frac{c_3}{s} + \frac{c_4}{s^2}\right)$$

である。ここで

$$c_2 = (s+2)^2 Y_{zs}(s)\Big|_{s=-2} = \frac{1}{4}, \quad c_1 = \frac{d}{ds}(s+2)^2 Y_{zs}(s)\Big|_{s=-2} = -\frac{1}{4}$$

$$c_4 = s^2 Y_{zs}(s)\Big|_{s=0} = \frac{1}{4}, \quad c_3 = \frac{d}{ds}s^2 Y_{zs}(s)\Big|_{s=0} = \frac{1}{4}$$

$$y_{zs}(t) = \frac{1}{4}(-e^{-2t} + te^{-2t}) + \frac{1}{4}(1+t), \quad t \geqq 0$$

となり，右辺の第 1 項が $G(s)$ の極に対応するモード，第 2 項が入力 $U(s)$ に対応する項である。

(b) $\mathcal{L}[U(s)] = (s+1)/(s^2(s+2))$ であり，$s = -2$ が $G(s)$ と $U(s)$ において重複する極であるから，零状態応答は

$$Y_{zs}(s) = \frac{s+1}{(s+2)^2}\frac{s+1}{s^2(s+2)} = \left(\frac{c_5}{(s+2)} + \frac{c_6}{(s+2)^2}\right) + \left(\frac{c_7}{s} + \frac{c_8}{s^2}\right) + \frac{c_9}{(s+2)^3}$$

となる。(a) と同様にして $c_5 = -1/16$，$c_6 = -1/4$，$c_7 = 1/16$，$c_8 = 1/8$，$c_9 = 1/4$ と求められるので，零状態応答は

$$y_{zs}(t) = -\frac{1}{16}(e^{-2t} + 4te^{-2t}) + \frac{1}{16}(1+2t) + \frac{1}{8}t^2 e^{-2t}, \quad t \geqq 0$$

となる。右辺第 1 項が $G(s)$ の極に対応するモードで，第 2 項は入力，第 3 項はシステムと入力が重複極 $s = -2$ をもつことによって生じたものである。■

3.6　定常応答と追従性

有理伝達関数 $G(s)$ をもつシステムの出力の零状態応答 $y_{zs}(t)$ は一般に式(3.67)で表されるが，すべての $G(s)$ の極に対応するモードが安定ならば，ある程度時間が経過すると $y_{zs}(t)$ においてモード項は減衰し，入力に対応する項のみが残る。このように，時間が経過し $G(s)$ の極に対応するモード項が無視できるときの零状態応答を**定常応答** (steady-state response) という。【例 3.9】の (a) では $(1+t)/4$，(b) では $(1+2t)/16$ が定常応答である。定常応答に至るまでの応答，すなわち極に対応するモード項の影響がまだ残っている期間の応答を**過渡応答** (transient response) という。

一般に，システムの入力を $u(t)$，出力を $y(t)$ とするとき

$$e(t) = u(t) - y(t)$$

を出力の（入力に対する）偏差と呼ぶ。また，十分に時間が経って偏差が一定値 $\varepsilon = \lim_{t\to\infty} e(t)$ に収束するとき，ε を**定常偏差** (steady-state error) という。特に $\varepsilon = 0$ のとき，すなわち

$$\lim_{t\to\infty}(u(t) - y(t)) = 0 \tag{3.68}$$

が成立するとき，出力は入力に定常偏差 0 で追従，あるいは単に**追従** (track) するという。

では，どのようなときに定常応答出力は入力に追従するのであろうか。$G(s)$ の極に対応するモードのうち，$t \to \infty$ で 0 に減衰しないもの（不安定モード）があると追従性は成立しないので，以下ではすべてのモードは安定（すべての極の実部は負）であるとする。追従性の条件は

入力に依存するので，代表的な入力として (a) $t \to \infty$ で $u(t) \to 0$ となる入力，(b) ステップ入力 $u(t) = u_s(t)$，(c) ランプ入力 $u(t) = t$，を取り上げることにしよう。

(a) **$t \to \infty$ で $u(t) \to 0$ となる入力**：　零状態応答 $Y_{zs}(s) = G(s)U(s)$ にラプラス変換の最終値定理を用いると

$$\lim_{t \to \infty} y_{zs}(t) = \lim_{s \to 0} s Y_{zs}(s) = \lim_{s \to 0} s G(s)U(s) = \lim_{s \to 0} G(s) \lim_{s \to 0} sU(s) = G(0) \lim_{t \to \infty} u(t) = 0$$

となる。つまり $t \to \infty$ で $u(t) \to 0$ なる任意の入力に対し，零状態応答 $y_{zs}(t)$ は定常偏差 $\varepsilon = 0$ で収束し，追従性が成立している。

(b) **ステップ入力**：　ステップ入力 $u(t) = u_s(t)$ に対し，式(3.35)から $y_{zs}(t) \to G(0)$，$t \to \infty$，であり，定常偏差 $\varepsilon = 1 - G(0)$ となる。したがって $G(0) = 1$ のとき，そのときに限り，追従性が成立する。

(c) **ランプ入力**：　ランプ入力 $u(t) = t$ に対し，$\mathcal{L}[t] = 1/s^2$ であるから，零状態応答のラプラス変換は

$$Y_{zs}(s) = G(s)\frac{1}{s^2} = \frac{c_1}{s} + \frac{c_2}{s^2} + G(s) \text{ の極に対応するモードの項}$$

となる。ここで $c_2 = G(0)$，$c_1 = (d/ds)G(s)|_{s=0} = G'(0)$ である。これから定常応答は $y_{ss}(t) = G'(0) + G(0)t$ と表されるので，$G(0) = 1$ でなければ，偏差 $e(t)$ は発散する。$G(0) = 1$ のときは定常偏差が存在し，$\varepsilon = -G'(0)$ となる。そして，$G(0) = 1$，$G'(0) = 0$ のとき，そのときに限り，ランプ入力に対する追従性が成立する。

以上の結果から，ランプ入力に追従する特性をもつ伝達関数は，0 に収束する入力およびステップ入力にも追従する。あるいはもっと一般にいうと，ランプ入力，ステップ入力，0 に収束する入力の線形結合に追従する。同様に，ステップ入力に追従する特性をもつ伝達関数は，ステップ入力と 0 に収束する入力の線形結合にも追従する。

3.7　状態方程式と伝達関数の関係

3.1 節で述べたように，システムの状態の応答の基本型は，状態方程式の行列 A のシステム固有値によって定まるシステムモードにより決まる。一方，3.5 節で述べたように，出力の零状態応答の基本型は伝達関数の極に対応するモードによって決まる。ここで，システム固有値と極の関係を明確にしておこう。

3.7.1　システム固有値と極

状態方程式

$$\dot{x}(t) = Ax(t) + bu(t), \quad y(t) = cx(t) + du(t),$$

A：$n \times n$ 行列，　b：n 次元列ベクトル，　c：n 次元行ベクトル，　d：スカラ

により記述されるシステムにおいて，その伝達関数は式(2.38)に示したように

70　　3. システムの時間応答特性

$$G(s) = c(sI-A)^{-1}b + d = \frac{c\,\mathrm{adj}(sI-A)b}{\det(sI-A)} + d$$

で表されるプロパーな有理関数である。この分母多項式 $\det(sI-A)$ の根がシステム固有値であるから，分子多項式 $c\,\mathrm{adj}(sI-A)b$ との間に（次数 1 以上の）共通多項式があると，それらは相殺され，そこに含まれるシステム固有値は伝達関数の極とならない。すなわち，極に対応するモードにならないシステムモードがある。分母と分子に共通多項式がなければ，システム固有値はそのまますべて $G(s)$ の極となる。以上をまとめておこう。

- 一般に伝達関数の極は重複数も含めてシステム固有値に含まれ，したがって極に対応するモードはシステムモードに含まれる。
- 多項式 $\det(sI-A)$ と $c\,\mathrm{adj}(sI-A)b$ がたがいに既約なら，そしてそのときに限り，システム固有値は重複数も含めてそのまま伝達関数の極となり，システムモードと極に対応するモードは一致する。

伝達関数の極とシステム固有値が重複数も含めて一致するとき，伝達関数と状態方程式がもつシステムの動的挙動の情報に本質的な差はないという意味で，システムは伝達関数によって**完全に特性化される**（completely characterized）という。一方，制御系の設計においては，零状態応答の特性を整えるために伝達関数の極の一部を意図的に消すこともあるので，極の消去はどのようにして生じ，システム応答にどんな影響があるかを理解しておかなければならない。

【例 3.10】

図 **3.14** のシステム (a)，(b)，(c) で，入力 u，出力 y とする。システム (a) の場合，伝達関数 $1/(s-1)$ と $1/(s+2)$ が直列結合されているので，入出力間の伝達関数は $G_a(s) = 1/((s-1)(s+2))$ である。システム (b)，(c) については，直列結合された伝達関数の間で極と零点の相殺があり，$G_b(s) = G_c(s) = 1/(s+2)$ となる。

図から，システム (a)，(b)，(c) の状態方程式はそれぞれつぎのように求められる。

(a) $\begin{bmatrix} \dot{x}_1 \\ \dot{x}_2 \end{bmatrix} = \begin{bmatrix} -2 & 1 \\ 0 & 1 \end{bmatrix} \begin{bmatrix} x_1 \\ x_2 \end{bmatrix} + \begin{bmatrix} 0 \\ 1 \end{bmatrix} u$, $\quad y = \begin{bmatrix} 1 & 0 \end{bmatrix} \begin{bmatrix} x_1 \\ x_2 \end{bmatrix}$, $\quad A$ の固有値 $= G_a(s)$ の極 $= \{-2, 1\}$

(b) $\begin{bmatrix} \dot{x}_1 \\ \dot{x}_2 \end{bmatrix} = \begin{bmatrix} -2 & -3 \\ 0 & 1 \end{bmatrix} \begin{bmatrix} x_1 \\ x_2 \end{bmatrix} + \begin{bmatrix} 0 \\ 1 \end{bmatrix} u$, $\quad y = \begin{bmatrix} 1 & 1 \end{bmatrix} \begin{bmatrix} x_1 \\ x_2 \end{bmatrix}$, $\quad A$ の固有値 $= \{-2, 1\}$, $G_b(s)$ の極 $= -2$

(c) $\begin{bmatrix} \dot{x}_1 \\ \dot{x}_2 \end{bmatrix} = \begin{bmatrix} 1 & 1 \\ 0 & -2 \end{bmatrix} \begin{bmatrix} x_1 \\ x_2 \end{bmatrix} + \begin{bmatrix} 1 \\ -3 \end{bmatrix} u$, $\quad y = \begin{bmatrix} 1 & 0 \end{bmatrix} \begin{bmatrix} x_1 \\ x_2 \end{bmatrix}$, $\quad A$ の固有値 $= \{-2, 1\}$, $G_c(s)$ の極 $= -2$

システム (a) では，システム固有値と伝達関数 $G_a(s)$ の極が一致しており，システムは $G_a(s)$ により完全に特性化される。システム (b)，(c) では，システムの不安定固有値 $\lambda = 1$ が伝達関数 $G_b(s)$，$G_c(s)$ の極から消えており，システムモード e^t は伝達関数からはみえない。

このようなシステムモードの消失はどのようして生じるのであろうか。また，システム (b)，(c) の極零相殺において，何が違うのであろうか。いま，システム (b)，(c) の状態方程式から伝達関数を求めると

3.7 状態方程式と伝達関数の関係   71

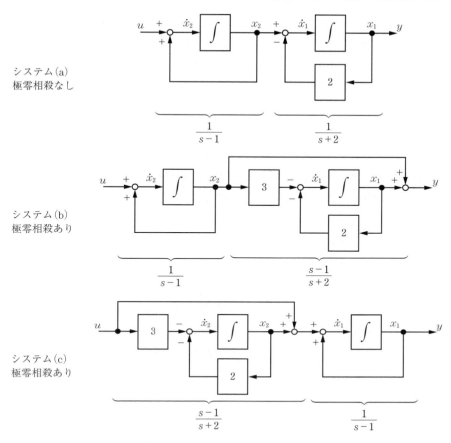

図 3.14 システムにおける直列結合と極零相殺

$$G_b(s) = \frac{c\,\mathrm{adj}(sI-A)b}{\det(sI-A)} = \frac{\begin{bmatrix}1 & 1\end{bmatrix}\begin{bmatrix}s-1 & -3\\ 0 & s+2\end{bmatrix}\begin{bmatrix}0\\1\end{bmatrix}}{(s-1)(s+2)} = \frac{\begin{bmatrix}s-1 & s-1\end{bmatrix}\begin{bmatrix}0\\1\end{bmatrix}}{(s-1)(s+2)} = \frac{1}{s+2}$$

$$G_c(s) = \frac{c\,\mathrm{adj}(sI-A)b}{\det(sI-A)} = \frac{\begin{bmatrix}1 & 0\end{bmatrix}\begin{bmatrix}s+2 & 1\\ 0 & s-1\end{bmatrix}\begin{bmatrix}1\\-3\end{bmatrix}}{(s-1)(s+2)} = \frac{\begin{bmatrix}1 & 0\end{bmatrix}\begin{bmatrix}s-1\\-3(s-1)\end{bmatrix}}{(s-1)(s+2)} = \frac{1}{s+2}$$

となる。システム (b) では，分母の $(s-1)(s+2)$ と分子のベクトル b を除いたベクトル $c\,\mathrm{adj}(sI-A)$ の二つの成分から共通項 $(s-1)$ が相殺される。これは，出力 y に状態のモード e^t の振る舞いが反映されないことを意味しており，したがって，出力からはシステムモード e^t を観測することができない。

システム (c) では，分母 $(s-1)(s+2)$ と分子のベクトル c を除いたベクトル $\mathrm{adj}(sI-A)b$ の二つの成分について共通項 $(s-1)$ が相殺される。これは，入力 u から状態の二つの成分 x_1, x_2 への伝達特性において，極零相殺が生じていることを意味している。つまり，入力の影響が状態のモード e^t に及ばず，入力をどのように操作しても状態のモード e^t を制御できないことを意

72　　3. システムの時間応答特性

味する。■

【例 3.10】において述べた事実は，3.3 節で述べた可制御性および可観測性をいいかえたものといえる。すなわち，状態方程式 $\dot{x}(t)=Ax(t)+bu(t)$，$y(t)=cx(t)+du(t)$ により表されるシステムの伝達関数

$$G(s)=\frac{c\,\mathrm{adj}(sI-A)b}{\det(sI-A)}+d$$

において，以下のことがいえる（証明は演習問題【3.8】(2) を参照）。

- **可制御性条件Ⅱ**：　可制御性の必要十分条件は，$\det(sI-A)$ とベクトル $\mathrm{adj}(sI-A)b$ のすべての成分の計 $(n+1)$ 個の多項式が，共通する多項式をもたないことである。

- **可観測性条件Ⅱ**：　可観測性の必要十分条件は，$\det(sI-A)$ とベクトル $c\,\mathrm{adj}(sI-A)$ のすべての成分の計 $(n+1)$ 個の多項式が，共通する多項式をもたないことである。

これらより，$\det(sI-A)$ と $\mathrm{adj}(sI-A)$ が共通多項式を有するとき，すなわち特性多項式と最小多項式が一致しないときは，ベクトル b, c に関係なく，システムは可制御でも可観測でもない。

【例 3.10】で述べたことをいいかえると，可制御性と可観測性はシステムモードが入力および出力とどう結びついているかというシステムの構造を表す指標である。伝達関数が表現するのは，図 3.3 で示したように，入力により制御でき，かつ出力で観測できるシステムモードに対応する部分システムの動特性である。システムモードと伝達関数の極に対応するモードが一致する，すなわち伝達関数 $G(s)=n(s)/d(s)+d$，$n(s)=c\,\mathrm{adj}(sI-A)b$，$d(s)=\det(sI-A)$ において $n(s)$ と $d(s)$ が既約で極零相殺が起きず，伝達関数がシステムを完全に特性化するのは，システムが可制御かつ可観測なときであり，またそのときに限るのである。

可制御性と可観測性の条件としては，つぎの表現も使われる（証明は演習問題【3.8】(3) を参照）。

- **可制御性条件Ⅲ**：　可制御性の必要十分条件は，すべての s について $\mathrm{rank}[sI-A\quad b]=n$ が成立することである。

- **可観測性条件Ⅲ**：　可観測性の必要十分条件は，すべての s について $\mathrm{rank}\begin{bmatrix} c \\ sI-A \end{bmatrix}=n$ が成立することである。

3.7.2　状態方程式の実現

これまでは，おもに与えられた状態方程式についてその伝達関数の性質を考察してきた。ここで逆の問題，すなわちプロパーな有理伝達関数 $G(s)$ が与えられて，状態方程式を定めること，つまり $G(s)=c(sI-A)^{-1}b+d$ となるような係数行列 A, b, c, d を求めることを考えよう。状態方程式がわかれば，それを積分器と係数器を用いたブロック線図により実現することができるので，この問題を伝達関数の実現問題，得られた状態方程式を $G(s)$ の**実現**（realization）という。2.5.2 項で述べたように状態変数の選び方には任意性があるので，実現が一意に定まら

3.7 状態方程式と伝達関数の関係　　73

ないことは明らかである。そこで，ここでは二つの基本的な実現を示しておこう。説明を簡単にするため，3次の伝達関数を取り上げる。

まず，定数 d については $d = G(\infty)$ と定まるので，それを除いた真にプロパーな部分 $G(s) - G(\infty)$ を $c(sI-A)^{-1}b$ として実現する (A, b, c) を求めればよい。そこで，はじめから真にプロパーな有理関数

$$G(s) = \frac{n(s)}{d(s)}, \quad n(s) = b_2 s^2 + b_1 s + b_0, \quad d(s) = s^3 + a_2 s^2 + a_1 s + a_0$$

が与えられているものとする。

このとき，つぎの二つの状態方程式

$$\begin{bmatrix} \dot{x}_1 \\ \dot{x}_2 \\ \dot{x}_3 \end{bmatrix} = \begin{bmatrix} 0 & 1 & 0 \\ 0 & 0 & 1 \\ -a_0 & -a_1 & -a_2 \end{bmatrix} \begin{bmatrix} x_1 \\ x_2 \\ x_3 \end{bmatrix} + \begin{bmatrix} 0 \\ 0 \\ 1 \end{bmatrix} u, \quad y = \begin{bmatrix} b_0 & b_1 & b_2 \end{bmatrix} \begin{bmatrix} x_1 \\ x_2 \\ x_3 \end{bmatrix} \tag{3.69}$$

$$\begin{bmatrix} \dot{x}_1 \\ \dot{x}_2 \\ \dot{x}_3 \end{bmatrix} = \begin{bmatrix} 0 & 0 & -a_0 \\ 1 & 0 & -a_1 \\ 0 & 1 & -a_2 \end{bmatrix} \begin{bmatrix} x_1 \\ x_2 \\ x_3 \end{bmatrix} + \begin{bmatrix} b_0 \\ b_1 \\ b_2 \end{bmatrix} u, \quad y = \begin{bmatrix} 0 & 0 & 1 \end{bmatrix} \begin{bmatrix} x_1 \\ x_2 \\ x_3 \end{bmatrix} \tag{3.70}$$

は，いずれも $G(s)$ の実現である。まず式(3.69)が実現であることを示そう。式(3.69)を $\dot{x} = Ax + bu, \ y = cx$ と表すとき

$$\det(sI-A) = \det \begin{bmatrix} s & -1 & 0 \\ 0 & s & -1 \\ a_0 & a_1 & s+a_2 \end{bmatrix} = s^3 + a_2 s^2 + a_1 s + a_0,$$

$$\mathrm{adj}(sI-A) = \begin{bmatrix} s^2 + a_2 s + a_1 & s + a_2 & 1 \\ -a_0 & s^2 + a_2 s & s \\ -a_0 s & -a_1 s - a_0 & s^2 \end{bmatrix}$$

であるから，$\mathrm{adj}(sI-A)b = \begin{bmatrix} 1 & s & s^2 \end{bmatrix}^T$，したがって

$$c(sI-A)^{-1}b = \frac{c \, \mathrm{adj}(sI-A)b}{\det(sI-A)} = G(s)$$

となり，式(3.69)は $G(s)$ の実現である。これは可制御性条件IIより，可制御である。

つぎに，式(3.70)を $\dot{x} = \tilde{A}x + \tilde{b}u, \ y = \tilde{c}x$ と表すとき，$\tilde{A} = A^T, \ \tilde{b} = c^T, \ \tilde{c} = b^T$ であることに注意すると

$$\det(sI-\tilde{A}) = s^3 + a_2 s^2 + a_1 s + a_0, \quad \tilde{c} \, \mathrm{adj}(sI-\tilde{A}) = \begin{bmatrix} 1 & s & s^2 \end{bmatrix}$$

であるから，式(3.70)も $G(s)$ の実現であることがわかる。この実現は，可観測性条件IIより，可観測である。

可制御な状態方程式は2.5.2項で述べた等価変換により，適当な変換行列を用いると必ず式(3.69)の形に変換できるので，式(3.69)は**可制御正準形** (controllable canonical form) と呼ばれている。また，可観測な状態方程式は必ず式(3.70)の形に等価変換できるので，式(3.70)は

74　　3. システムの時間応答特性

可観測正準形（observable canonical form）と呼ばれている[21]。

　上記は3次の場合であるが，プロパーなn次伝達関数についても同様に可制御正準形，可観測正準形の実現が求められることは明らかであろう。

　　まとめ　本章では，線形時不変システムの数式モデルである状態方程式と伝達関数を用いて，システムの時間応答の基本がシステムモードや極に対応したモードであることを示した。そして，インパルス応答やステップ応答という基本的な応答とともに，速応性や定常特性などの時間応答の評価指標を紹介した。また，状態方程式と伝達関数の関係を理解するうえで重要な，可制御性と可観測性の概念を紹介した。

演 習 問 題

【3.1】　式(3.12)のように$n \times n$行列Aについて

$$(sI-A)^{-1} = \frac{N(s)}{\alpha(s)} = \frac{M(s)}{\beta(s)}$$

と表そう。ここで，$N(s) = \mathrm{adj}(sI-A)$，$\alpha(s) = \det(sI-A) = (s-\lambda_1)^{n_1}(s-\lambda_2)^{n_2} \cdots (s-\lambda_\sigma)^{n_\sigma}$，$n = n_1 + n_2 + \cdots + n_\sigma$であり，$M(s)$と$\beta(s) = (s-\lambda_1)^{m_1}(s-\lambda_2)^{m_2} \cdots (s-\lambda_\sigma)^{m_\sigma}$は$\alpha(s)$と$N(s)$の$n^2$個の要素が1次以上の共通多項式をもつ場合，それらをすべて消去して得られるものである。このとき，$n_i \geqq m_i$は明らかであるが，そのうえ$m_i \geqq 1$ $(i=1, 2, ..., \sigma)$であること，すなわち，$\beta(s)$は各固有値λ_i $(i=1, 2, ..., \sigma)$を必ず根として含んでいることを示せ。

【3.2】　行列$A = \begin{bmatrix} \lambda & 1 \\ 0 & \lambda \end{bmatrix}$の指数関数$e^{At}$を，定義式(3.2)とラプラス変換式(3.10)の2通りの方法により求めよ。

【3.3】　つぎの行列の指数関数e^{At}を求めよ。

$$A_1 = \begin{bmatrix} 0 & -\omega \\ \omega & 0 \end{bmatrix}, \quad A_2 = \begin{bmatrix} 0 & 1 & 0 \\ 0 & 0 & 1 \\ 0 & -2 & 3 \end{bmatrix}$$

【3.4】　過制動のステップ応答特性をもつ2次伝達関数$G(s) = 2/((s+1)(s+2))$に，零点$s=z$（実数）が加わった$\widetilde{G}(s) = K(s-z)/((s+1)(s+2))$，$K = -2/z$，を考える。$\widetilde{G}(s)$のステップ応答$\widetilde{y}_s(t)$は$\widetilde{y}_s(0) = 0$から出発して$\widetilde{y}_s(\infty) = \widetilde{G}(0) = 1$に収束するが，零点$z$の値によりつぎの特性をもつことを示せ。

　(1)　零点が左半面$(-1 < z < 0)$にあるとき，$\widetilde{y}_s(t)$は正の行き過ぎ量（オーバシュート）をもつ。

　(2)　零点が右半面$(z > 0)$にあれば，$\widetilde{y}_s(t) < 0$となる区間を生じる。

【3.5】　真にプロパーな高次伝達関数$G(s)$において，すべての極および零点が左半面内にあるとする。また，$G(s)$は一対の複素共役極p，$\bar{p}$をもっており，他の極や零点が，p，$\bar{p}$に比較して虚軸および原点からの距離が十分大きいとする。このときp，$\bar{p}$は$G(s)$の支配極であり，ステップ応答は2次伝達関数

$$\widehat{G}(s) = \frac{p\bar{p}}{(s-p)(s-\bar{p})}$$

により近似できることを示せ。ただし，$G(0) = 1$とする。

【3.6】　伝達関数$G(s) = n(s)/d(s)$，$d(s) = a_n s^n + a_{n-1} s^{n-1} + \cdots + a_0$，$n(s) = b_m s^m + b_{m-1} s^{m-1} + \cdots + b_0$，

$n \geqq m$ において，$n(s)$，$d(s)$ はたがいに既約で $G(s)$ のすべての極の実部は負であるとする。このとき，$G(s)$ が（1）ステップ入力，（2）ランプ入力，に対し追従する必要十分条件は，それぞれ以下により与えられることを示せ。

（1）$a_0 = b_0$　　（2）$a_0 = b_0$，$a_1 = b_1$

【3.7】

（1）$G(s)$ は真にプロパーな有理伝達関数で，すべての極の実部は負であるとする。入力および出力のノルムに ∞ ノルム $\|u\|_\infty = \sup_{t \geqq 0} |u(t)|$，$\|y\|_\infty = \sup_{t \geqq 0} |y(t)|$ を用いたとき，$\|y\|_\infty \leqq \|g\|_1 \|u\|_\infty$ が成立することを示せ。ただし，$g(t) = \mathcal{L}^{-1}[G(s)]$ はインパルス応答で，$\|g\|_1 = \int_{0_-}^\infty |g(t)| dt$ である。

（2）（1）の結果を用いて，つぎの $\widetilde{G}(s)$ と $G(s)$ のステップ応答の差を評価せよ。

$$G(s) = \frac{3}{(s^2 + 2s + 3)} \frac{6}{(s + 6)}, \quad \widetilde{G}(s) = \frac{3}{s^2 + 2s + 3}$$

$\widetilde{G}(s)$ は $G(s)$ の支配極 p_1，$p_2 = -1 \pm j\sqrt{2}$ に対応する 2 次系である。

【3.8】

（1）式(3.20)の可制御性行列 Q と式(3.24)の可観測性行列 R が正則のとき，可制御性条件 I と可観測性条件 I の導出に用いた式(3.21)の行列 W と式(3.26)の Y の正則性を示せ。

（2）可制御性条件 II と可観測性条件 II を示せ。

（3）可制御性条件 III と可観測性条件 III を示せ。

【3.9】　状態方程式のモード正準形について，可制御でないと入力が影響を与えることができない（制御できない）システムモードがあること，可観測でないと出力において観測できないシステムモードがあることを示せ。

【3.10】　以下はいずれも状態変数の選び方に関係しないシステム固有の量（あるいは性質）であることを示せ。

（1）システムモード，極に対応するモード

（2）システムモードの安定性，極に対応するモードの安定性

（3）可制御性，可観測性

第4章

システムの周波数応答特性

　第2章ではシステム内部の物理的特性がわかっている有限次元システムに対して，状態方程式と伝達関数が数式モデルとして有用であることを述べた。そして第3章では，それらを用いて，システムの時間的な振る舞いがシステムモードや極に対応するモードを基本としていることを示した。制御系の解析や設計においては，状態方程式や伝達関数とともに，モードなどのシステム内部の特性には注目せず，システムの外部に現れている入出力信号の振幅と位相の関係のみに注目する周波数応答表現も用いられる。本章では，この周波数応答表現を紹介し，その特性について述べる。

4.1　正弦波入力に対する定常応答

　安定な線形システムの場合，入力が正弦波なら，定常状態における出力も同じ周波数の正弦波である。周波数応答表現は，この二つの正弦波の大きさの比と位相の関係を表すものである。システムに周波数を変えながら正弦波入力を加え，出力を測定することによって得ることができる。

　ここでは，周波数応答の性質を議論するために，システムが式(3.41)の形の真にプロパーな有理伝達関数 $G(s) = n(s)/d(s)$ で表すことができるとする。そのシステムに，$t \geqq 0$ で正弦波入力 $u(t) = \sin \omega t$（あるいは $\cos \omega t$）を加えると，その定常応答はどうなるのであろうか。定常応答を扱うので，$G(s)$ のすべての極は安定である（負の実部をもつ）とする。ここで，ω は 2π×(周波数)であり，角周波数と呼ばれる。

　$\sin \omega t$ と $\cos \omega t$ を一括して扱うために，$u(t) = e^{j\omega t} = \cos \omega t + j \sin \omega t$ なる仮想入力を考えると都合がよい。$\mathcal{L}[e^{j\omega t}] = 1/(s-j\omega)$ であるから，式(2.39)より零状態応答のラプラス変換は

$$Y_{zs}(s) = G(s)U(s) = \frac{n(s)}{d(s)}\left(\frac{1}{s-j\omega}\right) = \frac{n_1(s)}{d(s)} + \frac{c}{s-j\omega} \tag{4.1}$$

と表される。ここで，$n_1(s)$ は $d(s)$ より次数が低い多項式である。また，両辺に $s-j\omega$ を掛けて $s \to j\omega$ とすればわかるように，$c = n(j\omega)/d(j\omega) = G(j\omega)$ である。式(4.1)から零状態応答は

$$y_{zs}(t) = \mathcal{L}^{-1}\left[\frac{n_1(s)}{d(s)}\right] + G(j\omega)e^{j\omega t}$$

$$= G(s)\text{の極に対応するモードの線形結合} + G(j\omega)e^{j\omega t}, \quad t \geqq 0 \tag{4.2}$$

となる。$G(s)$のすべての極は安定であるから，$t \to \infty$ のとき右辺第1項は0となり，第2項の $G(j\omega)e^{j\omega t}$ が定常応答である。$G(j\omega)$の極形式を

$$G(j\omega) = |G(j\omega)|e^{j\theta}, \quad \theta = \angle G(j\omega) = \tan^{-1}\frac{\mathrm{Im}[G(j\omega)]}{\mathrm{Re}[G(j\omega)]} \tag{4.3}$$

とすれば[†]，入力 $e^{j\omega t}$ に対する定常応答 $y_{ss}(t)$ は

$$y_{ss}(t) = G(j\omega)e^{j\omega t} = |G(j\omega)|e^{j(\omega t + \theta)} \tag{4.4}$$

と表される。入力 $u(t) = \sin\omega t$ に対しては，$\sin\omega t = \mathrm{Im}[e^{j\omega t}]$ であるから

$$y_{ss}(t) = \mathrm{Im}[|G(j\omega)|e^{j(\omega t + \theta)}] = |G(j\omega)|\sin(\omega t + \theta) \tag{4.5}$$

が定常応答であり，同様に $u(t) = \cos\omega t = \mathrm{Re}[e^{j\omega t}]$ に対する定常応答は

$$y_{ss}(t) = \mathrm{Re}[|G(j\omega)|e^{j(\omega t + \theta)}] = |G(j\omega)|\cos(\omega t + \theta) \tag{4.6}$$

となる。以上の性質は重要であるからまとめておこう。

- **有理伝達関数 $G(s)$ で表されるシステムの正弦波入力に対する定常応答：** $G(s)$のすべての極が安定であるとき，角周波数 ω の正弦波入力に対する定常応答は，入力に対し $|G(j\omega)|$ 倍の振幅と，位相のずれ $\theta = \angle G(j\omega)$（$\theta > 0$ なら進み位相，$\theta < 0$ なら遅れ位相）をもつ角周波数 ω の正弦波となる。**図 4.1** に示すように，位相が進むということは，入力正弦波より出力正弦波のほうが先に進んでいるようにみえることを意味し，位相が遅れるということは，その逆である。

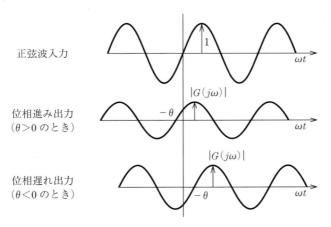

図 4.1 入力と出力の位相の関係

【例 4.1】

図 2.7(a) の RLC 回路において，電圧源 e を入力，キャパシタ電圧 v_C を出力とするとき，伝達関数は【例 2.2】（続き）で示したように $G(s) = 1/(LCs^2 + RCs + 1)$ となる。入力に振幅 E の正弦波電圧 $e(t) = E\sin\omega t$ を加えるとき，定常応答は式(4.5)より

$$v_C(t) = E|G(j\omega)|\sin(\omega t + \theta)$$

[†] $\mathrm{Im}[\ ]$，$\mathrm{Re}[\ ]$ はそれぞれ複素数の虚部，実部を表す。

$$|G(j\omega)| = \frac{1}{\sqrt{(1-LC\omega^2)^2 + (RC\omega)^2}}, \quad \theta = -\tan^{-1}\frac{RC\omega}{1-LC\omega^2}$$

となる。

また回路理論によると，正弦波電圧入力 $e(t)$ に対し回路が定常状態にあるときの出力 $v_C(t)$ を求めるには，$e(t)$, $v_C(t)$ のフェーザ表示（正弦波信号の振幅と位相を表す複素数表示）をそれぞれ E, V_C として，構成要素をインピーダンス表示した図 4.2 の等価回路から V_C を求めればよい。この図より，フェーザ V_C は

$$V_C = \frac{E}{1-LC\omega^2 + j\omega RC} = EG(j\omega)$$

となり，V_C は E に対し大きさが $|G(j\omega)|$ 倍，位相が $\angle G(j\omega)$ だけ変化することがわかる。これは V_C に対応する $v_C(t)$ が，$e(t)$ に対し大きさが $|G(j\omega)|$ 倍，位相変化が $\angle G(j\omega)$ である正弦波となることを意味しており，式 (4.5) の結果に一致する。式 (4.5) と式 (4.6) は，システムの定常応答という一般的な立場から，フェーザによる回路の正弦波定常状態解析法の裏付けを与えている。

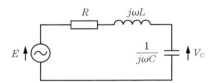

図 4.2　正弦波定常状態解析の等価回路

■

【例 4.2】

2 次伝達関数 $G(s) = 3/(s^2 + 2s + 3)$ について，正弦波入力に対する定常応答の周波数特性をみてみよう。図 4.3 は $G(j\omega)$ のゲイン $|G(j\omega)| = 3/\sqrt{(3-\omega^2)^2 + 4\omega^2}$ を示したものである[†1]。横軸の ω と縦軸の $|G(j\omega)|$ はともに対数目盛とし，特に $|G(j\omega)|$ の単位にデシベル，すなわち，$20\log_{10}|G(j\omega)|$ を用いている。このような図をボード線図と呼び，4.3.1 項で詳しく説明する。以下では，底を 10 とする対数[†2]を単に log と書く。

図 4.3 のゲイン特性は，低域通過型の周波数特性を示している。すなわち，角周波数 $\omega = 0 \sim 1\,\text{rad/s}$ の範囲では $|G(j\omega)| \cong 1$ であるが，$\omega \gg 1\,\text{rad/s}$ では $|G(j\omega)| \ll 1$ となっている。したがって，$\omega = 0 \sim 1$ の正弦波入力の定常応答は減衰を受けないが，$\omega \gg 1$ の正弦波は大きく減衰する。例えば，$\omega = 0.2$ と $\omega = 10$ の正弦波入力 $u_1(t) = \sin 0.2t$, $u_2(t) = \sin 10t$ について，式 (4.5) より定常応答はそれぞれ $y_1(t) = |G(0.2j)|\sin(0.2t + \angle G(0.2j)) = 0.996\sin(0.2t - 0.134)$, $y_2(t) = |G(10j)|\sin(10t + \angle G(10j)) = 0.0303\sin(10t - 2.94)$ となり，$u_1(t)$ はほとんどそのまま通過するが，$u_2(t)$ に対する出力の振幅は入力の振幅の約 3% に減衰する。

[†1] 図 4.3 の横軸は角周波数であるが，この図は角周波数特性ではなく，周波数特性と呼ばれる。

[†2] 常用対数と呼ばれる。

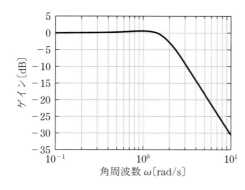

図 4.3 $|G(j\omega)|$ の周波数特性
$(G(s) = 3/(s^2 + 2s + 3))$

式(4.5), (4.6)の性質を利用すれば,有理伝達関数 $G(s)$ が未知(分母および分子多項式の次数と係数が未知)のとき,正弦波定常応答の実測データから $G(s)$ の関数形を定めることができる。それには入力正弦波の角周波数 ω に対する定常正弦波出力の振幅と位相を測定し,周波数応答特性 $G(j\omega) = |G(j\omega)|\angle G(j\omega)$ を描き,$G(j\omega)$ から有理関数 $G(s)$ を求めればよい。(【例 4.4】参照)。

4.2 一般入力と周波数応答

式(4.5), (4.6)は,正弦波入力に対する定常応答が伝達関数の虚軸上の値 $G(j\omega)$ により規定されることを示している。ここで,線形システムの零状態応答を周波数応答という視点からみるうえで,$G(j\omega)$ は単一の正弦波入力だけでなく一般的な入力波形に対しても有用であることを示しておこう。

そのために

フーリエ変換:$U(j\omega) = \int_{-\infty}^{\infty} u(t)e^{-j\omega t}dt, \quad Y(j\omega) = \int_{-\infty}^{\infty} y(t)e^{-j\omega t}dt$ (4.7)

逆フーリエ変換:$u(t) = \dfrac{1}{2\pi}\int_{-\infty}^{\infty} U(j\omega)e^{j\omega t}d\omega, \quad y(t) = \dfrac{1}{2\pi}\int_{-\infty}^{\infty} Y(j\omega)e^{j\omega t}d\omega$ (4.8)

を用いる。$U(j\omega)$ と $Y(j\omega)$ は,$u(t)$ と $y(t)$ が絶対可積分,すなわち $\int_{-\infty}^{\infty}|u(t)|dt<\infty$, $\int_{-\infty}^{\infty}|y(t)|dt<\infty$ のときに存在する。式(4.7)のフーリエ変換 $U(j\omega)$ は $u(t)$ に $e^{j\omega t}$ 成分がどの程度含まれるかという相関度を表しており,この意味で $U(j\omega)$ を $u(t)$ のスペクトル(正弦波成分)という。同様に $Y(j\omega)$ は $y(t)$ のスペクトルである。式(4.8)の逆フーリエ変換は $U(j\omega)$, $Y(j\omega)$ から $u(t)$, $y(t)$ を定めており,$u(t)$ と $y(t)$ が正弦波 $e^{j\omega t}$ の集まりとして表せることを示している。

いま,周期的でない一般波形をもつ入力 $u(t)$ が $t \geqq 0$ で加えられ,$t<0$ では $u(t)=0$ とする。零状態応答 $y(t)$ は $t \geqq 0$ で発生し,$y(t)=0$, $t<0$ である。したがって,式(4.7)から

80   4. システムの周波数応答特性

$$U(j\omega) = \int_{0-}^{\infty} u(t)e^{-j\omega t}dt, \quad Y(j\omega) = \int_{0-}^{\infty} y(t)e^{-j\omega t}dt \qquad (4.9)$$

となり，フーリエ変換 $U(j\omega)$，$Y(j\omega)$ は，それぞれ $u(t)$ および $y(t)$ のラプラス変換の $s=j\omega$ における値に他ならない。一般に零状態応答の入出力関係のラプラス変換は $Y(s)=G(s)U(s)$ により与えられるから，$s=j\omega$ と置いて入力と出力のスペクトルの間に関係式

$$Y(j\omega) = G(j\omega)U(j\omega) \qquad (4.10)$$

が成立する[†]。すなわち，出力スペクトル $Y(j\omega)$ は入力スペクトル $U(j\omega)$ から $G(j\omega)$ を介して形成され，線形システムの零状態応答を周波数応答という視点からみることができる。なお，システムのインパルス応答を $g(t)$ とすれば，$g(t)$ のラプラス変換は伝達関数 $G(s)$ であり，$g(t)=0$，$t<0$，であるから，$s=j\omega$ における伝達関数 $G(j\omega)$ は $g(t)$ のフーリエ変換である。

式(4.10)は，零状態応答を周波数応答，つまり入力の周波数成分と出力の周波数成分の関係としてとらえるところに意義がある。$u(t)$ に対する具体的な時間応答波形 $y(t)$ を求める手段としては，ラプラス変換式 $Y(s)=G(s)U(s)$ を利用するほうが直接的であり，また計算も一般に簡単である。

$G(j\omega)$ の極形式を $|G(j\omega)|e^{j\theta}$，$\theta=\angle G(j\omega)$，とすれば，式(4.10)は大きさと偏角についての関係式

$$|Y(j\omega)| = |G(j\omega)||U(j\omega)|, \quad \angle Y(j\omega) = \angle U(j\omega) + \angle G(j\omega) \qquad (4.11)$$

により表せる。$|U(j\omega)|$，$|Y(j\omega)|$ を $u(t)$，$y(t)$ の振幅スペクトル，$\angle U(j\omega)$，$\angle Y(j\omega)$ を $u(t)$，$y(t)$ の位相スペクトルという。振幅を対数表示すると

$$20\log|Y(j\omega)| = 20\log|G(j\omega)| + 20\log|U(j\omega)| \qquad (4.12)$$

となるように，式(4.11)の位相の式とあわせて，出力のスペクトルはシステムの伝達特性のスペクトルと入力のスペクトルの和であるといえる。

【例 4.2】（続き）

伝達関数 $G(s)=3/(s^2+2s+3)$ のシステムに，$t\geqq0$ で入力 $u_3(t)=e^{-0.1t}\sin0.2t$ と $u_4(t)=e^{-0.1t}\sin10t$ を加えたときの零状態応答をみてみよう。$u_3(t)$ と $u_4(t)$ の振幅スペクトルは $|U_3(j\omega)|=|0.2/((j\omega+0.1)^2+0.2^2)|$ と $|U_4(j\omega)|=|10/((j\omega+0.1)^2+10^2)|$ で，**図 4.4**（a）に示すようにそれぞれ $\omega=0.2$ と $\omega=10$ にピークをもつスペクトル分布を有している。ただし，$u_3(t)$ の正弦波成分は周期が長く，1 周期の間に指数関数部分がほとんど 0 になるため，後で**図 4.5**（a）に示すように正弦波成分がほとんどみえない。したがって，図 4.4（a）において $|U_3(j\omega)|$ のピークはそれほど顕著ではない。

それらの入力に対する出力の振幅スペクトル $|Y_3(j\omega)|$，$|Y_4(j\omega)|$ は，式(4.12)より，図 4.3

[†]　この場合，$Y(j\omega)$ は $t\geqq0$ で加えられた入力 $u(t)$ の零状態応答 $y(t)$ のフーリエ変換で，$G(s)$ の極に対応するモードの応答（過渡応答）も含まれる。入力 $u(t)$ に対応する定常応答だけに注目するには，$u(t)$ を $t=-\infty$ から加えればよい（演習問題【4.5】参照）。その場合，$u(t)$ および定常応答 $y(t)$ のスペクトルについて，やはり式(4.10)と同じ関係式が成立する。

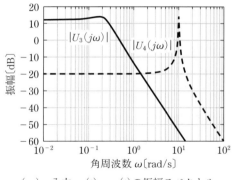
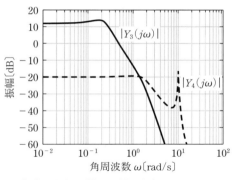

（a） 入力 $u_3(t)$, $u_4(t)$ の振幅スペクトル　　（b） 出力 $y_3(t)$, $y_4(t)$ の振幅スペクトル

図 4.4 入力と出力の振幅スペクトル

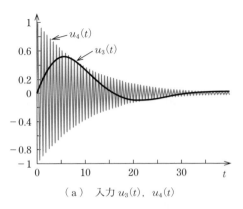
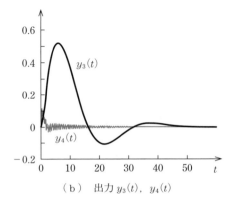

（a） 入力 $u_3(t)$, $u_4(t)$　　（b） 出力 $y_3(t)$, $y_4(t)$

図 4.5 入力 $u_3(t)$, $u_4(t)$ に対する $G(s) = 3/(s^2 + 2s + 3)$ の零状態応答 $y_3(t)$ と $y_4(t)$

と図 4.4(a) の和として，図 4.4(b) のように得られる．これからわかるように，システム $|G(j\omega)|$ は高周波域で減衰が大きいため，$|Y_4(j\omega)|$ では入力 $|U_4(j\omega)|$ のピークが抑えられている．

一方，時間領域で $u_3(t)$ および $u_4(t)$ に対する零状態応答を求めると，それぞれ

$$y_3(t) = -0.152e^{-t}\sin(\sqrt{2}\,t - 1.15) + 1.07e^{-0.1t}\sin(0.2t - 0.129),$$
$$y_4(t) = 0.215e^{-t}\sin(\sqrt{2}\,t + 0.025\,6) - 0.030\,2e^{-0.1t}\sin(10t + 0.183) \tag{4.13}$$

となる（図 4.5(b)）．いずれも第 1 項は $G(s)$ の極に対応するモード，第 2 項が入力による定常応答の成分で，$y_3(t)$ に比較して $y_4(t)$ の定常応答成分が抑制されることがわかる．これは図 4.4(b) の $|Y_4(j\omega)|$ において，入力 $|U_4(j\omega)|$ のピークが抑えられていることに対応する．■

4.3　周波数伝達関数とその表示

伝達関数 $G(s)$ のすべての極が安定であるとき，正弦波入力に対する定常応答は同じ周波数の正弦波で，その大きさと位相は式 (4.4) のように $G(j\omega)$ により定まる．しかし，$G(s)$ が虚軸

82   4. システムの周波数応答特性

上の極 $s=j\omega_0$ や，右半面内の極 $s=\sigma+j\omega_0$，$\sigma>0$，をもつと，対応するモードは不安定で，$t\to\infty$ で 0 とならず，式 (4.4) が成立しないので，$G(j\omega)$ は正弦波定常応答と関連する意味をもたない。ただ，この場合でも，$G(s)$ において $s=j\omega$ と置いた複素関数 $G(j\omega)$ を考えることができて，例えば $1/s$ に対し $1/j\omega$，$1/((s-1)(s+1))$ に対し $1/((j\omega-1)(j\omega+1))$ となる。$G(j\omega)$ は第5章〜第7章で述べるように，制御系の解析・設計において有用であり，このように定義した複素関数 $G(j\omega)$，すなわち $G(s)|_{s=j\omega}$ を**周波数伝達関数**（frequency transfer function），あるいは周波数応答関数（frequency response function）という。そして，周波数伝達関数 $G(j\omega)$ の絶対値 $|G(j\omega)|$ をその**ゲイン**（gain），偏角 $\angle G(j\omega)$ を**位相**（phase）という。

ゲイン $|G(j\omega)|$ と位相 $\angle G(j\omega)$ の角周波数 ω に対する特性を表示した図は有用であり，いくつかの表示法があるが，以下では特に基本的な表示法であるボード線図とベクトル軌跡について述べておこう。システム解析ソフトウェアを利用すればこれらの図は容易に描くことができるが，制御系の解析・設計においては，対象とする $G(j\omega)$ がどのようにそれらの図に反映されるかという定性的な対応関係を理解しておくことが重要である。

4.3.1 ボ ー ド 線 図

ボード線図[22]（Bode diagram）は，ゲイン $|G(j\omega)|$ と位相 $\angle G(j\omega)$ を角周波数 ω に対して表示した一組の図である。

- **ゲイン線図**：　縦軸にゲイン $|G(j\omega)|$，横軸に角周波数 ω〔rad/s〕>0 をとる。ゲインの値はデシベル〔dB〕すなわち $20\log|G(j\omega)|$ で表し，角周波数には対数目盛 $\log\omega$ を用いる。
- **位相線図**：　縦軸に位相 $\angle G(j\omega)$，横軸に角周波数 ω〔rad/s〕>0 をとる。位相は度〔deg〕で表し，角周波数には対数目盛 $\log\omega$ を用いる。

ゲイン $|G(j\omega)|$ と角周波数 ω の表示に対数目盛を用いるのは，広い値の範囲を扱うための工夫である。例えば $|G(j\omega)|=0.01, 0.1, 1, 10$ に対し，それぞれ $20\log|G(j\omega)|=-40\,\mathrm{dB}$，$-20\,\mathrm{dB}$，$0\,\mathrm{dB}$，$20\,\mathrm{dB}$ であり，1 000 倍の変化が 60 dB の範囲に収まる。角周波数 ω からその 10 倍の 10ω までの間隔を 1 **ディケード**（decade, dec と略記）という。例えば $\omega=0.1\sim1, 1\sim10, 10\sim100$ （rad/s）の区間はいずれも 1 dec である。ω の対数目盛においては，これらの区間はどれも等間隔で表されるので，低い周波数から高い周波数までの広範な範囲が扱え，高い周波数域よりも低い周波数域のゲインおよび位相の特性が相対的に詳しく表示できるので，制御系の特性表現に適している。

ボード線図の最大の特長は，伝達関数の積の線図は，構成伝達関数の線図を加え合わせたものとなることである。すなわち，伝達関数 $G_1(s)$，$G_2(s)$ の積からなる $G(s)=G_1(s)G_2(s)$ において，それぞれの周波数伝達関数の極形式を

$$G(j\omega)=|G(j\omega)|e^{j\theta}, \quad G_1(j\omega)=|G_1(j\omega)|e^{j\theta_1}, \quad G_2(j\omega)=|G_2(j\omega)|e^{j\theta_2},$$

[†]　米国ベル研究所の H. W. Bode（1905〜1982）により考案された。

$$\theta = \angle G(j\omega), \quad \theta_1 = \angle G_1(j\omega), \quad \theta_2 = \angle G_2(j\omega)$$

とすれば

$$|G(j\omega)|e^{j\theta} = |G_1(j\omega)|e^{j\theta_1}|G_2(j\omega)|e^{j\theta_2} = |G_1(j\omega)||G_2(j\omega)|e^{j(\theta_1+\theta_2)}$$

であるから，ゲインと位相について $|G(j\omega)| = |G_1(j\omega)||G_2(j\omega)|$，$\theta = \theta_1 + \theta_2$，であり，したがって

$$20\log|G(j\omega)| = 20\log|G_1(j\omega)| + 20\log|G_2(j\omega)|, \quad \angle G(j\omega) = \angle G_1(j\omega) + \angle G_2(j\omega)$$

$$(4.14)$$

が成立する。これより，$G(j\omega)$ のゲイン線図および位相線図は，それぞれ $G_1(j\omega)$ と $G_2(j\omega)$ のゲイン線図および位相線図を加え合わせたものになる。

$G(s) = G_1(s)/G_2(s)$ となる場合は

$$20\log|G(j\omega)| = 20\log|G_1(j\omega)| - 20\log|G_2(j\omega)|, \quad \angle G(j\omega) = \angle G_1(j\omega) - \angle G_2(j\omega)$$

$$(4.15)$$

であるから，$G(j\omega)$ のゲイン線図および位相線図は，それぞれ $G_1(j\omega)$ と $G_2(j\omega)$ のゲイン特性および位相特性の差となる。特に $G_1(s) = 1$ で $G(s) = 1/G_2(s)$ ならば

$$20\log|G(j\omega)| = -20\log|G_2(j\omega)|, \quad \angle G(j\omega) = -\angle G_2(j\omega)$$

であるから，$G(j\omega)$ のゲイン線図および位相線図は，$G_2(j\omega)$ のゲイン特性および位相特性とそれぞれ 0 に関して対称なものとなる。

また，例えば $G_1(j\omega)$ のブロックに直列に補償ブロック $G_2(j\omega)$ を結合し，全体特性として $G(j\omega)$ を実現したいときは，$G(j\omega) = G_1(j\omega)G_2(j\omega)$ から $G_2(j\omega) = G(j\omega)/G_1(j\omega)$ であるから，必要な補償 $G_2(j\omega)$ の特性は，ボード線図上で $G(j\omega)$ と $G_1(j\omega)$ の特性の差として求められる。

以上の性質により，与えられた伝達関数 $G(s)$ のボード線図を求めるには，$G(s)$ をいくつかの簡単な構成要素の積に分割し，各構成要素のボード線図を描き，それらを適切に加え合わせればよいことがわかる。実数係数をもつ有理伝達関数の場合，分母と分子の多項式はそれぞれ実数係数の範囲で，定数 K，1 次多項式 Ts，$(1+Ts)$，および複素共役根をもつ 2 次多項式 $(1+2\zeta s/\omega_n + s^2/\omega_n^2)$ の積で表される。したがって，有理伝達関数はこれらの 2 次以下の多項式を分母あるいは分子にもつ伝達関数の積として表され，ボード線図はこれらの構成伝達関数の特性を加え合わせて求めることができる。例えば

$$G(s) = \frac{s+2}{s^3+2s^2+3s} = \frac{(2/3)(1+s/2)}{s(1+2s/3+s^2/3)}$$

は定数 $(2/3)$，1 次項 $(1+j\omega/2)$，$1/(j\omega)$，2 次項 $1/(1+2j\omega/3+(j\omega)^2/3)$ の積である。よって

$$20\log|G(j\omega)| = 20\log\left|\frac{2}{3}\right| + 20\log\left|1+\frac{j\omega}{2}\right| - 20\log|j\omega| - 20\log\left|1+\frac{2j\omega}{3}+\frac{(j\omega)^2}{3}\right|,$$

$$\angle G(j\omega) = \angle\frac{2}{3} + \angle\left(1+\frac{j\omega}{2}\right) - \angle(j\omega) - \angle\left(1+\frac{2j\omega}{3}+\frac{(j\omega)^2}{3}\right)$$

であり，$G(j\omega)$ のゲイン（位相）線図はこのように項のゲイン（位相）を加え合わせたものである。

そこで，以下では有理伝達関数の基本的な構成要素である1次項と2次項，および非有理伝達関数であるむだ時間 e^{-Ts} のボード線図を示しておこう。

〔1〕 $j\omega T$, $(j\omega T)^{-1}$ のボード線図 ($T>0$)

$$\text{ゲイン：} 20\log|(j\omega T)^{\pm 1}| = \pm 20\log(\omega T) \text{[dB]} \tag{4.16}$$

$$\text{位相：} \angle(j\omega T)^{\pm 1} = \pm 90 \text{ deg} \tag{4.17}$$

であり，**図 4.6** は $(j\omega T)^{\pm 1}$ のボード線図を横軸 ωT に対して示したものである[†]。$(j\omega T)^{-1}$ のゲインは，傾き -20 dB/dec の直線で，$\omega T=1$ で 0 dB の値をもつ。位相は $\omega T>0$ について -90 deg の一定値となる。これから，$(j\omega T)^{-2}$ のボード線図については，$(j\omega T)^{-1}$ のボード線図を加え合わせたものであるから，ゲインは勾配 -40 dB/dec の直線で，$\omega T=1$ のとき 0 dB の値をもち，位相は -180 deg の一定値となる。$j\omega T$ のボード線図は，$(j\omega T)^{-1}$ のボード線図とゲインは 0 dB，位相は 0 deg に関して対称である。

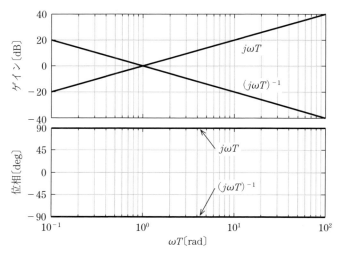

図 4.6 $j\omega T$, $(j\omega T)^{-1}$ のボード線図 ($T>0$)

〔2〕 $1+j\omega T$, $(1+j\omega T)^{-1}$ のボード線図 ($T>0$)

ゲイン：$20\log|(1+j\omega T)^{\pm 1}|$

$$= \pm 10\log(1+\omega^2 T^2) \begin{cases} \cong \pm 10\log 1 = 0 \text{ dB} & (\omega T \ll 1) \\ = \pm 10\log 2 = \pm 3.01 \text{ dB} & (\omega T = 1) \\ \cong \pm 20\log(\omega T) \text{ [dB]} & (\omega T \gg 1) \end{cases} \tag{4.18}$$

$$\text{位相：} \angle(1+j\omega T)^{\pm 1} = \pm \tan^{-1}(\omega T) \begin{cases} \cong 0 \text{ deg} & (\omega T \ll 1) \\ = \pm 45 \text{ deg} & (\omega T = 1) \\ \cong \pm 90 \text{ deg} & (\omega T \gg 1) \end{cases} \tag{4.19}$$

であり，**図 4.7** は横軸 ωT に対する $(1+j\omega T)^{\pm 1}$ のボード線図である。$(1+j\omega T)^{-1}$ のゲインは，

[†] ω を横軸とするボード線図を得るには，図4.6 において，ゲインおよび位相線図を横軸方向に1の位置から $1/T$ まで平行移動し，改めて横軸 ωT を ω と読み替えればよい。

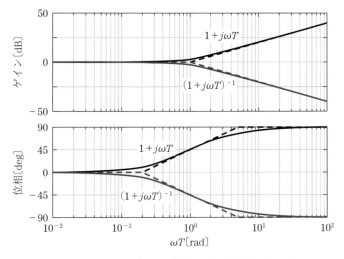

図 4.7 $1+j\omega T$, $(1+j\omega T)^{-1}$ のボード線図 ($T>0$)

$\omega T \ll 1$ でゲイン 0 dB の水平漸近線に，そして $\omega T \gg 1$ では傾き -20 dB/dec の漸近線（破線で示している）に接近し，これら 2 本の漸近線は $\omega T=1$ で交わる。一般に，ゲイン線図において漸近線が交わる角周波数 ω_c を**折れ点周波数**という。いまの場合，折れ点周波数は $\omega_c=1/T$ である。$1+j\omega T$ のゲイン線図と位相線図は，それぞれゲイン 0 dB，位相 0 deg に関して $(1+j\omega T)^{-1}$ の場合と対称である。

漸近線の区分的な組み合わせによりゲイン特性を表したものを（ゲイン曲線の）**折れ線近似**という。折れ線近似により全体のゲイン特性を把握できることもボード線図の一つの特長である。図 4.7 のゲイン折れ線近似は，折れ点周波数 ω_c において実際のゲイン値と約 3 dB の差があるが，これが誤差の最大値であり，ω_c 以外の角周波数ではこれ以下の誤差に収まっている。位相特性は $\omega T \ll 1$ のとき 0 deg に，$\omega T \gg 1$ で -90 deg に収束し，$\omega T=1$ で -45 deg となる。このような位相特性を，0 deg，± 90 deg の水平漸近線と $\omega T=1$ で ± 45 deg を通る接線からなる区分的な折れ線で近似することもある。$1+j\omega T$ のボード線図は，$(1+j\omega T)^{-1}$ の線図とゲインは 0 dB，位相は 0 deg に関して対称である。

〔3〕 $\omega_n^2/((j\omega)^2+2\zeta\omega_n(j\omega)+\omega_n^2)$ **のボード線図** ($\zeta>0$, $\omega_n>0$) 　$\omega_n^2/((j\omega)^2+2\zeta(j\omega)+\omega_n^2) = (1+2\zeta(j\omega/\omega_n)+(j\omega/\omega_n)^2)^{-1}$ であるから，ゲインと位相はつぎのように表される。

$$\text{ゲイン}: 20\log\left|\left(1+2\zeta\left(\frac{j\omega}{\omega_n}\right)+\left(\frac{j\omega}{\omega_n}\right)^2\right)^{-1}\right| = -10\log\left(\left(1-\left(\frac{\omega}{\omega_n}\right)^2\right)^2+\left(\frac{2\zeta\omega}{\omega_n}\right)^2\right) \text{[dB]}$$

$$\begin{cases} \cong -10\log 1 = 0 \text{ dB} & (\omega \ll \omega_n) \\ = -20\log(2\zeta) \text{[dB]} & (\omega = \omega_n) \\ \cong -40\log\left(\dfrac{\omega}{\omega_n}\right) \text{[dB]} & (\omega \gg \omega_n) \end{cases} \quad (4.20)$$

位相：$\angle \left(1 + 2\zeta\left(\dfrac{j\omega}{\omega_n}\right) + \left(\dfrac{j\omega}{\omega_n}\right)^2\right)^{-1} = -\tan^{-1}\dfrac{2\zeta(\omega/\omega_n)}{1-(\omega/\omega_n)^2} \begin{cases} \cong 0 \text{ deg} & (\omega \ll \omega_n) \\ = 90 \text{ deg} & (\omega = \omega_n) \\ \cong 180 \text{ deg} & (\omega \gg \omega_n) \end{cases}$ (4.21)

図 **4.8** は横軸 ω/ω_n に対して描いたボード線図である。ゲインについては，$\omega \ll \omega_n$ のとき 0 dB の水平漸近線，$\omega \gg \omega_n$ において傾き -40 dB/dec の漸近線があり，これらの漸近線は折れ点周波数 $\omega_c = \omega_n$ で交わる。また小さい値の減衰係数 ζ に対し，$\omega = \omega_n$ の近くでピーク特性を示すことがわかる。すなわち，$\zeta < 1/\sqrt{2}$ ($= 0.707$) のとき $\omega = \omega_n\sqrt{1-2\zeta^2}$ でピークを生じ，最大値（ピーク値）は

$$M_p = \dfrac{1}{2\zeta\sqrt{1-\zeta^2}} (= -20\log(2\zeta\sqrt{1-\zeta^2})\,[\text{dB}])$$ (4.22)

となる。

図 **4.9** は最大値 M_p とステップ応答の行き過ぎ量 $A_{\max}$ （式(3.56)）を ζ に対して示したもの

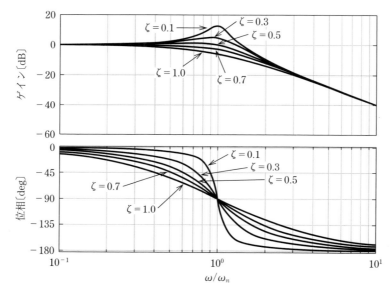

図 4.8 $\omega_n^2/((j\omega)^2 + 2\zeta\omega_n(j\omega) + \omega_n^2)$ のボード線図

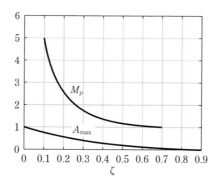

図 4.9 $\omega_n^2/((j\omega)^2 + 2\zeta\omega_n(j\omega) + \omega_n^2)$ のゲインピーク値 M_p とステップ応答の行き過ぎ量 $A_{\max}$

で，M_p と A_{max} はいずれも ζ の単調減少関数である。したがって M_p と A_{max} の間には，どちらか一方の値が大きい（小さい）と他方も大きい（小さい）という定性的な関係が成立することがわかる。M_p が大きいということは，そのシステムが $\omega = \omega_n$ の近くに振動的なモードをもっていることを意味し，したがって，ステップ応答の行き過ぎ量が大きくなることと相関があると考えられる。

〔4〕 $e^{-j\omega T}$ のボード線図 ($T > 0$)

$$\text{ゲイン}: 20 \log |e^{-j\omega T}| = 0 \text{ dB} \tag{4.23}$$

$$\text{位相}: \angle e^{-j\omega T} = -\omega T \text{〔rad〕} \tag{4.24}$$

であるから，むだ時間要素のゲインの値は ω に関係なく 0 dB であり，位相は ω に比例する大きさをもつ遅れ位相となる。これから，むだ時間要素を含む伝達関数 $G(s)e^{-Ts}$ のゲインボード線図は $G(j\omega)$ と同じであるが，位相線図は $G(j\omega)$ の位相に ω に比例する遅れ分が加わったものとなる。

【例 4.3】

$G(s) = 5(s+2)/(s(s+10)) = (1 + 0.5s)/(s(1 + 0.1s))$ の周波数応答のボード線図を描くとしよう。$G(j\omega)$ は $1/j\omega$，$1 + 0.5j\omega$，$1/(1 + 0.1j\omega)$ の積であり，これら構成要素のボード線図はつぎのようになる。

- **$1/j\omega$**: ゲイン曲線は $\omega = 1$ で 0 dB を通る勾配 -20 dB/dec の直線で，位相は一定値 $\angle (1/j\omega) = -90$ deg である。
- **$1 + 0.5j\omega$**: ゲイン曲線には $\omega \ll 2$ で 0 dB/dec の水平漸近線と $\omega \gg 2$ で 20 dB/dec の漸近線がある。2 本の漸近線は折れ点周波数 $\omega_{c_1} = 2$ で交わり，ω_{c_1} におけるゲインは 3.01 dB である。位相は $\omega \ll 2$ のとき 0 deg，$\omega \gg 2$ で 90 deg に収束し，ω_{c_1} で 45 deg の進み位相となる。

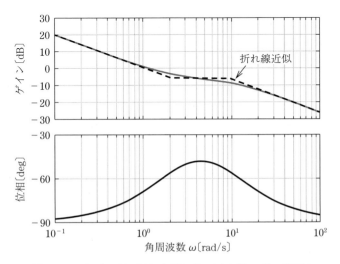

図 4.10　$G(j\omega) = (1 + 0.5j\omega)/(j\omega(1 + 0.1j\omega))$ のボード線図

88　　4. システムの周波数応答特性

- $1/(1+0.1j\omega)$:　　ゲイン曲線は $\omega \ll 10$ で $0\,\mathrm{dB/dec}$ の水平漸近線，$\omega \gg 10$ で $-20\,\mathrm{dB/dec}$ の漸近線を有する。2 本の漸近線は折れ点周波数 $\omega_{c2}=10$ で交わり，ω_{c2} でゲインは $-3.01\,\mathrm{dB}$ である。位相は $\omega \ll 10$ のとき $0\,\mathrm{deg}$，$\omega \gg 10$ で $-90\,\mathrm{deg}$ に収束し，ω_{c2} で $-45\,\mathrm{deg}$ の遅れ位相をもつ。

これらの線図を重ね合わせたものが**図 4.10** に示す $G(j\omega)$ のボード線図である。

ここで $G(j\omega)$ のゲイン折れ線近似に注目しよう。$1/j\omega$ に対するゲインは，$\omega=1$ で $0\,\mathrm{dB}$ の値をもち，$-20\,\mathrm{dB/dec}$ の傾きの直線で，これに $(1+0.5j\omega)$ と $1/(1+0.1j\omega)$ のゲイン漸近線を重ねるとゲイン折れ線近似が得られる。折れ線近似は，折れ点周波数 $\omega_{c1}=2$ および $\omega_{c2}=10$ において $G(j\omega)$ のゲイン曲線とそれぞれ約 $3\,\mathrm{dB}$ のずれがあるが，よい近似を与えている。このようにゲイン折れ線近似は容易に描くことができ，全体特性を検討するのに有用である。■

〔**5**〕　**ゲインと位相の関係**　　ここで，これまで扱ったいくつかのボード線図において，位相の値とゲイン特性の漸近線の勾配はたがいに関連していることに注意しよう。例えば $1/(1+j\omega)$，$\omega_n{}^2/((j\omega)^2+2\zeta\omega_n(j\omega)+\omega_n{}^2)$ のボード線図において，ゲインの値が傾き $0\,\mathrm{dB/dec}$，$-20\,\mathrm{dB/dec}$，$-40\,\mathrm{dB/dec}$ のゲイン漸近線に接近するとき，位相はそれぞれ $0\,\mathrm{deg}$，$-90\,\mathrm{deg}$，$-180\,\mathrm{deg}$ となる。以下で述べる最小位相と呼ばれる伝達関数のクラスにおいて，その周波数応答のゲインと位相についてボードの定理と呼ばれる関係式が成立し，ゲインまたは位相の一方を全周波数について指定すると，他方も定まることが知られている[†]。ゲインの漸近線と位相の関係もボードの関係式（後述の式(6.10)）から導かれる性質であり，周波数 ω の前後 1 ディケード程度の範囲でボード線図のゲイン特性の傾きが $20n\,\mathrm{[dB/dec]}$（$n=0,\pm1,\pm2,\dots$）であるとき，ω における位相の値は

$$\angle G(j\omega) \cong 90n\ \mathrm{[deg]} \tag{4.25}$$

となることが示される。

ここで，すべての極が安定（実部が負）でプロパーな有理伝達関数 $G(s)$ が不安定な零点（実部が非負）をもたないとき，$G(s)$ は**最小位相**（minimum-phase）であるという。例えば $G(s)=(s+3)/((s+1)(s+2))$ は最小位相であるが，虚軸について対称な零点 $s=3$ をもつ $G_1(s)=(-s+3)/((s+1)(s+2))$ は最小位相でない（**図 4.11**）。$|G(j\omega)|=|G_1(j\omega)|$，$\omega \geqq 0$，であり，これらは同じゲイン特性をもつが，位相については

$$\angle G(j\omega) = \tan^{-1}\frac{\omega}{3} - \tan^{-1}\omega - \tan^{-1}\frac{\omega}{2}, \quad \angle G(0j)=0\,\mathrm{deg}, \quad \angle G(j\infty)=-90\,\mathrm{deg}$$

$$\angle G_1(j\omega) = \tan^{-1}\left(-\frac{\omega}{3}\right) - \tan^{-1}\omega - \tan^{-1}\frac{\omega}{2} = -\tan^{-1}\frac{\omega}{3} - \tan^{-1}\omega - \tan^{-1}\frac{\omega}{2}$$

である。$\angle G_1(0j)=0\,\mathrm{deg}$，$\angle G_1(j\infty)=-270\,\mathrm{deg}$，$|\angle G_1(j\omega)|>|\angle G(j\omega)|$，$\omega>0$，が成立し，$G(j\omega)$ の位相の大きさは各周波数 $\omega>0$ において $G_1(j\omega)$ より小さい。最小位相伝達関数は，同

[†]　$\omega=0\sim\infty$ についてのゲイン $|G(j\omega)|$ と $G(0)$ の符号から，位相特性 $\angle G(j\omega)$ が定まる。また，位相特性からゲイン特性は定数倍の範囲で定まる[23]。

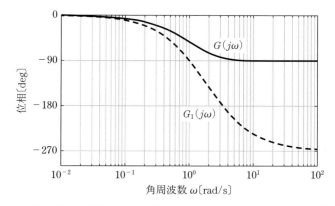

図 4.11 $G(s) = (s+3)/((s+1)(s+2))$ と $G_1(s) = (-s+3)/((s+1)(s+2))$ の位相

じゲイン特性をもつ伝達関数の中で最も大きさが小さい位相遅れを有するという性質がある。

【例 4.4】

有理伝達関数 $G(s)$ の正弦波入力に対する定常応答を測定し，周波数伝達関数 $G(j\omega)$ のゲインと位相について**図 4.12** のボード線図が得られたとする。これから $G(s)$ の関数形を求めよう。

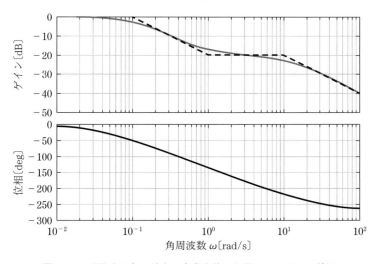

図 4.12 正弦波入力に対する定常応答より得られたボード線図

まず，ゲインは $\omega \to \infty$ のとき $-20\,\mathrm{dB/dec}$ の傾きで減衰するので，$G(s)$ は真にプロパーで分母と分子の次数の差は 1 であることがわかる。また，勾配 $0\,\mathrm{dB/dec}$ と $-20\,\mathrm{dB/dec}$ の漸近線があり，それらを折れ点周波数 $\omega_{c_1}=0.1$，$\omega_{c_2}=1$，$\omega_{c_3}=10$ において結ぶと，ゲイン折れ線近似（破線）が得られる。そこで $G(s)$ の候補を

$$G(s) = \frac{K(1 \pm s)}{(1 \pm 10s)(1 \pm 0.1s)}$$

と置く。$\omega \to 0$ のとき $|G(j\omega)| = 1$ $(0\,\mathrm{dB})$ であるから，$|K|=1$ である。定常応答が測定できるということは，$G(s)$ の極がすべて左半面内にあるということだから，分母多項式は $(1+10s)(1$

$+0.1s)$ となる．つぎに，定数 K と分子多項式の符号を決定するために位相に注目する．$\omega \to 0$ のとき $\angle G(j\omega) \to 0\,\mathrm{deg}$ であるから $K > 0$，すなわち $K = 1$ であり，また $\omega \to \infty$ で $\angle G(j\omega) \to -270\,\mathrm{deg}$ となることから，$G(s)$ の分子多項式は $(1-s)$ であることがわかる．■

〔6〕 **ゲイン線図と入出力応答特性の関係** 入出力応答の速応性と減衰性（3.5.3 項参照）は制御系として重要な特性であるが，これらの特性は伝達関数のゲイン線図にどのように反映されるのであろうか．

まず，速応性の尺度になり得るバンド幅を定義しておこう．自然角周波数 ω_n，減衰係数 ζ をもつ 2 次伝達関数 $G(s) = 1/(1 + 2\zeta s/\omega_n + s^2/\omega_n^2)$ のゲイン $|G(j\omega)|$ は，図 4.8 に示されるように $0 \leq \omega < \omega_n$ の低周波帯域において一定の大きさを示すが，$\omega > \omega_n$ の高周波域で減衰する．このように，低周波帯域ではある程度以上の大きさを保ち，高周波域で減衰するようなゲイン特性をもつシステムを一般に低域通過型という．閉ループ制御系は普通このような低域通過型の特性を有している．低域通過型のシステムにおいて，ゲイン $|G(j\omega)|$ が $|G(0)|$ の $1/\sqrt{2}$ 倍以上に保たれる周波数帯域の大きさ，すなわち

$$\frac{|G(j\omega)|}{|G(0)|} \geq \frac{1}{\sqrt{2}} = 0.707 \quad (\text{ボード線図では}-3\,\mathrm{dB}), \quad 0 \leq \omega \leq \omega_B \tag{4.26}$$

が成立する最大周波数値 ω_B を**バンド幅**（bandwidth）という（**図 4.13**）．バンド幅は，入力のスペクトルがどの程度の周波数まで $G(j\omega)$ で減衰を受けないかを表しており，システムの速応性の一つの指標とみることができる．バンド幅と速応性の一般的な関係式を求めることは難しいが，高い周波数の信号は速い動きであり，それが減衰を受けないほど，出力は速い入力変化に応答できると考えられる．例えば，時定数 T の 1 次伝達関数 $G(s) = 1/(1+Ts)$ の場合，図 4.7 より $|G(0)| = 1$，$|G(j(1/T))| = 0.707$ であるから，バンド幅 $\omega_B = 1/T$，すなわちバンド幅は時定数と逆比例する．表 3.1 に示したように，その時定数が小さいほど速応性がよいので，バンド幅が広いことと速応性がよいことが相関していることがわかる．

2 次伝達関数 $G(s) = \omega_n^2/(s^2 + 2\zeta\omega_n s + \omega_n^2)$ については，$|G(0)| = 1$ であるから，（ω_n で規格化した）バンド幅 ω_B/ω_n は

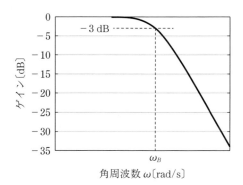

図 4.13 ゲイン特性とバンド幅

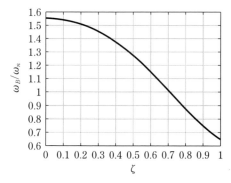

図 4.14 2 次伝達関数 $\omega_n^2/(s^2 + 2\zeta\omega_n s + \omega_n^2)$ のバンド幅 ω_B（ω_n で規格化）

$$\left(\frac{\omega_B}{\omega_n}\right)^2 = (1 - 2\zeta^2) + \sqrt{(1 - 2\zeta^2)^2 + 1} \tag{4.27}$$

と求められ，これを減衰係数 ζ について示したのが**図4.14**である。ζ に対するステップ応答の（ω_n で規格化した）立ち上がり時間 $\omega_n t_r$ を示した図3.10と合わせると，ω_B/ω_n が大きいことは ζ が小さいことを意味し，ζ が小さいと $\omega_n t_r$ は小さい。したがって，ω_n の値が同じなら，ω_B が大きいほど立ち上がり時間 t_r は小さいことがわかる。一方，ζ の値が同じなら，ω_B/ω_n と $\omega_n t_r$ はそれぞれ一意に決まり，ω_B が大きいことは ω_n が大きいことを意味し，したがって t_r が小さいことになる。

つぎに，ゲイン線図のピーク特性に注目しよう。ピーク特性は伝達関数 $G(s)$ の極に対応するモードの減衰性と関連している。2 次伝達関数 $G(s) = \omega_n^2/(s^2 + 2\zeta\omega_n s + \omega_n^2)$ の場合，ゲイン $|G(j\omega)|$ の最大値 M_p とステップ応答の行き過ぎ量 $A_{\max}$ を減衰係数 ζ に対して示した図4.9において，M_p が大きいと，ζ は小さく，$G(s)$ の複素極に対応するモードの減衰が遅く，$A_{\max}$ も大きいことがわかる。すなわち，大きな（小さい）M_p は大きな（小さい）$A_{\max}$ に対応する。高次伝達関数においても，それが支配的な複素共役極を含むときは，ゲインのピーク値と複素極に対応するモードの減衰性について同様な関係がみられる。

4.3.2 ベクトル軌跡

複素数である周波数伝達関数 $G(j\omega)$ の実部を $\mathrm{Re}[G(j\omega)] = x$，虚部を $\mathrm{Im}[G(j\omega)] = y$ とするとき，$G(j\omega) = x + jy$ は複素平面上の点 (x, y) として表される。周波数 ω を $0 \to \infty$ と変化させたとき，点 (x, y) が描く軌跡を $G(j\omega)$ の**ベクトル軌跡**（vector locus）という。ボード線図が周波数伝達関数をゲインと位相に分け，対数目盛を用いてコンパクトに表現しているのに対し，ベクトル軌跡は複素平面上に周波数伝達関数をそのまま描いたものである。その極座標からゲインと位相およびそれらの関係を直接読み取ることができる。

【例4.5】

$$G(s) = \frac{1}{s(1 + Ts)}, \quad T > 0$$

の $\omega > 0$ に対するベクトル軌跡を描こう。

$$G(j\omega) = \frac{1}{j\omega(1 + j\omega T)} = \frac{-T}{1 + (\omega T)^2} + j\frac{-1}{\omega(1 + (\omega T)^2)}$$

であるから

$\omega \to 0$ のとき：$\mathrm{Re}[G(j\omega)] \to -T,\quad \mathrm{Im}[G(j\omega)] \to -\infty,\quad \angle G(j\omega) \cong \angle\left(\dfrac{1}{j\omega}\right) = -90\,\mathrm{deg}$

$\omega \to \infty$ のとき：$\mathrm{Re}[G(j\omega)] \to 0,\quad \mathrm{Im}[G(j\omega)] \to 0,\quad \angle G(j\omega) \cong \angle\left(\dfrac{1}{T(j\omega)^2}\right) = -180\,\mathrm{deg}$

となる。これから，ベクトル軌跡は $\omega = 0$ で複素平面の $(-T, -j\infty)$ から出発し，$\omega \to \infty$ のとき

92　**4. システムの周波数応答特性**

$-180\,\mathrm{deg}$ の方向から原点に接近する（**表 4.1** の (b)）。■

【例 4.6】

$$G(s) = \frac{1}{s(1+T_1 s)(1+T_2 s)}, \quad T_1 > 0, \quad T_2 > 0$$

の $\omega > 0$ に対するベクトル軌跡を描こう。

$$G(j\omega) = \frac{1}{j\omega(1+j\omega T_1)(1+j\omega T_2)} = \frac{-(T_1+T_2)}{(1+\omega^2 T_1^2)(1+\omega^2 T_2^2)} - j\frac{(1-\omega^2 T_1 T_2)}{\omega(1+\omega^2 T_1^2)(1+\omega^2 T_2^2)}$$

であるから

$$\omega \to 0 \text{ のとき : } \mathrm{Re}[G(j\omega)] \to -(T_1+T_2), \quad \mathrm{Im}[G(j\omega)] \to -\infty,$$

$$\angle G(j\omega) \cong \angle\left(\frac{1}{j\omega}\right) = -90\,\mathrm{deg}$$

$$\omega \to \infty \text{ のとき : } \mathrm{Re}[G(j\omega)] \to 0, \quad \mathrm{Im}[G(j\omega)] \to 0,$$

$$\angle G(j\omega) \cong \angle\left(\frac{1}{T_1 T_2 (j\omega)^3}\right) = -270\,\mathrm{deg}$$

$$\omega = \frac{1}{\sqrt{T_1 T_2}} \text{ のとき : } \mathrm{Im}[G(j\omega)] = 0$$

が成立し，ベクトル軌跡は $\omega = 0$ で複素平面の $(-T_1-T_2, -j\infty)$ から出発し，$\omega = 1/\sqrt{T_1 T_2}$ のとき実軸と交わり，$\omega \to \infty$ で原点に $-270\,\mathrm{deg}$ の方向から接近する（表 4.1 の (d)）。■

　以上の例からもわかるように，$\omega > 0$ に対するベクトル軌跡を描くには，出発点（$\omega \to 0$）と終点（$\omega \to \infty$）の近傍における振る舞いが重要である。そこで有理伝達関数

$$G(s) = \frac{n(s)}{d(s)}, \quad d(s) = s^n + a_{n-1}s^{n-1} + \cdots + a_0, \quad n(s) = b_m s^m + b_{m-1}s^{m-1} + \cdots + b_o, \quad b_m \neq 0, \quad n \geqq m$$

について一般的に考察しておこう。ここで分母 $d(s)$ と分子 $n(s)$ はたがいに既約な実数係数の多項式とする。

●**出発点**：　原点 $s = 0$ における極の次数によって状況が異なるので

$$d(s) = s^l(s^{n-l} + a_{n-1}s^{n-l-1} + \cdots + a_l), \quad a_l \neq 0, \quad l \geqq 0$$

と置く。$\omega \to 0$ のとき

$$G(j\omega) \cong \frac{K}{(j\omega)^l}, \quad K = \frac{b_0}{a_l} \tag{4.28}$$

であるから，$l = 0$（原点に極がない）のとき，ベクトル軌跡は実軸上の点 $(K, 0)$ から出発する。$l > 0$（原点に l 個の極）なら $\angle G(j\omega) \cong (K \text{ の符号}) \times (-90)l\,[\mathrm{deg}]$ であるから，この角度で無限遠点から出発する。

●**終　点**：　$\omega \to \infty$ で

$$G(j\omega) \cong \frac{b_m}{(j\omega)^{n-m}} \tag{4.29}$$

であるから，$n=m$ ならベクトル軌跡は実軸上の点 $(b_m, 0)$ に達する．$n>m$ なら $\angle G(j\omega) \cong (b_m \text{の符号}) \times (-90(n-m))$ deg であるから，実軸の正の方向を基準として，この角度で原点に向かう．表 4.1 は代表的な低次伝達関数のベクトル軌跡である．

表 4.1 基本的な伝達関数のベクトル軌跡

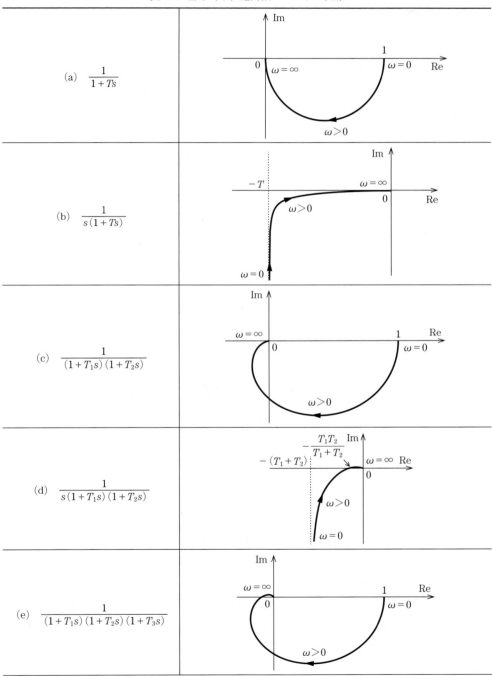

94   4. システムの周波数応答特性

表 4.1 （続き）

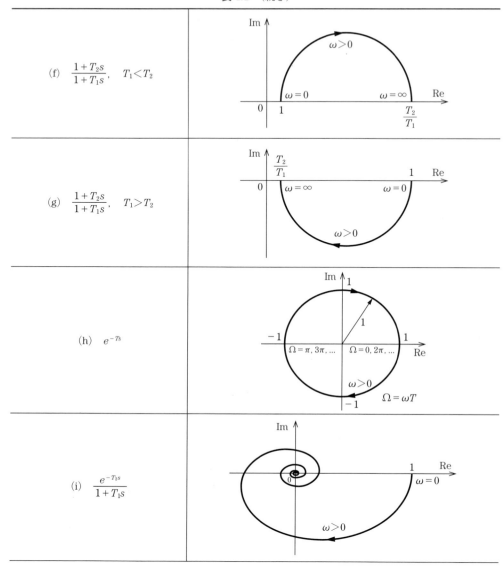

4.4 周波数伝達関数と特性近似

　制御理論では，システムの出力の正確な波形よりもそれがどの程度大きいかを知りたいことがしばしば生じる。例えば，制御系における外乱の影響を評価するときには，外乱に対する出力成分の波形そのものよりもその大きさに意味があり，また制御対象の特性変動の影響を検討するときには，特性変動による出力変化の大きさが問題となる。

そこで，w がシステムの出力や入力などを表す区分的に連続な時間関数であるとき，w について その大きさを定義しておこう。ここでいう信号 w の「大きさ」とは，ある時刻 t における $|w(t)|$ の値ではなく，時間区間全般について $|w(t)|$ がどれくらい大きいかという指標である。 そのような意味の大きさを信号 w の**ノルム**（norm）といい，$\|w\|$ で表す。具体的には

$$1\text{ノルム}：\|w\|_1 = \int_{-\infty}^{\infty} |w(t)|dt, \quad 2\text{ノルム}：\|w\|_2 = \left(\int_{-\infty}^{\infty} w(t)^2 dt\right)^{1/2},$$

$$\infty\text{ノルム}：\|w\|_{\infty} = \sup_t |w(t)|$$

などが用いられる。例えば $t \geqq 0$ で $w(t) = e^{-t}$，$t < 0$ で $w(t) = 0$ なる信号 w について $\|w\|_1 = \|w\|_{\infty} = 1$，$\|w\|_2 = 1/\sqrt{2}$ である。ステップ関数 $u_s(t)$ については $\|u_s\|_{\infty} = 1$，$\|u_s\|_1 = \|u_s\|_2 = \infty$ となる。

いま，入力 u と出力 y の大きさを 2 ノルムを用いて評価するとしよう。スペクトルをそれぞれ $U(j\omega)$，$Y(j\omega)$ とすると，パーセバルの等式[24]から

$$\|u\|_2^2 = \int_{-\infty}^{\infty} u(t)^2 dt = \frac{1}{2\pi}\int_{-\infty}^{\infty} |U(j\omega)|^2 d\omega, \quad \|y\|_2^2 = \int_{-\infty}^{\infty} y(t)^2 dt = \frac{1}{2\pi}\int_{-\infty}^{\infty} |Y(j\omega)|^2 d\omega$$

が成立する。したがって，式(4.10)から出力の大きさは

$$\|y\|_2 = \left(\frac{1}{2\pi}\int_{-\infty}^{\infty} |G(j\omega)|^2 |U(j\omega)|^2 d\omega\right)^{1/2} \tag{4.30}$$

となり，周波数伝達関数のゲイン $|G(j\omega)|$ が大きい周波数帯域で入力スペクトル $|U(j\omega)|$ の寄与が大きく，逆に $|G(j\omega)|$ が減衰している帯域では $|U(j\omega)|$ の影響が小さいことがわかる。

ここで

$$\|G\|_{\infty} = \max_{\omega} |G(j\omega)| \tag{4.31}$$

と置けば，式(4.30)から出力の大きさの上限値が

$$\|y\|_2 \leqq \|G\|_{\infty} \left(\frac{1}{2\pi}\int_{-\infty}^{\infty} |U(j\omega)|^2 d\omega\right)^{1/2} = \|G\|_{\infty} \|u\|_2 \tag{4.32}$$

と求められる。入力の性質についてその大きさ $\|u\|_2$ しかわからないとき，式(4.32)が $\|y\|_2$ の大きさの目安を与える。$\|G\|_{\infty}$ は周波数伝達関数 $G(j\omega)$ のゲインの最大値で，プロパーですべての極が左半面内にある有理伝達関数 $G(s)$ について $\|G\|_{\infty}$ は有限値となる。例えば $G(j\omega) = 1/(j\omega+1)$ について $\|G\|_{\infty} = 1$，$G(j\omega) = (j\omega+2)/(j\omega+1)$ では $\|G\|_{\infty} = 2$ である。$\|G\|_{\infty}$ は入力と出力の大きさに 2 ノルムを用いたときの**システムゲイン**と呼ばれる。また，$\|G\|_{\infty}$ は式(4.32)が成立する上限値 $\sup\|y\|_2/\|u\|_2$ を与えることが知られており，システムノルムとも呼ばれる[24]。 システムゲインが $\|G_1 + G_2\|_{\infty} \leqq \|G_1\|_{\infty} + \|G_2\|_{\infty}$，$\|G_1 G_2\|_{\infty} \leqq \|G_1\|_{\infty}\|G_2\|_{\infty}$ なる性質を有することは明らかであろう。

伝達関数 $G(s)$ が変化したときの出力変化の大きさも，式(4.32)により評価できる。いま $G(s)$ が $\widetilde{G}(s)$ へと変化したとしよう。ただし $G(s)$，$\widetilde{G}(s)$ はともにプロパーで，すべての極は左半面内にあるとする。変動分を $\Delta G(s) = \widetilde{G}(s) - G(s)$ とすれば，入力 $U(s)$ に対し出力の変化は $\Delta Y(s) = \widetilde{Y}(s) - Y(s) = \widetilde{G}(s)U(s) - G(s)U(s) = \Delta G(s)U(s)$ であるから，その大きさについて

96   4. システムの周波数応答特性

$$\|\Delta y\|_2 = \left(\frac{1}{2\pi}\int_{-\infty}^{\infty}|\Delta G(j\omega)|^2|U(j\omega)|^2 d\omega\right)^{1/2}$$

$$\leqq\|\Delta G\|_\infty\left(\frac{1}{2\pi}\int_{-\infty}^{\infty}|U(j\omega)|^2 d\omega\right)^{1/2} = \|\Delta G\|_\infty\|u\|_2 \tag{4.33}$$

なる評価式が得られる。

　制御系の解析や設計に用いる制御対象のモデルは，一般に有効性を失わない範囲で簡単なほうが扱いやすい。ある有理伝達関数 $G(s)$ が与えられたとき，より簡単な伝達関数 $\tilde{G}(s)$ で $G(s)$ を近似することがある。いま，$\tilde{G}(s)$ および $G(s)$ のすべての極は左半面内にあるとする。すべての周波数について $G(j\omega)$ と $\tilde{G}(j\omega)$ が近い，すなわち

$$|\tilde{G}(j\omega)-G(j\omega)|\ll|G(j\omega)|,\quad \omega\geqq 0 \tag{4.34}$$

とすれば，両者の出力について，入力に関係なく $\|\Delta y\|_2\ll\|y\|_2$ が成立し，出力の差が小さいという意味で，$\tilde{G}(s)$ は $G(s)$ の近似であるといえる。

　もし入力のスペクトル $|U(j\omega)|$ がある周波数帯域 B 内に分布していることがわかっているならば，帯域 B 以外で $G(j\omega)$ と $\tilde{G}(j\omega)$ に差があっても出力に影響しない。したがって

●$G(s)$ と $\tilde{G}(s)$ はすべての極を左半面内にもつプロパーな有理伝達関数

●入力のスペクトル $|U(j\omega)|$ の周波数帯域 B で $|\tilde{G}(j\omega)-G(j\omega)|\ll|G(j\omega)|$

ならば，そのような入力に対し $G(s)$ は $\tilde{G}(s)$ で近似できるということになる。

【例 4.7】

【例 2.7】（続き）の直流サーボモータの回転角速度の入力電圧に対する伝達関数

$$G(s) = \frac{k_T}{JLs^2 + (BL+JR)s + BR + k_T k_M}$$

において

k_T（トルク定数）$= 2\,\mathrm{N\cdot m/A}$,　L（電機子インダクタンス）$= 0.01\,\mathrm{H}$,

k_M（逆起電力定数）$= 2\,\mathrm{V/rad/s}$,　J（慣性能率）$= 0.1\,\mathrm{N\cdot m/rad/s^2}$,

R（電機子抵抗）$= 3\,\Omega$,　B（粘性摩擦係数）$\cong 0\,\mathrm{N\cdot m/rad/s}$

とすれば $G(s) = 1/(10^{-3}s^2 + 0.3s + 4)$ となる。ここで，$L\cong 0$ として電機子インダクタンスを無視した伝達関数は $\tilde{G}(s) = k_T/(JRs+BR+k_T k_M) = 1/(0.3s+4)$ である。2 次伝達関数 $G(s)$ は 1 次伝達関数 $\tilde{G}(s)$ で近似できるであろうか。$G(s)$ は 2 個の極 $s = -286$，-14.0 をもち，$s = -14.0$ が支配極である。$\tilde{G}(s)$ の極は $s = -4/0.3 = -13.3$ で，$G(s)$ の支配極に近い。**図 4.15** は $G(s)$ と $\tilde{G}(s)$ に対するステップ応答で，両者はほとんど一致している。$G(s)$ と $\tilde{G}(s)$ のボード線図（**図 4.16**）は，周波数 $\omega = 0\sim100\,\mathrm{rad/s}$ の帯域でゲインがほぼ一致しているので，この帯域に振幅スペクトルをもつ入力に対し，$\tilde{G}(s)$ は $G(s)$ の近似であるといえる。$G(s)$ と $\tilde{G}(s)$ に対するステップ応答にほとんど差がないのは，ステップ入力の振幅スペクトルが $1/|\omega|$ で，高周波成分をほとんどもたないからである。

4.4 周波数伝達関数と特性近似　　97

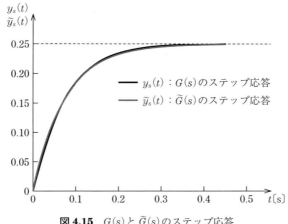

図 4.15 $G(s)$ と $\widetilde{G}(s)$ のステップ応答

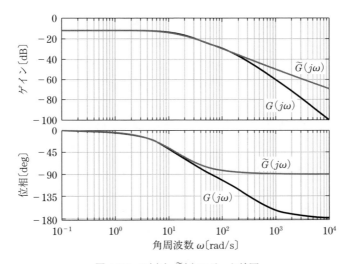

図 4.16 $G(s)$ と $\widetilde{G}(s)$ のボード線図　　■

【例 4.8】

つぎの伝達関数 $G(s)$ が $\widetilde{G}(s)$ と変動したとき，変動量 $\Delta G(s) = \widetilde{G}(s) - G(s)$ と相対的な変動量 $\Delta_r G(s) = \Delta G(s)/G(s)$ を求め，$|\Delta G(j\omega)|$ と $|\Delta_r G(j\omega)|$ が周波数 $\omega > 0$ についてどのように変化するかを考察しよう．

(1) $G(s) = 1/(s+1)$, $\quad \widetilde{G}(s) = 1/(1.5s+1)$

(2) $G(s) = 1/(s+1)$, $\quad \widetilde{G}(s) = 4/((s+1)(s^2+2s+4))$

(3) $G(s) = 1/(s+1)$, $\quad \widetilde{G}(s) = e^{-s}/(s+1)$

まず，(1) の場合は $\Delta G(s) = -0.5s/((s+1)(1.5s+1))$, $\Delta_r G(s) = -0.5s/(1.5s+1)$ である． $|\Delta G(j\omega)|$ は $\omega=0$ と $\omega \to \infty$ で 0 であるから，低周波域と高周波域ではほとんど 0 であると考えてよい．そして，$|\Delta G(j\omega)|$ を ω の関数として計算すると，その微係数が 0 となる $\omega = \sqrt{2/3}$ のとき，最大値 0.2 をとることがわかる．同様に考えると，$|\Delta_r G(j\omega)|$ は低周波域ではほとん

98　　4. システムの周波数応答特性

ど0で，単調増加して，高周波域で1/3に近づく。

　つぎに，(2)の場合，$\Delta G(s) = -(s^2+2s)/((s+1)(s^2+2s+4))$，$\Delta_r G(s) = -(s^2+2s)/(s^2+2s+4)$である。$|\Delta G(j\omega)|$は$\omega=0$と$\omega\to\infty$で0であるから，低周波域と高周波域ではほとんど0である。そして，その微係数が0になる$\omega=1.84$にピーク0.64が存在することがわかる。同様に，$|\Delta_r G(j\omega)|$は$\omega=0$で0，$\omega\to\infty$で1だから，低周波域ではほとんど0，高周波域では1に近づく。その間の$\omega=\sqrt{2+2\sqrt{3}}=2.34$に，ピーク$\sqrt{1+2/\sqrt{3}}=1.47$が存在する。

　(3)の場合は$\Delta G(s) = (e^{-s}-1)/(s+1)$，$\Delta_r G(s) = e^{-s}-1$である。$e^{-j\omega}$が周期的に1と$-1$の値をとるので，$|\Delta G(j\omega)|$は周期的に0になることを繰り返しながら，周波数が高くなるにつれて減少する。$|\Delta_r G(j\omega)|$は周期的に0と2の間を変動する。

　以上のように，元の伝達関数$G(s)$と変動後の伝達関数$\widetilde{G}(s)$の周波数応答の差をゲイン$|\Delta G(j\omega)|$でみると，(1)と(2)の両方で，低周波域と高周波域のいずれにおいても非常に小さいことがわかった。一方，変動の前後の相対的な差のゲイン$|\Delta_r G(j\omega)|$は(1)と(2)の両方で低周波域では非常に小さいが，高周波域では(1)の場合は1/3，(2)の場合は1である。$|\Delta_r G(j\omega)|$を書き換えると$|\widetilde{G}(j\omega)/G(j\omega)-1|$であるから，これらは高周波域において(1)の場合は$\widetilde{G}(j\omega)/G(j\omega)\cong 2/3$あるいは4/3，(2)の場合は$\widetilde{G}(j\omega)/G(j\omega)\cong 0$を意味している。つまり，(2)の場合は，変動後の周波数応答は高周波域において元の周波数応答とは大きく異なるのである。(1)と(2)のこのような違いは，(1)の変動が伝達関数の係数の変動であるのに対して，(2)の変動が次数の変動であることによる。(2)は対象システムの微小な動特性（寄生要素等）を無視して伝達関数$G(s)$で表したが，その微小な動特性も含んだ実際の伝達関数が$\widetilde{G}(s)$であるような場合に該当する。

　(1)と(2)の違いが時間応答にどのように現れるかをみてみよう。$G(s)$と(1)と(2)の$\widetilde{G}(s)$の振幅1の正弦波入力に対する定常応答を周波数0.05 Hz（$\omega=0.1\pi$），0.5 Hz（$\omega=\pi$），1 Hz（$\omega=2\pi$）について計算し，おのおのの周波数に対する定常応答の5周期分を取り出したものが**図4.17**である。これらをみると，正弦波入力の周波数が低いと応答はほとんど同じで，高くなるにつれて，(1)の変動の場合は変動後の振幅が変動前の2/3に近づき，(2)の場合は0に近づいている様子がわかる。

　また，図4.17からは，(2)の変動の場合，高周波域で振幅が元の伝達関数の応答に比べて相対的に0に近づくだけでなく，位相が180 deg変動していることがみえる。これは$\Delta G(j\omega)$や$\Delta_r G(j\omega)$からはわからず，$\angle\widetilde{G}(j\omega)-\angle G(j\omega)=\angle(\widetilde{G}(j\omega)/G(j\omega))$であるから，$\widetilde{G}(j\omega)/G(j\omega)$の位相線図が役に立つ。また，$20\log\widetilde{G}(j\omega)/G(j\omega)=20\log\widetilde{G}(j\omega)-20\log G(j\omega)$であるから，$\widetilde{G}(j\omega)/G(j\omega)$のゲイン線図から変動の前後のゲインの差をみることもできる。(1)と(2)の$\widetilde{G}(j\omega)/G(j\omega)$のボード線図は**図4.18**のとおりである。

　(1)の変動の場合，ゲインと位相の変動が比較的小さいのに対して，(2)の変動の場合，高周波域において，ゲインが大きく異なるとともに，位相が反転していることがわかり，図4.17の定常応答と整合している。

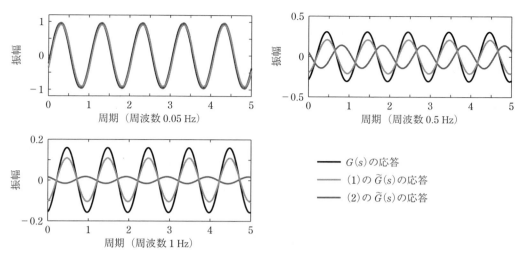

図 4.17 元の伝達関数 $G(s)$ と変動後の伝達関数 $\widetilde{G}(s)$ に対する定常応答

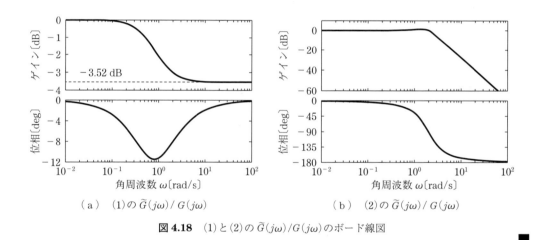

図 4.18 (1) と (2) の $\widetilde{G}(j\omega)/G(j\omega)$ のボード線図

まとめ 本章では，線形時不変システムの定常状態での入出力関係で定義される周波数応答と，その表現であるボード線図，およびベクトル軌跡を紹介した．そして，周波数応答の性質とそれから得られる基本的な知見，および伝達関数との関係について述べた．次章以降で述べるように，周波数応答は安定性等の解析や制御系設計に有用である．

演 習 問 題

【4.1】 【例 4.8】の最初に述べた $|\Delta G(j\omega)|$ と $|\Delta_r G(j\omega)|$ の特性を，ゲイン線図を描いて確かめよ．

【4.2】 【例 4.8】の図 4.18 において，元の伝達関数 $G(s)$ と変動後の伝達関数 $\widetilde{G}(s)$ の周波数応答のゲインの違いをみた．$G(s)$ と (1) と (2) の $\widetilde{G}(s)$ のステップ応答とを比較し，それらの特徴が時間応答にどのように現れるか考察せよ．

【4.3】 同じ周波数軸に対して伝達関数 $G_1(s)=1/(1+s)$ と $G_2(s)=1/(1+2s)$ のボード線図を描け。また，G_1 のゲイン曲線（位相曲線）と G_2 のゲイン曲線（位相曲線）はたがいにどのような関係にあるかを答えよ。

【4.4】 伝達関数 $G(s)$ のシステムに，図 4.19 のような方形波入力 $u(t)$ を $t\geqq 0$ で加える。$u(t)$ のフーリエ級数展開を用いて，システムの定常応答 $y_{ss}(t)$ を求めよ。ここで，$G(s)$ はプロパーな有理伝達関数で，すべての極の実部は負である。

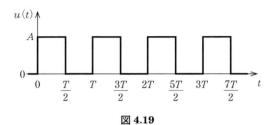

図 4.19

【4.5】 状態方程式 $\dot{x}(t)=Ax(t)+bu(t)$，$y(t)=cx(t)+du(t)$ により記述されるシステムにおいて，すべてのシステムモードは安定であるとする。初期時刻 t_0 における初期状態が x_0 であるとき，入力 $u(t)$，$t\geqq t_0$ に対する出力 $y(t)$，$t\geqq t_0$ を $y(t,x_0,t_0)$ と表す。以下の問に答えよ。

(1) 入力 $u(t)=e^{j\omega t}$，$t\geqq t_0$，に対する出力 $y(t,x_0,t_0)$ を求めよ。

(2) $t_0 \to -\infty$ としたとき，出力は $y(t,x_0,-\infty)=H(j\omega)e^{j\omega t}$，$-\infty<t<\infty$ となることを示せ。すなわち，初期時刻 $-\infty$ から入力 $u(t)=e^{j\omega t}$ を加え続ければ，すべての t について，出力は x_0 に関係ない正弦波定常状態 $y_{ss}(t)=H(j\omega)e^{j\omega t}$ となることを示せ。ここで，$H(s)=c(sI-A)^{-1}b+d$ はシステムの伝達関数である。

第5章 システムの安定性

第3章において，状態方程式で表されプロパーな有理伝達関数をもつシステムに対する内部安定性と入出力安定性の概念を導入し，システム固有値や極によって安定性が定まることを述べた。本章ではそれらの性質をより詳しく述べるとともに，システム固有値や極を計算する必要がない安定判別法を紹介する。そして，むだ時間をもつシステムにも対応できるように，入出力安定性の概念を拡張した有界入力-有界出力安定性を紹介する。さらに，制御系の設計などに非常に重要であるフィードバック制御系の安定条件，および安定性の程度をも示す図的な安定判別法について述べる。

5.1 システムの安定性について

5.1.1 内部安定性と入出力安定性

図 2.7 の RLC 回路において $R = 3\,\Omega$，$L = 1\,\mathrm{H}$，$C = 1/2\,\mathrm{F}$ であるとすれば，回路の状態方程式 (2.21a) からシステム固有値は $\lambda_1 = -1$，$\lambda_2 = -2$ であり，状態変数 (v_C, i) の零入力応答は初期状態 $(v_C(0), i(0))$ の値に関係なく $t \to \infty$ で $v_C(t) \to 0$，$i(t) \to 0$ となる。このとき，RLC 回路は内部安定であるという。また，もし RLC 回路において $R = -0.5\,\Omega^{\dagger}$，$L = 1\,\mathrm{H}$，$C = 1\,\mathrm{F}$ とすると，初期状態 $v_C(0) = 1\,\mathrm{V}$，$i(0) = 0\,\mathrm{A}$ に対する状態変数 (v_C, i) の零入力応答は図 **5.1**(a) に示すように $t \to \infty$ で $|v_C(t)| \to \infty$，$|i(t)| \to \infty$ と発散する。図 (b) は出力 v_C のステップ応答である

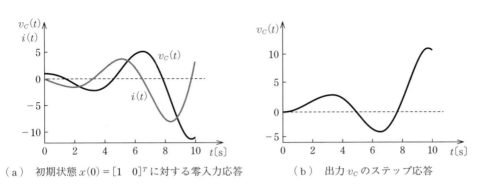

(a) 初期状態 $x(0) = [1\ \ 0]^T$ に対する零入力応答　　(b) 出力 v_C のステップ応答

図 5.1 不安定な RLC 回路の応答

---
† 実際に負の抵抗値が存在するのは，局所的である。

102   5. システムの安定性

が，同様に $t \to \infty$ で発散する。このような RLC 回路は「不安定」であるという。このとき，回路のシステム固有値は $(1 \pm \sqrt{15}\,j)/4$ であって $t \to \infty$ で発散するシステムモードを有し，これが回路が不安定である原因である。

　安定性はすべての制御系が備えなければならない基本的な性質である。安定でなければ，出力に望ましい振る舞いをさせる定値制御，追値制御，追従制御などの制御系としての基本的な機能が失われるだけでなく，内部の信号レベルが大きくなり，システムを構成する要素の想定された動作範囲を超えて飽和を生じるなどして，システムが破壊に至るおそれがある。

　ここで，まずシステムの内部安定性を改めて定義しておこう。式(2.23)の状態方程式 $\dot{x}(t) = Ax(t) + bu(t)$，$y(t) = cx(t) + du(t)$，$A : n \times n$ 行列，$b : n$ 次元列ベクトル，$c : n$ 次元行ベクトル，$d :$ スカラ，により記述されるシステムで

　(S1)　すべてのシステムモードが $t \to \infty$ で 0 に減衰する安定モードである

すなわち

　(S2)　すべてのシステム固有値，すなわち行列 A の固有値の実部が負である

とき，システムは**内部安定**であるといい，A を安定な行列という。3.1.2 項で述べたように，行列指数関数 e^{At} の各要素はシステムモードの線形結合であるから，内部安定性は

　(S3)　$t \to \infty$ で $e^{At} \to 0$ となる

ことであるといえる。また，状態の零入力応答は初期状態 $x(0) = x_0$ に対し $x_{zi}(t) = e^{At} x_0$ と表されるから，(S3) は

　(S4)　任意の初期状態 x_0 に対し，零入力応答 $x_{zi}(t)$ が $t \to \infty$ で $x_{zi}(t) \to 0$ となる

ことである。上記の性質 (S1)〜(S4) は，一つが成立すれば他も成立するという意味でたがいに等価である。

　つぎに，入出力安定性について考えよう。いま，システムがプロパーな有理伝達関数 $G(s)$ をもち，その極を $p_1, p_2, ..., p_n$ とする（重複があってもよい）。ここで

　(S5)　すべての極に対応するモードが $t \to \infty$ で 0 に減衰する安定モードである

すなわち

　(S6)　すべての極 $p_1, p_2, ..., p_n$ の実部が負である

とする。このとき，システムは**入出力安定**，あるいは**外部安定**（externally stable）であるといい，$G(s)$ を安定な伝達関数という。さらに，3.5 節で述べた伝達関数とインパルス応答，ステップ応答の関係から，入出力安定は

　(S7)　インパルス応答 $g(t)$ が $t \to \infty$ で $g(t) \to 0$ となる

　(S8)　ステップ応答 $y_s(t)$ が $t \to \infty$ で $y_s(t) \to G(0)$ となる

と同じことである。プロパーな有理伝達関数の場合，四つの性質 (S5)〜(S8) はたがいに等価である。

　第 6 章と第 7 章で示すように，制御系の設計は伝達関数を用いて行われることが多いので，状態方程式に基づく内部安定性と伝達関数に基づく入出力安定性の関係をはっきりさせておこ

う。3.7 節で述べたように，状態方程式のシステム固有値の集合は伝達関数の極の集合を含むので，内部安定なら入出力安定である。しかし，その逆が成立するとは限らない。例えば，状態方程式が

$$\begin{bmatrix} \dot{x}_1 \\ \dot{x}_2 \end{bmatrix} = \begin{bmatrix} -1 & 1 \\ 0 & 2 \end{bmatrix} \begin{bmatrix} x_1 \\ x_2 \end{bmatrix} + \begin{bmatrix} 1 \\ 0 \end{bmatrix} u, \quad y = \begin{bmatrix} 1 & 0 \end{bmatrix} \begin{bmatrix} x_1 \\ x_2 \end{bmatrix}$$

で与えられるシステムを考えたとき，システム固有値は -1 と 2 なので内部安定ではないが，伝達関数は

$$G(s) = \frac{c\,\mathrm{adj}(sI-A)b}{\det(sI-A)} = \frac{\begin{bmatrix} 1 & 0 \end{bmatrix} \begin{bmatrix} s-2 & 1 \\ 0 & s+1 \end{bmatrix} \begin{bmatrix} 1 \\ 0 \end{bmatrix}}{(s+1)(s-2)} = \frac{\begin{bmatrix} 1 & 0 \end{bmatrix} \begin{bmatrix} s-2 \\ 0 \end{bmatrix}}{(s+1)(s-2)} = \frac{1}{s+1}$$

となり，極は -1 なので，入出力安定と結論される。このようなことがあるので，内部安定性と入出力安定性を区別して扱う必要がある。

　以上のように，状態方程式で表されたシステムは内部安定なら入出力安定であるが，逆は必ずしも成立しない。3.7.1 項で述べたように，システムが可制御かつ可観測のときには，システム固有値と極は同一なので，二つの意味の安定性は一致する。

5.1.2　安 定 判 別 法

　システムの内部安定性は状態方程式のシステム固有値で決まり，入出力安定性は伝達関数の極に対応するが，そのいずれにせよ，安定判別は与えられた多項式 $p(s)$ について，その根の実部がすべて負であるかを調べることに帰着する。すべての根の実部が負である多項式 $p(s)$ を**安定多項式** (stable polynomial) という[†1]。そして制御系の設計・解析においては，単に安定性を判別するだけでなく，安定性と $p(s)$ の係数の関係を知ることが重要となる。

　そこで，実数係数の n 次多項式

$$p(s) = a_n s^n + a_{n-1} s^{n-1} + \cdots + a_1 s + a_0 \tag{5.1}$$

について，係数と安定性の関係をみておこう。ただし，$a_n > 0$ と仮定する[†2]。まず，$p(s)$ が安定多項式であるためには係数に欠落がなく，すべて正であることが必要条件である。すなわち

$$a_0 > 0, \quad a_1 > 0, ..., \quad a_{n-1} > 0, \quad a_n > 0 \tag{5.2}$$

でなければならない。なぜならば，$p(s)$ のすべての根の実部が負であるとき，多項式 $p(s)/a_n$ は安定な 1 次項 $(s+\alpha)$，$\alpha > 0$，や安定な 2 次項 $(s+\sigma+j\omega)(s+\sigma-j\omega) = (s^2+2s\sigma+\sigma^2+\omega^2)$，$\sigma > 0$，$\omega \neq 0$，の積として表される。したがって，それらの積である $p(s)/a_n$ の係数はすべて正であり欠落がない。この必要条件は一見して判定できるので便利であり，1 次多項式 $p(s) = a_1 s + a_0$，および 2 次多項式 $p(s) = a_2 s^2 + a_1 s + a_0$ については，係数がすべて正なら根の実部は負で

[†1]　フルビッツ多項式 (Hurwitz polynomial) という場合もある。

[†2]　n 次の多項式であるので，$a_n \neq 0$ である。$p(s)$ の根について考えるので，一般性を失うことなく $a_n > 0$ としている。

あるから，安定性の十分条件でもある。しかし，3次以上の場合は一般に十分条件でない。例えば，$p(s) = s^3 + s^2 + s + 1 = (s+1)(s+j)(s-j)$ の係数はすべて正であるが，虚数の根があるので安定でない。

以下では，式(5.2)を満たす n 次多項式 $p(s)$ のみを考える。n 次多項式の安定性を判別する一般的な方法としては，ラウス（Routh）とフルビッツ（Hurwitz）により見出された手法が広く知られている[†]。

〔**1**〕　**ラウスの安定判別法**　　式(5.1)の多項式 $p(s)$ の係数から，つぎの**ラウス表**（Routh table）を作る。

$$
\begin{array}{c|cccc}
s^n & b_{n1} & b_{n2} & b_{n3} & \ldots \\
s^{n-1} & b_{(n-1)1} & b_{(n-1)2} & b_{(n-1)3} & \ldots \\
s^{n-2} & b_{(n-2)1} & b_{(n-2)2} & b_{(n-2)3} & \ldots \\
s^{n-3} & b_{(n-3)1} & b_{(n-3)2} & b_{(n-3)3} & \ldots \\
\vdots & & & & \\
s^1 & b_{11} & 0 & & \\
s^0 & b_{01} & & &
\end{array}
$$

ラウス表の第1行と第2行は $p(s)$ の係数を一つおきに並べたものである。すなわち

$$b_{n1} = a_n, \quad b_{n2} = a_{n-2}, \quad b_{n3} = a_{n-4}, \ldots$$

$$b_{(n-1)1} = a_{n-1}, \quad b_{(n-1)2} = a_{n-3}, \quad b_{(n-1)3} = a_{n-5}, \ldots$$

ただし，$p(s)$ の係数にない項（a_{-1} など）は0とする。第3行以下の要素 b_{ij} は，その上の2行の要素からつぎのように定める。

$$b_{(n-2)1} = \frac{-\det\begin{bmatrix} b_{n1} & b_{n2} \\ b_{(n-1)1} & b_{(n-1)2} \end{bmatrix}}{b_{(n-1)1}}, \; b_{(n-2)2} = \frac{-\det\begin{bmatrix} b_{n1} & b_{n3} \\ b_{(n-1)1} & b_{(n-1)3} \end{bmatrix}}{b_{(n-1)1}}, \; b_{(n-2)3} = \frac{-\det\begin{bmatrix} b_{n1} & b_{n4} \\ b_{(n-1)1} & b_{(n-1)4} \end{bmatrix}}{b_{(n-1)1}}, \; \ldots$$

$$b_{(n-3)1} = \frac{-\det\begin{bmatrix} b_{(n-1)1} & b_{(n-1)2} \\ b_{(n-2)1} & b_{(n-2)2} \end{bmatrix}}{b_{(n-2)1}}, \; b_{(n-3)2} = \frac{-\det\begin{bmatrix} b_{(n-1)1} & b_{(n-1)3} \\ b_{(n-2)1} & b_{(n-2)3} \end{bmatrix}}{b_{(n-2)1}}, \; b_{(n-3)3} = \frac{-\det\begin{bmatrix} b_{(n-1)1} & b_{(n-1)4} \\ b_{(n-2)1} & b_{(n-2)4} \end{bmatrix}}{b_{(n-2)1}}, \; \ldots$$

$\vdots$

このとき，つぎの結果が成立する[23),27)]。

●**安定性の必要十分条件（R）**：　ラウス表の第1列の要素がすべて正であること，すなわち

$$b_{n1} > 0, \quad b_{(n-1)1} > 0, \quad b_{(n-2)1} > 0, \ldots, \quad b_{01} > 0 \tag{5.3}$$

第1列に0または負の要素が現れると，その時点で安定でないことが判明するので，安定判別のためにはそこで計算を中止してもよい。なお，計算を続け，第1列の要素に0がなく，正または負の実数から構成される場合，第1列における符号変化の回数によって，正の実部をもつ根の個数を知ることができる。また，ラウス表作成の途中で第1列に0が現れると計算を進

[†]　ラウス[25)]とフルビッツ[26)]は，それぞれ独立に安定判別法を発表したが，後にたがいに等価であることが示され，あわせてラウス・フルビッツの安定判別法と呼ばれる。

めることができないが，そのような場合でも表を完成させ，不安定根の数を調べる手法が工夫されている。

【例 5.1】

2 次多項式 $p(s) = a_2 s^2 + a_1 s + a_0 \; (a_2 > 0)$ のラウス表は

$$
\begin{array}{c|cc}
s^2 & a_2 & a_0 \\
s^1 & a_1 & 0 \\
s^0 & b_{01} &
\end{array}
\qquad \left(b_{01} = \frac{a_0 a_1}{a_1} = a_0 \right)
$$

となり，2 次多項式が安定である必要十分条件は，$a_1 > 0$，$a_0 > 0$ である。

3 次多項式 $p(s) = a_3 s^3 + a_2 s^2 + a_1 s + a_0 \; (a_3 > 0)$ のラウス表は

$$
\begin{array}{c|cc}
s^3 & a_3 & a_1 \\
s^2 & a_2 & a_0 \\
s^1 & b_{11} & 0 \\
s^0 & b_{01} &
\end{array}
\qquad \left(b_{11} = \frac{a_1 a_2 - a_0 a_3}{a_2}, \quad b_{01} = \frac{a_0 b_{11}}{b_{11}} = a_0 \right)
$$

となる。これから安定性の必要十分条件は，(1) $a_2 > 0$，$a_1 > 0$，$a_0 > 0$，(2) $a_1 a_2 - a_0 a_3 > 0$ であることがわかる。例えば，$p(s) = s^3 + s^2 + 2s + 1$ については，$a_3 = a_2 = a_0 = 1 > 0$，$a_1 = 2 > 0$ で，$a_1 a_2 - a_0 a_3 = 1 > 0$ であるから，安定である。一方，$p(s) = s^3 + s^2 + s + 2$ については，$a_3 = a_2 = a_1 = 1 > 0$，$a_0 = 2 > 0$ であるが $a_1 a_2 - a_0 a_3 = -1 < 0$ となるから，安定でない。この場合，ラウス表の第 1 列要素は 1，1，-1，2 で，符号が $+ + - +$ と 2 回変化しているので，実部が正の根が 2 個あることを示している。じっさい，因数分解すると $p(s) = (s + 1.35)(s - 0.177 \pm 1.20j)$ となる。また，$p(s) = s^3 + s^2 + s + 1$ の場合は，$a_1 a_2 - a_0 a_3 = 0$ であり，安定でないことがわかる。じっさい，$p(s) = (s^2 + 1)(s + 1)$ と因数分解できるように，純虚数 $\pm j$ を根としてもつ。■

〔2〕 フルビッツの安定判別法　式(5.1)の n 次多項式 $p(s)$ の係数から $n \times n$ 行列

$$
H_n =
\begin{bmatrix}
a_{n-1} & a_{n-3} & a_{n-5} & \cdots & & 0 \\
a_n & a_{n-2} & a_{n-4} & \cdots & & 0 \\
0 & a_{n-1} & a_{n-3} & \cdots & & 0 \\
0 & a_n & a_{n-2} & \cdots & & 0 \\
\vdots & & & \ddots & & \vdots \\
0 & \cdots & & a_3 & a_1 & 0 \\
0 & \cdots & & a_4 & a_2 & a_0
\end{bmatrix}
$$

を作る。ただし，$n - i < 0$ のとき，$a_{n-i} = 0$ とする。この H_n の左上隅の $k \times k$ の要素から構成される主座小行列を $H_k \; (k = 1, 2, \ldots, n-1)$ とする。

$$
H_1 = [a_{n-1}], \quad
H_2 = \begin{bmatrix} a_{n-1} & a_{n-3} \\ a_n & a_{n-2} \end{bmatrix}, \quad
H_3 = \begin{bmatrix} a_{n-1} & a_{n-3} & a_{n-5} \\ a_n & a_{n-2} & a_{n-4} \\ 0 & a_{n-1} & a_{n-3} \end{bmatrix}, \ldots
$$

このとき，つぎの結果が成立する[23),27)]。

●**安定性の必要十分条件 (H)**：　行列 $H_1, H_2, \ldots, H_n$ の行列式がすべて正であること，すなわち

$$\det H_1 > 0, \quad \det H_2 > 0, ..., \quad \det H_n > 0 \tag{5.4}$$

【例 5.1】（続き）
3次多項式 $p(s) = a_3 s^3 + a_2 s^2 + a_1 s + a_0$, $a_3 > 0$ にフルビッツの安定判別法を適用すると

$$H_1 = [a_2], \quad H_2 = \begin{bmatrix} a_2 & a_0 \\ a_3 & a_1 \end{bmatrix}, \quad H_3 = \begin{bmatrix} a_2 & a_0 & 0 \\ a_3 & a_1 & 0 \\ 0 & a_2 & a_0 \end{bmatrix}$$

$$\det H_1 = a_2, \quad \det H_2 = a_1 a_2 - a_0 a_3, \quad \det H_3 = a_0 \det H_2$$

であるから，安定の必要十分条件は $a_2 > 0$, $a_1 a_2 - a_0 a_3 > 0$, $a_0 > 0$ となり，ラウスの安定判別法によって導いた結果と一致する。■

なお，安定性の必要条件である $p(s)$ の係数がすべて正であることを前提とすれば，式(5.4)の条件はつぎのように簡単化される。

$$\left. \begin{array}{l} n \text{ が偶数のとき}: \det H_3 > 0, \quad \det H_5 > 0, ..., \quad \det H_{n-1} > 0 \\ n \text{ が奇数のとき}: \det H_2 > 0, \quad \det H_4 > 0, ..., \quad \det H_{n-1} > 0 \end{array} \right\} \tag{5.5}$$

また，式(5.4)のフルビッツの条件と式(5.3)のラウスの条件の間には，演習問題【5.1】の解が示すように

$n = 4$ のとき：$H_1 = b_{31}$, $\det H_2 = b_{31} b_{21}$, $\det H_3 = b_{31} b_{21} b_{11}$, $\det H_4 = b_{31} b_{21} b_{11} b_{01}$

$n = 5$ のとき：$H_1 = b_{41}$, $\det H_2 = b_{41} b_{31}$, $\det H_3 = b_{41} b_{31} b_{21}$, $\det H_4 = b_{41} b_{31} b_{21} b_{11}$,

$\det H_5 = b_{41} b_{31} b_{21} b_{11} b_{01}$

が成立する。この関係は一般の整数 n について成立し，フルビッツの条件とラウスの条件が等価であることを示している[23],[27]。

5.1.3 むだ時間要素を含むシステムの入出力安定性

これまで述べた入出力安定性は，プロパーな有理伝達関数をもつシステムを対象にしたもので，その必要十分条件は伝達関数のすべての極の実部が負であることであった。ここで，むだ時間要素をもつ図 5.2(a)，(b)のシステムに注目すると，入力 u から出力 y への伝達関数はそれぞれ

$$G_a(s) = \frac{e^{-sT}}{s+1}, \quad G_b(s) = \frac{e^{-sT}}{s^2 + s + e^{-sT}}$$

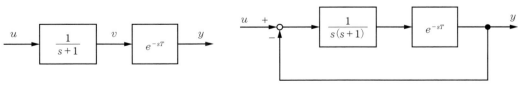

（a）むだ時間要素を直列に含むシステム　　（b）むだ時間要素を含むフィードバックシステム

図 5.2 むだ時間システム

であり，いずれも有理関数でない。したがって，これまでの入出力安定性の定義や判定条件をそのまま適用することはできない。そこでこれまでの定義を含み，むだ時間要素を有するシステムにも適用できるようにするため，入出力安定性を，応答特性を直接に規定する形でつぎのように与えるものとしよう。

(S9) システムの入力 u と出力 y の大きさを ∞ ノルム $\|u\|_\infty = \sup_{t \geq 0}|u(t)|$, $\|y\|_\infty = \sup_{t \geq 0}|y(t)|$ により評価するものとする。ある定数 $k < \infty$ があり，すべての有界な入力 $u(t)$, $t \geq 0$, $\|u\|_\infty < \infty$ に対し，出力 $y(t)$, $t \geq 0$ も有界で $\|y\|_\infty \leq k\|u\|_\infty$ が成立するとき，システムは

有界入力–有界出力安定 (bounded input-bounded output stable) であるという

(S9) は，これまでのプロパーな有理伝達関数の入出力安定性 (S5)～(S8) を含んだものである。なぜならば，有理伝達関数 $G(s)$ をもつシステムが有界入力–有界出力安定であるのは，$G(s)$ がプロパーですべての極の実部が負のとき，またそのときに限るからである[13]。このことを理解するため，簡単な例を取り上げよう。プロパーでない有理伝達関数，例えば $G(s) = s$ を考えると，有界入力 $u(t) = \sin \omega t$ に対する出力は $y(t) = \omega \cos \omega t$ となる。また，プロパーであるが $s = 0$ に極をもつ $G(s) = 1/s$ の場合，ステップ入力 $u(t) = u_s(t)$ に対し，出力は $y(t) = t$ である。いずれの場合も，有界な入力に対して $\|y\|_\infty \leq k\|u\|_\infty$ が成立する k がないことを意味しているので，有界入力–有界出力安定でない。一方，$G(s)$ がプロパーですべての極の実部が負であるとき，例えば $G(s) = (s+2)/(s+1)$ については，インパルス応答が $g(t) = \delta(t) + e^{-t}$ であるから，入力 $u(t)$ のとき出力は $y(t) = \int_0^t (\delta(\tau) + e^{-\tau})u(t-\tau)d\tau = u(t) + \int_0^t e^{-\tau}u(t-\tau)d\tau$ となり，すべての有界な入力 u に対して $\|y\|_\infty \leq \left(1 + \int_0^\infty |e^{-\tau}|d\tau\right)\|u\|_\infty = 2\|u\|_\infty$ が成立して，有界入力–有界出力安定である。

なお，ここでは ∞ ノルムで有界入力–有界出力安定を定義したが，1 ノルム $\|f\|_1 = \int_0^\infty |f(t)|dt$ や 2 ノルム $\|f\|_2 = \left(\int_0^\infty f^2(t)dt\right)^{1/2}$ でも定義できる。線形時不変システムの場合，どのノルムを用いても有界入力–有界出力安定であるのは，$G(s)$ がプロパーですべての極の実部が負のとき，またそのときに限るので，これらの定義は等価である。

図 5.2(a) は，有理伝達関数 $G_1(s) = 1/(s+1)$ のシステムとむだ時間要素 e^{-sT} が直列に接続されている。$G_1(s)$ は，プロパーで極は -1 であるから $\|v\|_\infty \leq \|u\|_\infty$ となり，有界入力–有界出力安定である。むだ時間要素は，その入出力特性 $y(t) = v(t-T)$ から $\|y\|_\infty = \|v\|_\infty$ が成立し，有界入力–有界出力安定である。したがって，これらの直列システムも $\|y\|_\infty = \|v\|_\infty \leq \|u\|_\infty$ となり，有界入力–有界出力安定である。

図 5.2(b) のようなむだ時間要素を含むフィードバックシステムの安定性の判定については，改めて 5.2.4 項で取り上げる。

ここで，有界入力–有界出力安定なシステムの正弦波入力に対する定常応答について触れておこう。伝達関数が有理伝達関数ならば，定常応答は入力と同じ周波数の正弦波となることが

わかっているが，この性質はむだ時間要素を含む場合にも成立する．すなわち，むだ時間要素を含むようなシステムの伝達関数を $G(s)$ とするとき，システムが有界入力–有界出力安定であれば，$t \geq 0$ で加えた正弦波入力 $u(t) = \sin \omega t$ に対し，$t \to \infty$ における定常応答 $y_{ss}(t)$ は，有理伝達関数の場合と同様に

$$y_{ss}(t) = |G(j\omega)| \sin(\omega t + \theta), \quad \theta = \tan^{-1}\left(\frac{\mathrm{Im}[G(j\omega)]}{\mathrm{Re}[G(j\omega)]}\right) \tag{5.6}$$

となる．また，ステップ入力 $u(t) = u_s(t)$, $t \geq 0$, に対する $t \to \infty$ における定常応答についても，同様に $y_{ss}(t) = G(0)$ となる．

5.2　フィードバック制御系の安定性

5.1 節でシステムの安定性を取り上げたが，本節ではフィードバック構造をもった制御系の安定性を考察する．**フィードバック制御系**は，安定な要素から構成されていても必ずしも安定でなく，不安定な構成要素を含んでいても不安定とは限らないなど，その安定性の条件は単純でなく，安定性と構成要素との関係を把握しておく必要がある．さらに制御系としては，安定かどうかだけでなく，どの程度安定性に余裕があるかという**安定度**（stability degree）も重要である．

5.2.1　フィードバック制御系の構成と内部安定性

以下では，**図 5.3** の構成を基本とするフィードバック制御系（以下，単にフィードバック系という）を取り上げる．構成要素 P, C, D は，それぞれ，制御対象，制御対象に操作入力を加えるコントローラ，制御出力を検出するセンサであり，信号 u は操作入力，y は制御出力，z はセンサ出力である．外部入力としては，目標信号 r の他，操作入力 u を加える際の外乱 v と制御出力 y を測定する際に混入する測定雑音 w を考慮する．

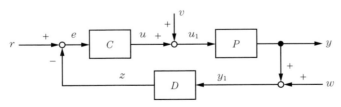

図 5.3　フィードバック制御系

構成要素の状態方程式と伝達関数はそれぞれ

制御対象 $P: \dot{x}_P(t) = A_P x_P(t) + b_P u_1(t), \quad y(t) = c_P x_P(t) + d_P u_1(t)$

$$G_P(s) = c_P(sI - A_P)^{-1} b_P + d_P$$

コントローラ $C: \dot{x}_C(t) = A_C x_C(t) + b_C e(t), \quad u(t) = c_C x_C(t) + d_C e(t)$

$$G_C(s) = c_C(sI - A_C)^{-1} b_C + d_C$$

センサ $D: \dot{x}_D(t) = A_D x_D(t) + b_D y_1(t), \quad z(t) = c_D x_D(t) + d_D y_1(t)$

$G_D(s) = c_D(sI - A_D)^{-1} b_D + d_D$

と与えられており，制御対象 P，コントローラ C，センサ D の状態ベクトル x_P, x_C, x_D はそれぞれ n_P 次元，n_C 次元，n_D 次元であるとする．

いま，すべての外部入力 r, v, w がゼロであるとすれば，図5.3 は**図 5.4**(a)の閉ループ系にまとめられ，フィードバック系の内部安定性はその状態方程式により定まる．L はループ構成要素の直列結合で（図5.4(b)），その伝達関数

$$G_L(s) = G_D(s) G_P(s) G_C(s) \tag{5.7}$$

を**一巡伝達関数**（loop transfer function）という．ループを e の箇所で切断し信号 $E(s)$ を加えると，元の信号 $E(s)$ とループを一巡して戻る信号 $-G_L(s)E(s)$ との差が $(1+G_L(s))E(s)$ となることから，$1+G_L(s)$ を**還送差**（return difference）という．

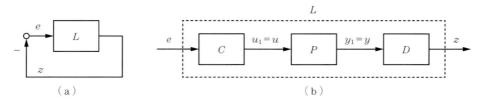

図 5.4 閉ループ系

直列結合 L の状態方程式は，$u_1 = u$ として C の状態方程式を P の状態方程式に代入し，その結果を $y_1 = y$ として D の状態方程式に代入することによって，それぞれの状態を成分とする n_L（$= n_C + n_P + n_D$）次元ベクトル $x_L = [x_C^T, x_P^T, x_D^T]^T$ を状態ベクトルとして，つぎのように表せる．

$$L: \dot{x}_L(t) = A_L x_L(t) + b_L e(t), \quad z(t) = c_L x_L(t) + d_L e(t) \tag{5.8}$$

ここで，各係数は以下のとおりである．

$$A_L = \begin{bmatrix} A_C & 0 & 0 \\ b_P c_C & A_P & 0 \\ b_D d_P c_C & b_D c_P & A_D \end{bmatrix} : n_L \times n_L, \quad b_L = \begin{bmatrix} b_C \\ b_P d_C \\ b_D d_P d_C \end{bmatrix} : n_L \times 1$$

$$c_L = [d_D d_P c_C \quad d_D c_P \quad c_D] : 1 \times n_L, \quad d_L = d_D d_P d_C : 1 \times 1$$

図5.4(a)において $e = -z$，したがって，$e(t) = -d_L e(t) - c_L x_L(t)$ であるから

$$1 + d_L \neq 0 \tag{5.9}$$

のとき $e(t) = -(1+d_L)^{-1} c_L x_L(t)$ となり，図5.4(a)の閉ループ系は状態方程式

$$\dot{x}_L(t) = A_F x_L(t), \quad A_F = A_L - b_L(1+d_L)^{-1} c_L \tag{5.10}$$

によって表される．行列 A_F の固有値を閉ループ固有値，特性多項式 $\det(sI - A_F)$ を閉ループ特性多項式という．もし $1 + d_L = 0$ なら，$c_L x_L(t) = 0$ であるから x_L の成分は独立でなく，また A_F を定義できない．つまり，式(5.9)は，図5.4(a)の閉ループ系（したがって図5.3のフィードバック系）が，x_C, x_P, x_D を成分とする n_L 次元のベクトル x_L を状態ベクトルとして，状態方程式で表される必要十分条件である．以下では式(5.9)の条件が成立するものとしよう．なお，

$G_L(\infty) = d_L$, $G_D(\infty) = d_D$, $G_P(\infty) = d_P$, $G_C(\infty) = d_C$ であるから，式(5.7)より式(5.9)は

$$1 + G_L(\infty) = 1 + d_D d_P d_C \neq 0 \tag{5.11}$$

と表されることに注意する[†]。この条件のもとで，内部安定性をつぎのようにいうことができる。

● **内部安定性**：図5.3のフィードバック系においてすべての外部入力をゼロにしたとする。任意の初期状態 $x_L(0)$ に対し，$t \to \infty$ で $x_L(t) \to 0$ となるとき，すなわち，式(5.10)の行列 A_F のすべての固有値（閉ループ固有値）が負の実部をもつとき，図5.3のフィードバック系は内部安定である。

内部安定性は構成要素とどのように関連しているのであろうか。式(5.10)から，閉ループ特性多項式は

$$\begin{aligned}
\det(sI - A_F) &= \det(sI - A_L + b_L(1 + d_L)^{-1}c_L) \\
&= \det(sI - A_L)\det(I + (sI - A_L)^{-1}b_L(1 + d_L)^{-1}c_L)
\end{aligned} \tag{5.12}$$

であるが，一般に $n \times 1$ 行列 X と $1 \times n$ 行列 Y について

$$\det \begin{bmatrix} I_n & X \\ -Y & 1 \end{bmatrix} = \det(I_n + XY) = 1 + YX, \quad I_n : n次の単位行列$$

が成立する[16]ことを用いると，これは

$$\begin{aligned}
\det(sI - A_F) &= \det(sI - A_L)(1 + c_L(sI - A_L)^{-1}b_L(1 + d_L)^{-1}) \\
&= \det(sI - A_L)(1 + G_L(s))(1 + d_L)^{-1}
\end{aligned} \tag{5.13}$$

と表される。ここで，$d_L + c_L(sI - A_L)^{-1}b_L = G_L(s)$ を用いた。さらに式(5.7)，(5.8)の関係

$$\det(sI - A_L) = \det(sI - A_D)\det(sI - A_P)\det(sI - A_C)$$

$$G_L(s) = G_D(s)G_P(s)G_C(s), \quad d_L = d_D d_P d_C$$

を代入すると

$$\begin{aligned}
\det(sI - A_F) &= \det(sI - A_D)\det(sI - A_P)\det(sI - A_C)(1 + G_D(s)G_P(s)G_C(s))(1 + d_D d_P d_C)^{-1} \\
&= (D_D(s)D_P(s)D_C(s) + N_D(s)N_P(s)N_C(s))(1 + d_D d_P d_C)^{-1}
\end{aligned} \tag{5.14}$$

となる。ここで，多項式 $D_D(s)$, $D_P(s)$, $D_C(s)$ は

$$D_D(s) = \det(sI - A_D), \quad D_P(s) = \det(sI - A_P), \quad D_C(s) = \det(sI - A_C) \tag{5.15}$$

で，$N_D(s)$, $N_P(s)$, $N_C(s)$ は伝達関数 $G_D(s)$, $G_P(s)$, $G_C(s)$ を分母 $D_D(s)$, $D_P(s)$, $D_C(s)$ により

$$G_D(s) = \frac{N_D(s)}{D_D(s)}, \quad G_P(s) = \frac{N_P(s)}{D_P(s)}, \quad G_C(s) = \frac{N_C(s)}{D_C(s)} \tag{5.16}$$

と表したときの分子多項式である。この表現においては，分母と分子が既約とは限らないことに注意する。式(5.14)は，フィードバック系の内部安定性と構成要素の関係を示す基本的な関係式であり，これから内部安定性についてつぎの結果が得られる。

● **図5.3のフィードバック系の内部安定性**：

(1) 図5.3のフィードバック系が内部安定であるための必要十分条件は，式(5.15)，(5.16)

[†] 式(5.9)（すなわち式(5.11)）は，図5.3のフィードバック系が well-posed である条件といわれる。

から定まる多項式 $\Phi(s) = N_D(s)N_P(s)N_C(s) + D_D(s)D_P(s)D_C(s)$ が安定多項式であることである。

5.2.2 入出力安定性

図 5.3 のフィードバック系の入出力安定性を考えるため，外部入力 (r, v, w) と系内の信号の関係に注目する。それらの信号のラプラス変換を $R(s) = \mathcal{L}[r(t)]$，$V(s) = \mathcal{L}[v(t)]$，$W(s) = \mathcal{L}[w(t)]$，...，などで表すものとすると，図 5.3 において

$$E(s) = R(s) - G_D(s)Y_1(s)$$
$$U_1(s) = V(s) + G_C(s)E(s)$$
$$Y_1(s) = W(s) + G_P(s)U_1(s)$$

である。ここで，$E(s)$，$U_1(s)$，$Y_1(s)$ について解くと

$$\begin{bmatrix} E(s) \\ U_1(s) \\ Y_1(s) \end{bmatrix} = \begin{bmatrix} 1 & 0 & G_D(s) \\ -G_C(s) & 1 & 0 \\ 0 & -G_P(s) & 1 \end{bmatrix}^{-1} \begin{bmatrix} R(s) \\ V(s) \\ W(s) \end{bmatrix}$$

$$= \frac{1}{1 + G_D(s)G_P(s)G_C(s)} \begin{bmatrix} 1 & -G_D(s)G_P(s) & -G_D(s) \\ G_C(s) & 1 & -G_C(s)G_D(s) \\ G_P(s)G_C(s) & G_P(s) & 1 \end{bmatrix} \begin{bmatrix} R(s) \\ V(s) \\ W(s) \end{bmatrix}$$

$$\tag{5.17}$$

となる。ここで，$1 + G_D(\infty)G_P(\infty)G_C(\infty) \neq 0$（式 (5.11)）が成立するとしているので，$1 + G_D(s)G_P(s)G_C(s)$ は恒等的に 0 とはならず，$1/(1 + G_D(s)G_P(s)G_C(s))$ はプロパーな有理関数である。また，$G_C(s)$，$G_P(s)$，$G_D(s)$ はおのおのプロパーであるから，式 (5.17) における (r, v, w) から (e, u_1, y_1) への 9 個の伝達関数はすべてプロパーである。

入出力安定性は入出力間の伝達関数の性質であるが，いまの場合三つの入力があるので，それらを考慮するとつぎのようになる。

● **図 5.3 のフィードバック系の入出力安定性**：

(2) 図 5.3 のフィードバック系が入出力安定であるための必要十分条件は，外部入力 (r, v, w) から内部信号 (e, u_1, y_1) へ至るすべての伝達関数（すなわち式 (5.17) の 9 個の伝達関数）がプロパーで安定（すべての極の実部が負）であることである。

この定義は，(r, v, w) から (e, u_1, y_1) への伝達関数がすべて安定であることを要求している。r から y への伝達関数が安定でも，例えば外乱 v から y_1 への伝達関数が不安定なら，フィードバック系は入出力安定であるといえない（【例 5.1】参照）。また，ここでは外部入力から構成要素 D, C, P の入力信号 (e, u_1, y_1) に至る伝達関数に着目したが，D, C, P の出力信号 (z, u, y) に至る伝達関数を考えても同じ安定条件が得られるので，入出力安定性の定義としては等価である（演習問題【5.3】参照）。

112   5. システムの安定性

【例 5.1】（続き 2）

図 5.3 において

$$G_C(s) = \frac{s-1}{s+2}, \quad G_P(s) = \frac{1}{(s-1)(s+3)}, \quad G_D(s) = 1$$

とする。このとき

$$r \rightarrow y \text{ の伝達関数} = \frac{1}{s^2+5s+7}, \quad v \rightarrow y_1 \text{ の伝達関数} = \frac{s+2}{(s-1)(s^2+5s+7)}$$

であるから，$r \rightarrow y$ の伝達関数は安定であるが，$v \rightarrow y_1$ の伝達関数は不安定である。したがって，フィードバック系は入出力安定でない。■

入出力安定性は 9 個の伝達関数を対象とするので，安定判別に要する手間が問題となるが，じつはこれら伝達関数をすべて調べる必要はなく，つぎに示すように安定判別は 1 個の多項式が安定多項式であるかどうかという問題に帰着できるのである。

まず，構成要素 D, C, P の伝達関数を既約な形 $G_D(s) = \tilde{N}_D(s)/\tilde{D}_D(s)$，$G_P(s) = \tilde{N}_P(s)/\tilde{D}_P(s)$，$G_C(s) = \tilde{N}_C(s)/\tilde{D}_C(s)$ で表し，式 (5.17) に代入し整理すると，9 個の伝達関数は

$$\begin{bmatrix} G_{11}(s) & G_{12}(s) & G_{13}(s) \\ G_{21}(s) & G_{22}(s) & G_{23}(s) \\ G_{31}(s) & G_{32}(s) & G_{33}(s) \end{bmatrix}$$

$$= \frac{1}{\tilde{\Phi}(s)} \begin{bmatrix} \tilde{D}_D(s)\tilde{D}_P(s)\tilde{D}_C(s) & -\tilde{N}_D(s)\tilde{N}_P(s)\tilde{D}_C(s) & -\tilde{N}_D(s)\tilde{D}_P(s)\tilde{D}_C(s) \\ \tilde{D}_D(s)\tilde{D}_P(s)\tilde{N}_C(s) & \tilde{D}_D(s)\tilde{D}_P(s)\tilde{D}_C(s) & -\tilde{N}_D(s)\tilde{D}_P(s)\tilde{N}_C(s) \\ \tilde{D}_D(s)\tilde{N}_P(s)\tilde{N}_C(s) & \tilde{D}_D(s)\tilde{N}_P(s)\tilde{D}_C(s) & \tilde{D}_D(s)\tilde{D}_P(s)\tilde{D}_C(s) \end{bmatrix} \quad (5.18)$$

となる。ただし，$\tilde{\Phi}(s) = \tilde{N}_D(s)\tilde{N}_P(s)\tilde{N}_C(s) + \tilde{D}_D(s)\tilde{D}_P(s)\tilde{D}_C(s)$ である。式 (5.18) で多項式 $\tilde{\Phi}(s)$ は共通分母であるから，$\tilde{\Phi}(s)$ が安定多項式ならば明らかにすべての伝達関数は安定である。また逆に，9 個の伝達関数 $G_{i,j}(s)$ $(i, j = 1, 2, 3)$ がすべて安定ならば多項式 $\tilde{\Phi}(s)$ は安定多項式である。この結果は自明ではなく，式 (5.18) で分母 $\tilde{\Phi}(s)$ と 9 個の分子多項式に共通の実部が非負の根があり，それが相殺されて安定な伝達関数を作り出している可能性がある。しかし，$(\tilde{N}_D(s), \tilde{D}_D(s))$，$(\tilde{N}_P(s), \tilde{D}_P(s))$，$(\tilde{N}_C(s), \tilde{D}_C(s))$ がそれぞれ既約であるという前提から，そのようなことは起こらない。したがって，入出力安定性の必要十分条件は，$\tilde{\Phi}(s)$ が安定多項式であることである（演習問題【5.4】参照）。

ここで，内部安定性との関係に注意する。内部安定性は多項式 $\Phi(s)$ が安定多項式であることであったが，$\Phi(s)$ の根は $\tilde{\Phi}(s)$ の根を含むので，内部安定なら入出力安定である。構成要素 D, P, C がそれぞれ可制御かつ可観測ならば，式 (5.16) の伝達関数の分母・分子はそれぞれ既約で，$D_D(s) = \tilde{D}_D(s)$，$D_P(s) = \tilde{D}_P(s)$，$D_C(s) = \tilde{D}_C(s)$，$N_D(s) = \tilde{N}_D(s)$，$N_P(s) = \tilde{N}_P(s)$，$N_C(s) = \tilde{N}_C(s)$ となり，したがって $\tilde{\Phi}(s) = \Phi(s)$ であるから，内部安定性と入出力安定性は一致する。以上の結果をまとめておこう。

- **図 5.3 のフィードバック系の入出力安定性**：

(3) $\tilde{\varPhi}(s) = \tilde{N}_D(s)\tilde{N}_P(s)\tilde{N}_C(s) + \tilde{D}_D(s)\tilde{D}_P(s)\tilde{D}_C(s)$ が安定多項式であることが入出力安定性の必要十分条件である。

(4) 内部安定なら入出力安定である。ループの構成要素 D, P, C がすべて可制御かつ可観測ならば，内部安定性と入出力安定性は一致する。

5.2.3 ナイキスト安定判別法

以上で述べたように，フィードバック系の安定判別は，閉ループ特性多項式の根の実部がすべて負，すなわち複素平面の左半面内 $\mathrm{Re}\,s<0$ にあるかどうかを調べることである。5.1.2 項のラウスの方法とフルビッツの方法は，特性多項式の係数がしかるべき代数的条件を満足するかどうかで安定判別を行うものであった。以下に示すナイキスト安定判別法は，一巡伝達関数 $G_L(s) = G_D(s)G_P(s)G_C(s)$ を複素関数として扱い，$s = j\omega$（ω：$-\infty\sim\infty$）として描いたナイキスト軌跡と呼ばれる $G_L(j\omega)$ の図の性質によって安定判別をするものである。

以下では，ループを構成する各要素は可制御かつ可観測であるとする。この場合，フィードバック系の内部安定性と入出力安定性は一致するので，両者を区別せずに単に「安定」ということにしよう。また，右半平面 $\mathrm{Re}\,s\geqq 0$ において一巡伝達関数 $G_L(s)$ に極・零点の相殺があると，フィードバック系は不安定となるから（演習問題【5.5】参照），そのような相殺はないものとする。そして，$G_L(s)$ はプロパーとする。この仮定のもとでつぎのことはたがいに等価である（演習問題【5.6】参照）。

- 図 5.3 のフィードバック系は安定である。すなわち，$\varPhi(s) = N_D(s)N_P(s)N_C(s) + D_D(s)D_P(s)D_C(s)$ は安定多項式である。
- 還送差 $1 + G_L(s)$ が右半平面 $\mathrm{Re}\,s\geqq 0$ において零点をもたない。

ナイキストの安定判別法は，還送差 $1 + G_L(s)$ の右半平面 $\mathrm{Re}\,s\geqq 0$ における零点の有無に注目する。そのため，複素平面（s 平面）において虚軸と無限大の半径をもつ半円により右半平面を囲む閉曲線 C_l を考える（**図 5.5**(a)）。点 s が C_l 上を時計方向に一周するとき，一巡伝達関数により定まる点 $G_L(s)$ が描く閉曲線を $\varGamma$ とする（図 5.5(b)）。このような閉曲線 $\varGamma$ を $G_L(s)$ の**ナイキスト軌跡**（Nyquist plot）という。$G_L(s)$ が虚軸上に極をもつときは，C_l を修正し，無限小の半径をもつ半円により極を右に避ける[†]ものとする（**図 5.6**）。

$G_L(s)$ はプロパーな有理関数であるから，閉曲線 C_l のうち無限大半径の半円部分に対応する $\varGamma$ の軌跡は 1 点 $G_L(\infty)$ である。したがって，$\varGamma$ は C_l の虚軸部分 $s = j\omega$（$\omega = -\infty\sim\infty$）に対応する $G_L(j\omega)$ の軌跡である。また，$G_L(j\omega)$ と $G_L(-j\omega)$ は

$$\mathrm{Re}[G_L(j\omega)] = \mathrm{Re}[G_L(-j\omega)], \quad \mathrm{Im}[G_L(j\omega)] = -\mathrm{Im}[G_L(-j\omega)]$$

であるようにたがいに複素共役であるから，$\omega<0$ に対する $G_L(j\omega)$ の軌跡は，$\omega>0$ に対する

[†] 極を左に避けるように C_l を修正してもよい。ただし，$\varGamma$ も異なってくる。

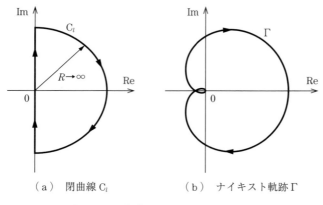
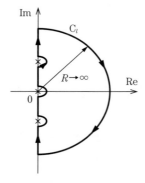

(a) 閉曲線 C_l (b) ナイキスト軌跡 Γ

図 5.5 閉曲線 C_l とナイキスト軌跡 Γ

図 5.6 $G_L(s)$ が虚軸上に極をもつときの閉曲線 C_l

部分と実軸に関して対称である。したがって，$\omega>0$ の部分（4.3.2項で紹介したベクトル軌跡）を実軸について反転すれば全体のナイキスト軌跡が得られる。

- **ナイキスト安定判別法**（Nyquist stability criterion）[28]：
  (5) 図5.3のフィードバック系が安定である必要十分条件は，一巡伝達関数 $G_L(s)$ のナイキスト軌跡 Γ が点 $(-1,0)$ を通らず，その周りを反時計方向に P_L 回まわることである。ここで，P_L は $G_L(s)$ の右半平面内（$\mathrm{Re}\,s>0$）における極の個数である。

$G_L(s)$ が右半平面内（$\mathrm{Re}\,s>0$）に極をもたないとき（$P_L=0$），判別法はつぎのように簡単化される。

- **簡単化されたナイキスト安定判別法**：
  (6) $G_L(s)$ が右半平面内（$\mathrm{Re}\,s>0$）に極をもたない場合，フィードバック系が安定であるための必要十分条件は，一巡伝達関数 $G_L(s)$ のナイキスト軌跡 Γ が点 $(-1,0)$ を通らず，また囲まないことである。

【例 5.2】
$$G_L(s) = \frac{K}{(1+T_1 s)(1+T_2 s)}, \quad K>0, \quad T_1>0, \quad T_2>0$$

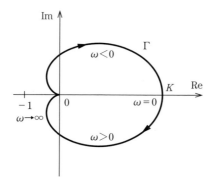

図 5.7 $G_L(s)=K/((1+T_1 s)(1+T_2 s))$, $K>0, T_1>0, T_2>0$, のナイキスト軌跡 Γ

なる一巡伝達関数をもつフィードバック系の安定性を考えよう。$G_L(0) = K$, $G_L(\infty) = 0$ であるから，$\omega = 0 \to \infty$ のとき，$G_L(j\omega)$ の軌跡 Γ は実軸上の点 $(K, 0)$ から始まり原点で終わる。表4.1 に $\omega > 0$ の $G_L(j\omega)$ のベクトル軌跡が示されており（ただし $K = 1$），$\omega < 0$ に対する $G_L(j\omega)$ の軌跡はこれと実軸について対称であるから，$G_L(s)$ のナイキスト軌跡は図 **5.7** のようになる。$G_L(s)$ は Re $s > 0$ に極をもたず ($P_L = 0$)，Γ は点 $(-1, 0)$ を囲まないから，簡単化されたナイキスト判別法により，フィードバック系は任意の $K > 0$, $T_1 > 0$, $T_2 > 0$ について安定である。■

【例 5.3】

$$G_L(s) = \frac{K}{s(1+T_1s)(1+T_2s)}, \quad K>0, \quad T_1>0, \quad T_2>0$$

は【例5.2】の一巡伝達関数に極 $s = 0$ が付加されたもので，$\omega = 0_+ \to \infty$ のとき，$G_L(j\omega)$ の軌跡は図 **5.8** のように Re $G_L(j\omega) = -K(T_1 + T_2)$, Im $G_L(j\omega) = -\infty$ から出発し，$\omega = \omega_0 = 1/\sqrt{T_1T_2}$ で実軸と点 $(-KT_1T_2/(T_1+T_2), 0)$ で交わったのち $\omega \to \infty$ で原点に向かう。$\omega = 0_- \sim -\infty$ に対する軌跡はこれと実軸について上下対称である。$G_L(s)$ は $s = 0$ に極があるので，$\omega = 0_- \to 0_+$ の区間は，無限小の半径 ε をもつ半円を通り $s = 0$ を右に回避するものとする。この半円上で $s = \varepsilon e^{j\theta}$ ($\theta = -90 \sim 90$ deg) であるから，$G_L(s) \cong (K/\varepsilon) e^{-j\theta}$ となる。s が無限小半径の半円を反時計方向に $-90 \sim 90$ deg とまわるとき，点 $G_L(s)$ は無限大半径 (K/ε) の半円上で時計方向に 90 ~ -90 deg と変化するので，ナイキスト軌跡 Γ は図 (b) のようになる。$G_L(s)$ は Re $s > 0$ に極をもたないから，簡単化されたナイキスト判別法により，ナイキスト軌跡 Γ が $(-1, 0)$ を通らず，囲まないこと，すなわち $K < (T_1 + T_2)/(T_1 T_2)$ が，フィードバック系が安定であるための必要十分条件である。

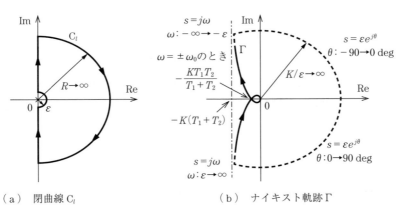

（a）閉曲線 C_l （b）ナイキスト軌跡 Γ

図 5.8 $G_L(s) = K/(s(1+T_1s)(1+T_2s))$, $K>0, T_1>0, T_2>0$, に対する閉曲線 C_l とナイキスト軌跡 Γ ■

【例 5.4】

$$G_L(s) = \frac{K(s+2)}{(s+3)(s-1)}, \quad K>0$$

とする。$G_L(0) = -2K/3$, $G_L(\infty) = 0$ であるから，$\omega = 0 \to \infty$ のとき $G_L(s)$ のナイキスト軌跡 Γ は実軸上の点 $(-2K/3, 0)$ から始まり原点で終わる。また，$\omega = -\infty \to 0$ のナイキスト軌跡はそれと実軸に関して対称で，向きが逆のものである。**図5.9**は $K=1$ と $K=3$ に対する Γ である。$G_L(s)$ は右半平面内（Re $s > 0$）に1個の極をもっているので（$P_L = 1$），フィードバック系が安定であるための必要十分条件は，ナイキスト軌跡が点 $(-1, 0)$ を通らず反時計方向に1回まわること，すなわち $K > 3/2 = 1.5$ である。例えば $K=1$ のとき不安定，$K=3$ で安定となる。

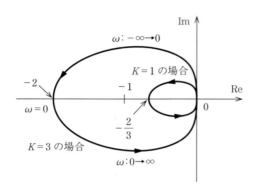

図5.9 $G_L(s) = K(s+2)/((s+3)(s-1))$, $K=1, 3$ のナイキスト軌跡 Γ

先に述べたように，また【例5.2】～【例5.4】で示したように，ナイキスト軌跡の $\omega < 0$ における部分と $\omega > 0$ における部分は実軸に関して対称である。したがって，【例5.2】と【例5.3】のように，$G_L(s)$ が右半平面内（Re $s > 0$）に極をもたず，簡単化されたナイキスト安定判別法が適用できる場合は，ナイキスト軌跡が点 $(-1, 0)$ を通らず，囲まないことは $\omega > 0$ の部分（つまり，ベクトル軌跡）だけでも判定できる。しかし，【例5.4】のように $G_L(s)$ が不安定な場合は，$(-1, 0)$ をまわる回数を知る必要があるので，$\omega > 0$ の軌跡だけでは判定はできない。

なお，$G_L(s)$ が安定な場合，周波数伝達関数 $G_L(j\omega)$ は正弦波入力に対する周波数応答として計測することができる。そのときは，$G_L(s)$ の次数や係数がわからなくても，$\omega > 0$ の実測データからベクトル軌跡を描くことができ，フィードバック系の安定判別をすることができる。

◆ **ナイキスト安定判別法の証明** まず，有理関数の偏角原理を3個の極と2個の零点をもつ3次有理関数

$$F(s) = \frac{K(s+z_1)(s+z_2)}{(s+p_1)(s+p_2)(s+p_3)} \tag{5.19}$$

について述べよう。極や零点が複素数の場合はそれぞれ共役であるので，ここでは $p_1 = \bar{p}_2$, $z_1 = \bar{z}_2$ とする。$F(s)$ の極と零点は**図5.10**に示すように分布しており，そのうちのいくつかの極と零点を囲む単一閉曲線を C_l とする。ただし，C_l は極および零点を通らないものとする。点 s が C_l 上を時計方向に一周するとき，対応する $F(s)$ の値は連続的に変化し，点 $F(s)$ は複素平面（$F(s)$ 平面）で閉曲線を描くので，これを Γ_F とする。ここで，$Z = C_l$ の内部の零点の個数（重複度も数える），$P = C_l$ の内部の極の個数（重複度も数える）とするとき

Γ_F が $F(s)$ 平面の原点を時計方向に囲む回数 $N = Z - P$ \hfill (5.20)

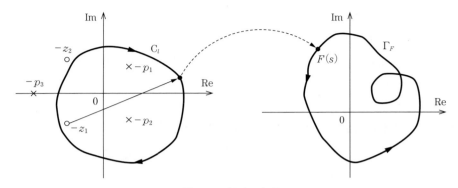

図 5.10 偏角原理

が成立する．これを偏角原理という．図 5.10 では $Z=1$, $P=2$ であるから $N=-1$ となり，これは Γ_F が原点を反時計方向に 1 回囲むことを意味する．

式 (5.20) はつぎのように示される．式 (5.19) から $F(s)$ の偏角 $\angle F(s)$ は

$$\angle F(s) = \angle K + \angle(s+z_1) + \angle(s+z_2) - \angle(s+p_1) - \angle(s+p_2) - \angle(s+p_3) \quad (5.21)$$

である．点 s が C_l を時計方向に一周するとき，$\angle K$ の変化量 $= 0$ deg, C_l の内部にある零点 $-z_1$ について $\angle(s+z_1)$ の変化量 $= -360$ deg, 外部の零点 $-z_2$ について $\angle(s+z_2)$ の変化量 $= 0$ deg である．極についても同様で，$-p_1$ と $-p_2$ が C_l 内部にあり，$-p_3$ が外部にあるから，$\angle(s+p_1)$ の変化量 $= \angle(s+p_2)$ の変化量 $= -360$ deg, $\angle(s+p_3)$ の変化量 $= 0$ deg となる．したがって式 (5.21) から，$\angle F(s)$ の変化量 $= -360 \times (1-2) = 360$ deg となる．一般的に表すと

$$\angle F(s) \text{の変化量} = -360 \times (Z-P) \, [\text{deg}] \quad (5.22)$$

である．すなわち，点 s が C_l を時計方向に一周するとき，$F(s)$ の軌跡 Γ_F は原点を時計方向に $(Z-P)$ 回囲む．

以上の偏角原理を還送差 $\Delta(s) = 1 + G_L(s)$ に適用しよう．閉曲線 C_l として図 5.5(a)（あるいは図 5.6）の閉曲線を用いる．C_l は虚軸と右半平面 Re $s \geq 0$ における無限大半径の半円から構成されるので，$\Delta(s)$ の右半平面内 Re $s > 0$ にあるすべての極と零点は C_l に囲まれる．したがって，点 s が C_l を時計方向に一周するとき，対応する点 $\Delta(s)$ の軌跡 Γ_Δ（Δ のナイキスト軌跡）は原点を時計方向に $(Z_\Delta - P_\Delta)$ 回囲む．ここで，Z_Δ, P_Δ はそれぞれ Re $s > 0$ における $\Delta(s)$ の零点と極の個数である．$\Delta(s)$ が虚軸上の零点を有すると，Γ_Δ は原点を通る．$\Delta(s)$ に虚軸上の極があると，C_l はそれを右に回避して C_l の外にある極として扱う．

フィードバック系が安定である必要十分条件は，$\Delta(s)$ が虚軸を含む右半平面 Re $s \geq 0$ に零点をもたないことである．まず，虚軸上に零点がないとは，Γ_Δ が原点を通らないということである．つぎに，Re $s > 0$ に零点がないとは $Z_\Delta = 0$，すなわち Γ_Δ が原点を時計方向に $-P_\Delta$ 回囲む（反時計方向に P_Δ 回囲む）ことである．以上から，安定の必要十分条件は「$\Delta(s)$ のナイキスト軌跡 Γ_Δ が原点を通らず，原点を反時計方向に P_Δ 回囲む」ことである．

これを一巡伝達関数 $G_L(s)$ について表現するとつぎのようになる．$\Delta(s)$ 平面の原点は $G_L(s)$

平面の点$(-1+0j)$に対応し，$\Delta(s)$と$G_L(s)$の極は一致するので，$G_L(s)$の$\mathrm{Re}\,s>0$における極の数をP_Lとすれば，$P_L=P_\Delta$である．したがって，フィードバック系が安定であるための必要十分条件は「一巡伝達関数$G_L(s)$のナイキスト軌跡Γ_Lが点$(-1,0)$を通らず，反時計方向にP_L回囲む」ことである．

5.2.4 むだ時間要素を含むフィードバック系の入出力安定性

ここで，図5.3のフィードバック系がむだ時間要素を含む場合を考えよう．コントローラCおよびセンサDはプロパーな有理伝達関数$G_C(s)$，$G_D(s)$をもつが，制御対象Pはむだ時間要素e^{-Ts} $(T>0)$ を含み，その伝達関数は$\widetilde{G}_P(s)=e^{-Ts}G_P(s)$ ($G_P(s)$は真にプロパーな有理関数) と表されるものとする．式(5.17)と同様に外部入力(r,w,n)と内部信号(e,u_1,y_1)の間に

$$\begin{bmatrix} E(s) \\ U_1(s) \\ Y_1(s) \end{bmatrix} = \frac{1}{1+G_D(s)\widetilde{G}_P(s)G_C(s)} \begin{bmatrix} 1 & -G_D(s)\widetilde{G}_P(s) & -G_D(s) \\ G_C(s) & 1 & -G_C(s)G_D(s) \\ \widetilde{G}_P(s)G_C(s) & \widetilde{G}_P(s) & 1 \end{bmatrix} \begin{bmatrix} R(s) \\ V(s) \\ W(s) \end{bmatrix}$$

(5.23)

が成立するが，$\widetilde{G}_P(s)$がむだ時間要素を含むので式(5.23)の各伝達関数は有理関数でない．これら9個の伝達関数で表されるシステムが有界入力-有界出力安定であるとき，図5.3のフィードバック系は（有界入力-有界出力安定の意味で）入出力安定であるという．そして，安定判別にナイキストの手法が適用できることが知られている[29]．

いま，一巡伝達関数の有理関数部分の積$G_D(s)G_P(s)G_C(s)$は右半平面内 $(\mathrm{Re}\,s>0)$ において極をもたず，$\mathrm{Re}\,s\geqq 0$ における極と零点の相殺はないとする．このとき，式(5.23)のフィードバック系が入出力安定である必要十分条件は，一巡伝達関数$G_l(s)=G_D(s)\widetilde{G}_P(s)G_C(s)$のナイキスト軌跡$\Gamma$が，点$(-1,0)$を通らず，囲まないことである．

【例5.5】

図**5.11**のフィードバック系において，制御対象の伝達関数は$\widetilde{G}(s)=e^{-s}/(s(s+1))$で，フィードバックはゲイン$K$の比例要素とする．図**5.12**が$\widetilde{G}(s)$のナイキスト軌跡で，$\omega=0_+\to$

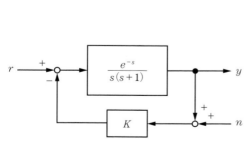

図**5.11** むだ時間要素を含むフィードバック系

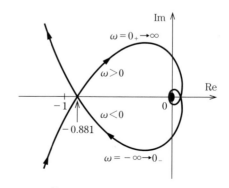

図**5.12** $\widetilde{G}(s)=e^{-s}/(s(s+1))$のナイキスト軌跡

∞と変化したとき，実軸と点$(-0.881, 0)$で交差してから時計方向に回転しながら原点に収束する。$K/(s(s+1))$は右半平面内（$\mathrm{Re}\, s>0$）に極をもたないので，フィードバック系が入出力安定であるための必要十分条件は，一巡伝達関数$G_L(s)=K\widetilde{G}(s)$のナイキスト軌跡が点$(-1,0)$を通らず，囲まないことである。これは，$\widetilde{G}(s)$のナイキスト軌跡が点$(-1/K,0)$を通らず，囲まないということであるから，図5.12から$0<K<1/0.881≒1.13$が図5.11のフィードバック系が入出力安定であるための必要十分条件となる。なお，むだ時間要素を含まないとき（すなわち$\widetilde{G}(s)=1/(s(s+1))$のとき），任意の$K>0$について安定であるから，むだ時間要素はフィードバック系の安定性を劣化させることがわかる。■

5.2.5 フィードバック制御系の安定度：ゲイン余裕と位相余裕

すべてのフィードバック制御系は安定でなければならないが，さらに制御対象などの構成要素の特性が少々変動しても安定性が保たれること，つまり安定性にある程度の余裕があることが望ましい。そのような**安定度**を検討するにはナイキスト安定判別法が有用である。対象として，ナイキスト軌跡が$(-1,0)$を通らず，囲まないという簡単化されたナイキスト安定判別法が適用でき，上で述べたようなナイキスト軌跡の$\omega>0$の部分だけで安定判別ができるような一巡伝達関数を考える。

図5.13（a）のように$G_L(s)$のナイキスト軌跡がΓ_1の場合は，点$(-1,0)$を囲まないのでフィードバック系は安定であるが，$G_L(s)$の構成要素の何らかの特性変動により$\Gamma_1 \to \Gamma_1'$となれば，$(-1,0)$を囲むので不安定になる。一方，図（b）のようにナイキスト軌跡がΓ_2であれば，$\Gamma_2 \to \Gamma_2'$と多少変動しても安定性が保たれる。したがって，「ナイキスト軌跡Γが点$(-1,0)$からどのくらい離れているか」という距離を安定度の尺度とみることができる。つぎに定義するゲイン余裕と位相余裕は，一巡伝達関数$G_L(s)$のゲインと位相によりその距離を評価するものである。

いま，一巡伝達関数$G_L(s)$は真にプロパーで，フィードバック系は安定であるとする。$\omega>0$に対する$G_L(s)$のナイキスト軌跡Γは$\omega \to \infty$で原点$(0,0)$に収束するが，このときΓが**図5.14**

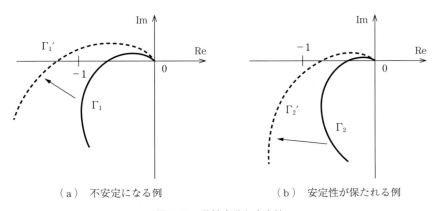

(a) 不安定になる例　　　　(b) 安定性が保たれる例

図5.13 特性変動と安定性

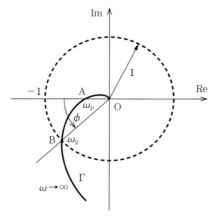

図 5.14　ゲイン余裕と位相余裕

のように負の実軸と点 A で交差するとしよう。点 A を位相交差点といい，その角周波数すなわち

$$\angle G_L(j\omega_p) = -180 \text{ deg}$$

なる ω_p を**位相交差周波数**（phase crossover frequency）という。原点 O から点 A までの長さを $\overline{\text{OA}}$ で表し，$\alpha = 1/\overline{\text{OA}}$ とするとき，$G_L(s)$ を α 倍した $\alpha G_L(s)$ なる一巡伝達関数をもつフィードバック系は，そのナイキスト軌跡が $\omega = \omega_p$ で $(-1, 0)$ を通るので不安定となる。不安定となるまでに，ゲインに α だけ余裕があるという意味で，デシベル値で表した α を**ゲイン余裕**（gain margin）という[†1]。

$$\text{ゲイン余裕 } GM = 20\log\alpha = -20\log|G_L(j\omega_p)| \ [\text{dB}] \tag{5.24}$$

$\alpha > 1$ のとき $GM > 0$，$\alpha < 1$ なら $GM < 0$ であり[†2]，ナイキスト軌跡が原点以外に負の実軸と交わらないときは $GM = \infty$ となる。図 5.14 のナイキスト軌跡 Γ の場合，$0 < \overline{\text{OA}} < 1$ であるから $GM > 0$ である。

図 5.14 において，ナイキスト軌跡 Γ が原点を中心とする半径 $=1$ の円と交わる点 B をゲイン交差点，その角周波数 $\omega_g > 0$，すなわち

$$|G_L(j\omega_g)| = 1$$

なる ω_g を**ゲイン交差周波数**（gain crossover frequency）という。負の実軸から原点 O と点 B を結ぶ線分 OB までの角度 $\angle \text{AOB}$ を ϕ とするとき，$G_L(s)$ より位相が ϕ だけ遅れた一巡伝達関数 $e^{-j\phi}G_L(s)$ をもつフィードバック系を考えると，$e^{-j\phi}G_L(j\omega_g) = -1$ であるから，$\omega = \omega_g$ で $(-1, 0)$ を通ることになり系は不安定となる。つまり，ϕ は $G_L(s)$ の位相変化が -180 deg までにどれだけ余裕があるかという尺度であり，これを**位相余裕**（phase margin）という。

$$\text{位相余裕 } PM = \phi = \angle G_L(j\omega_g) - (-180) = \angle G_L(j\omega_g) + 180 \text{ deg} \tag{5.25}$$

図 5.14 の Γ のように $G_L(j\omega_g)$ が第 3 象限の点なら，$-90 \text{ deg} > \angle G_L(j\omega_g) > -180 \text{ deg}$ であるから $PM > 0$ となるが，第 2 象限にあると $\angle G_L(j\omega_g) < -180 \text{ deg}$ で $PM < 0$ となる。すべての $\omega > 0$ について $|G_L(j\omega_g)| < 1$ のときは，ナイキスト軌跡が半径 1 の円と交わらないので $PM = \infty$ と定義する。

ゲイン余裕と位相余裕は，$G_L(j\omega_g)$ のボード線図からも容易に読み取ることができる。図 5.15 において位相曲線が -180 deg と交わる角周波数が位相交差周波数 ω_p であり，$\omega = \omega_p$ に

[†1] 負の実軸との交点が複数個あるときは点 $(-1, 0)$ に一番近い交点を考える。例えば，$(1/(s(s+1))) \cdot ((s+0.1)/(100s+1))^2$ のナイキスト軌跡は $(0, -\infty)$ から始まり，ω が $0\sim\infty$ において点 $(-1, 0)$ を囲まず，負の実軸と -1 と 0 の間で 2 度交差する。点 $(-1, 0)$ に近いほうの実軸との交点は $(-0.303, 0)$ であり，$\alpha = 3.30$，$GM = 10.4$ dB である。

[†2] 例えば，$(10/(s(s+1))) \cdot ((s+0.1)/(10s+0.1))^2$ のナイキスト軌跡は $(0, -\infty)$ から始まり，ω が $0\sim\infty$ において点 $(-1, 0)$ を囲まず，負の実軸と $-\infty$ と -1 の間で 2 度交差する。点 $(-1, 0)$ に近いほうの実軸との交点は $(-2.65, 0)$ であり，$\alpha = 0.377$，$GM = -8.47$ dB となる。

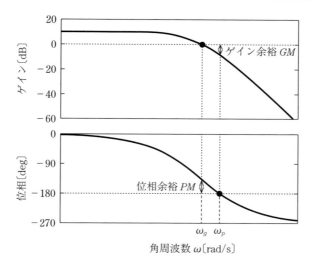

図 5.15 ボード線図におけるゲイン余裕と位相余裕の読み取り方

おいてゲイン曲線から 0 dB までの距離（dB）がゲイン余裕 GM である。またゲイン曲線が 0 dB と交わる角周波数がゲイン交差周波数 ω_g で，$\omega = \omega_g$ において −180 deg から位相曲線までの角度が位相余裕 PM である。

以上のように，ゲイン余裕 GM と位相余裕 PM は一巡伝達関数 $G_L(s)$ のナイキスト軌跡が負の実軸と交わるときの大きさと半径 1 の円と交わるときの位相の値に注目したもので，いわばナイキスト軌跡の「部分情報」である。フィードバック系の安定性が未知のとき，GM と PM の値だけから安定判別は可能であろうか。じっさい，$G_L(s)$ が右半平面内 Re $s>0$ に極をもたないとき，$GM>0$，$PM>0$ ならそのナイキスト軌跡は点 $(-1,0)$ を囲まず，フィードバック系は安定であると考えてよい場合が多い。すなわち，一巡伝達関数 $G_L(s)$ が真にプロパーで，右半平面（Re $s>0$）に極をもたず，また虚軸上の極は原点におけるたかだか 1 位の極で，ゲイン交差点と位相交差点がただ一つのとき，GM と PM の値だけから安定判別が可能であり，$GM>0$，$PM>0$ ならフィードバック系は安定で，どちらか一方でも負なら不安定となることが示される[30]。

しかし，一巡伝達関数が原点に多重極や右半平面内の不安定極をもつとき（例えば【例 5.4】），あるいはナイキスト軌跡に複数個のゲイン交差点や位相交差点があるようなときは，安定判別には GM と PM の値だけでなく，ナイキスト軌跡全体の形状をみる必要がある。

【例 5.4】（続き）

$$G_L(s) = \frac{3(s+2)}{(s+3)(s-1)}$$

とする。$G_L(s)$ は 1 個の不安定極 $s=1$ を有しており，そのナイキスト軌跡は図 5.9 の $K=3$ の場合に示すように点 $(-1,0)$ を反時計方向に 1 回囲んでいるからフィードバック系は安定である。図より位相交差周波数 $\omega_p = 0$，$G_L(j\omega_p) = G_L(0) = -2$ とわかる。式 (5.24) から $GM = -20 \log 2 = -6.02$ dB（$GM<0$ dB となることに注意）であり，また数値計算によりゲイン交差周波数は

$\omega_g = 2.17$ rad/s, $PM = 76.7$ deg と求まる。つまりこのフィードバック系は，$G_L(s)$ のゲインの減少が -6.02 dB（$=0.5$ 倍）までなら，あるいは位相変動が 76.7 deg の遅れまでなら，$(-1,0)$ を囲む回数（1回）に変化はないので安定である。■

5.2.6 ロバスト安定性

ゲイン余裕と位相余裕は，一巡伝達関数 $G_L(s)$ のゲイン変動 $G_L(s) \to kG_L(s)$ と位相変動 $G_L(s) \to e^{j\phi}G_L(s)$ が独立に生じるとして，それらの影響をそれぞれ評価したものであり，位相交差周波数 ω_p とゲイン交差周波数 ω_g のいずれかは変わらないものとしている。しかし，実際の一巡伝達関数の変動は $G_L(s) + \Delta G_L(s)$ という形で生じて，ゲインと位相が同時に影響を受けると考えられる。その場合，どのようになるであろうか。例えば**図 5.16** の場合，$G_L(s)$ のゲイン余裕，位相余裕はそれぞれ大きいが，変動 $\Delta G_L(s)$ により ω_p と ω_g が同時に変わることによって，ナイキスト軌跡が $\Gamma \to \Gamma'$ と大きく移動し，不安定になるおそれがある。そこで，このような変動に対しても安定性が保たれる条件を考えよう。

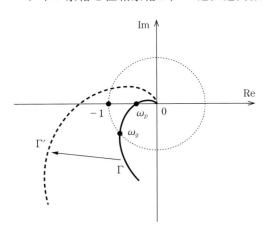

図 5.16 $G_L(s)$ のゲインと位相が同時に変動する場合

図 5.3 のフィードバック系において，制御対象の伝達関数が $G_P(s)$ のとき安定であるが，$G_P(s)$ は

$$|\widetilde{G}_P(j\omega) - G_P(j\omega)| < l(\omega), \quad \omega \geq 0 \tag{5.26}$$

という範囲の $\widetilde{G}_P(s)$ に変動する可能性があるものとしよう。ここで，$l(\omega)$ は変動 $\Delta G_P(j\omega) = \widetilde{G}_P(j\omega) - G_P(j\omega)$ の大きさを規定する既知関数とする。ある範囲内のすべての変動に対して安定性が保たれることを一般に**ロバスト安定** (robustly stable) という。式(5.26)の変動に対しフィードバック系がロバスト安定である条件を導こう。

いま，一巡伝達関数 $G_L(s) = G_D(s)G_P(s)G_C(s)$ および $\widetilde{G}_L(s) = G_D(s)\widetilde{G}_P(s)G_C(s)$ を構成する各項は，右半平面（Re $s \geq 0$）に極をもたず，したがって右半平面における極・零点の相殺はないものとする。$G_L(s)$ で変動するのは制御対象 $G_P(s)$ だけであるから，$\Delta G_L(j\omega) = \widetilde{G}_L(j\omega) - G_L(j\omega)$ について式(5.26)より

$$|\Delta G_L(j\omega)| < l(\omega)|G_D(j\omega)G_C(j\omega)|, \quad \omega \geq 0 \tag{5.27}$$

となる。式(5.27)において

$$l(\omega)|G_D(j\omega)G_C(j\omega)| \leq |1 + G_L(j\omega)|, \quad \omega \geq 0 \tag{5.28}$$

が成立するとすれば，$|\widetilde{G}_L(j\omega) - G_L(j\omega)| < |1 + G_L(j\omega)|$ であるから，**図 5.17** に示すように，各 ω について変動後の一巡伝達関数 $\widetilde{G}_L(j\omega)$ の $G_L(j\omega)$ からの距離 $|\Delta G_L(j\omega)|$ は $|1 + G_L(j\omega)|$

未満である。したがって，$\widetilde{G}_L(j\omega)$ のナイキスト軌跡は $G_L(j\omega)$ のナイキスト軌跡と同様に点 $(-1, 0)$ を囲まず，フィードバック系は変動後も安定であることが保証される。すなわち，式(5.28)はロバスト安定性の十分条件である。なお，これは必要条件であることも知られている[31]。

【例5.6】

図5.3のフィードバック系において，コントローラ $G_C(s) = K$ 〈定数〉，制御対象 $G_P(s) = 1/(s(s+1))$，センサ $G_D(s) = 1$ とする。ここで，むだ時間要素 e^{-sT} の影響で制御対象が $\widetilde{G}_P(s) = e^{-sT}/(s(s+1))$ に変動するものとする。$0 \leq T \leq 0.5$ なる範囲のむだ時間に対し，フィードバック系がロバスト安定であるゲイン K の値を求めよう。

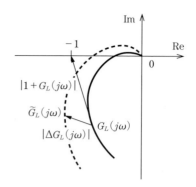

図5.17 ロバスト安定条件
$|\Delta G_L(j\omega)| < |1 + G_L(j\omega)|$

$|\widetilde{G}_P(j\omega) - G_P(j\omega)| = |e^{-j\omega T} - 1|/|j\omega(j\omega+1)|$ であるが，$|e^{-j\omega T} - 1| = |2\sin\omega T/2|$ に対し $w(s) = 0.7s/(0.3s+1)$ を用いると，図5.18(a)に示すように $|e^{-j\omega T} - 1| \leq |w(j\omega)|$，$\omega \geq 0$，$0 \leq T \leq 0.5$ が成立する。（図は $|w(j\omega)|$ に最も接近する $T = 0.5$ の場合を示している）。これから，$l(j\omega) = |w(j\omega)|K/|j\omega(j\omega+1)|$ とおいて式(5.28)を適用すると，$|w(j\omega)| < |(j\omega(j\omega+1)+K)/K|$，$\omega \geq 0$ ならロバスト安定であることがいえる。図(b)からそのような K の上限値は1.50と求められる。なお，$\widetilde{G}_P(s) = e^{-sT}/(s(s+1))$，$0 \leq T \leq 0.5$，に対して直接にナイキスト安定判別法を用いれば，安定なゲイン K の上限値は2.15と求められるので，上記のロバスト安定ゲインはかなり安全側の値であることがわかる。

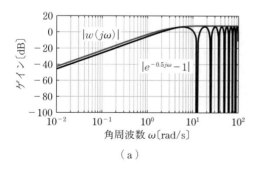

(a)

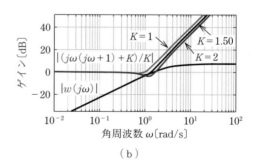

(b)

図5.18 $|e^{-0.5j\omega} - 1|$ と $|w(j\omega)|$

■

まとめ 本章では，内部安定性と入出力安定性の定義を与えるとともに，安定判別法を紹介した。さらに，むだ時間をもつシステムにも対応できるように，入出力安定性の概念を拡張した有界入力-有界出力安定性を定義した。また，フィードバック制御系については，その構成要素が可制御かつ可観測である場合には，内部安定性と入出力安定性が一致することを述べるとともに，ナイキストの安定判別法を紹介した。さらに，安定度とロバスト安定性について述べた。

124   5. システムの安定性

演 習 問 題

【5.1】 つぎの多項式 $f_A(s) = s^4 + 2s^3 + 4s^2 + 6s + 1$, $f_B(s) = s^4 + 2s^3 + 2s^2 + 6s + 1$, $f_C(s) = s^5 + 4s^4 + 4s^3 + 6s^2 + 2s + 2$ が安定多項式かどうかを，ラウスの安定判別法とフルビッツの安定判別法を用いて調べよ。

【5.2】

(1) $f(s) = s(s+a) + K$ とする。ただし，$a > 0$ である。$f(s)$ は，任意の $K > 0$ に対して，安定多項式となることを確かめよ。

(2) $f(s) = s^2(s+a) + K$ とする。$f(s)$ は，どのような K に対しても，安定多項式とはならないことを確かめよ。

(3) $f(s) = s^3 + 2s^2 + 11s + 10(1+K)$ とする。$f(s)$ が安定多項式となるための K の範囲を求めよ。

(4) $f(s) = s^4 + 9s^3 + 26s^2 + (24+2K)s + 2K$ とする。$f(s)$ が安定多項式となるための K の範囲を求めよ（【例 7.1】 も参照）。

【5.3】 図 5.3 のフィードバック系において，入力 (r, v, w) から (e, u_1, y_1) への 9 個の伝達関数がすべてプロパーで安定であるのは，(r, v, w) から構成要素 D, C, P の出力信号 (z, u, y) への 9 個の伝達関数がすべてプロパーで安定なときであること，またそのときに限ることを示せ。

【5.4】 式 (5.18) の左辺の 9 個の伝達関数がすべて安定なら，$\tilde{\Phi}(s) = \tilde{N}_D(s)\tilde{N}_P(s)\tilde{N}_C(s) + \tilde{D}_D(s)\tilde{D}_P(s)\tilde{D}_C(s)$ は安定多項式であることを示せ。

【5.5】 右半平面 $\mathrm{Re}(s) \geqq 0$ において一巡伝達関数 $G_L(s)$ に極・零点の相殺があると，フィードバック系は不安定となることを証明せよ。

【5.6】 図 5.3 のフィードバック系を構成する C, P, D は可制御かつ可観測とし，一巡伝達関数 $G_L(s) = G_D(s)G_P(s)G_C(s)$ の分母・分子において，右半平面 $\mathrm{Re}\, s \geqq 0$ で極・零点の相殺はないものとする。この仮定のもとで，つぎのことはたがいに等価であることを示せ。

(a) フィードバック系が安定である，すなわち多項式 $\Phi(s) = N_D(s)N_P(s)N_C(s) + D_D(s)D_P(s)D_C(s)$ が安定多項式である。

(b) 還送差 $1 + G_L(s)$ が右半平面 $\mathrm{Re}\, s \geqq 0$ に零点をもたない。

【5.7】 $G_1(s) = 20/(s^2 + 3s + 2)$, $G_2(s) = 40/((s^2 + 4s + 10)(s+1))$, $G_3(s) = 5(s+2)/((s^2 + 2s + 3)(s-5))$ とする。$i = 1, 2, 3$ に対して，図 5.3 のフィードバック系において $G_L(s) = G_i(s)$ のナイキスト軌跡を描き，フィードバック系の安定性を判定せよ。そして，安定な場合について，ナイキスト軌跡またはボード線図を用いて，ゲイン余裕と位相余裕を求めよ。

【5.8】 $G_1(s) = 1/(s(s+1))$, $G_2(s) = 0.1/(s^2(s+1))$ についてナイキスト軌跡を描き，一巡伝達関数 $KG_1(s)$, $KG_2(s)$ をもつそれぞれのフィードバック系が安定になる $K > 0$ の範囲を求めよ。

第6章

フィードバック制御系の特性

　フィードバック制御は，制御対象の特性変動や外乱の影響を軽減するなどして，入出力応答特性を改善する効果が大きいという特性をもつ．その反面，場合によっては，フィードバック構造に起因する安定性の劣化や測定雑音の問題が生じる可能性がある．そのため，フィードバックの効果を生かし，制御系を適切に設計するには，構成要素とフィードバック特性の関係を把握しておかなければならない．そこで本章では，良好な過渡応答および定常特性を実現するには，フィードバック系の一巡伝達関数にどのような特性が要求されるかを検討する．零状態応答を対象とするので，構成要素は伝達関数により記述されているものとする．

6.1　フィードバック制御の効果

　まず簡単な制御系についてフィードバックの効果をみておこう．**図 6.1** は，剛体とダンパか

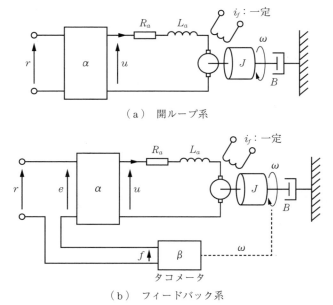

r：入力電圧，ω：角速度，α：増幅器ゲイン，β：タコメータゲイン，R_a：電機子抵抗，L_a：電機子インダクタンス，i_f：界磁電流，J：慣性モーメント，B：粘性摩擦係数

図 6.1　回転体負荷の角速度制御系

らなる回転体負荷を直流モータで駆動する角速度制御系で，図(a)を開ループ系と呼び，図(b)はフィードバック系である。図(b)における**タコメータ** (tachometer) は角速度 $\omega(t)$ に比例する出力電圧 $f(t) = \beta\omega(t)$ を発生する速度センサで，信号 $f(t)$ がフィードバックされ，閉ループが構成される。

ここで，直流モータと回転体負荷を表した図2.24(c)のブロック線図を用いると，図6.1(a)，(b)はそれぞれ**図6.2**(a)，(b)のブロック線図で表される。ただし，一般に，電機子抵抗 R_a に比べて電機子インダクタンス L_a は微小なので[32]，$L_a = 0$ としている。

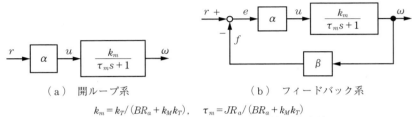

$k_m = k_T/(BR_a + k_M k_T)$, $\tau_m = JR_a/(BR_a + k_M k_T)$
k_T：モータトルク定数, k_M：モータ逆起電力定数

図6.2 図6.1のブロック線図表現

図6.2は目標値入力 $r(t)$，制御出力 $\omega(t)$ とする制御系の構成を示しているが，モータに加わる外乱やタコメータの測定雑音も考慮するとどうなるのであろうか。いま，負荷変動によるモータのトルク変動を外乱とするとき，負荷の角速度 $\omega(t)$，トルク外乱 $T_d(t)$ に対するモータトルクは $T_M(t) = J\dot{\omega}(t) + B\omega(t) + T_d(t)$ であり（式(2.28)参照），図2.24(a)よりモータと負荷は**図6.3**(a)のブロック線図で表される。これを表2.3の変換則により等価変換すると図6.3(b)が得られ，トルク外乱 T_d は制御対象（モータと負荷）の入力側における等価外乱 $\tilde{T}_d(t) = (R_a/k_T)T_d(t)$ として扱うことができる。

さらにタコメータにおいて，測定雑音 $n(t)$ を考慮して[†]出力は $f(t) = \beta\omega(t) + n(t)$ と表される

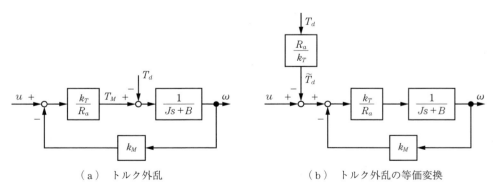

図6.3 トルク外乱と等価外乱

[†] タコメータの種類にもよるが，特性の非線形性，ブラシ接触抵抗の変動，出力電圧の脈流成分などが雑音の原因になりうる。位置センサに用いられるポテンショメータでは，巻線の不均一性や接触抵抗の変動なども雑音の原因となる。

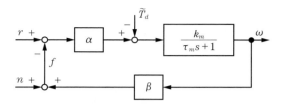

図 6.4 トルク外乱とタコメータ測定雑音を考慮した図 6.2(b)のフィードバック系

とすれば，トルク外乱とタコメータ測定雑音を制御系の外部入力に含めたフィードバック系は**図 6.4** となる．

それでは，フィードバックの効果をみてみよう．まず，図 6.2(a)の開ループ系においては，目標値入力 r から制御出力 ω への伝達関数は $G_a(s)=\alpha k_m/(\tau_m s+1)$ で，極 $s=-1/\tau_m$ によって決まる時定数は $\tau_m=JR_a/(BR_a+k_M k_T)$ である．応答速度を改善するには時定数 τ_m を小さくしなければならない．τ_m の値はモータと負荷により決まるので，負荷が同じ場合，τ_m を変えるにはモータを交換するしかない．一方，図 6.2(b)のフィードバック系の入出力伝達関数は $G_b(s)=\alpha k_m/(\tau_m s+1+\alpha\beta k_m)$，その極は $s=-(1+\alpha\beta k_m)/\tau_m$ である．**図 6.5** は増幅器ゲイン α $(\alpha>0)$ をパラメータとする閉ループ極の根軌跡で，これからわかるように，ゲイン調整により容易に時定数 $\tau_m/(1+\alpha\beta k_m)$ を小さくすることができる．

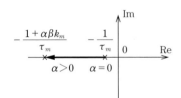

図 6.5 図 6.2(b)のフィードバック系の根軌跡

つぎに，制御対象を $G_P(s)=k_m/(\tau_m s+1)=1/(s+1)$，つまり $k_m=1$，$\tau_m=1$ とし，目標値入力はステップ関数 $r(t)=u_s(t)$ であるとして，制御対象の特性変動の影響をみよう．出力定常偏差 $\cong 0$ とするには $G_a(0)\cong 1$，$G_b(0)\cong 1$ とすればよいが，開ループ制御系では $G_a(0)=\alpha$ であるから $\alpha=1$ とする．フィードバック系では $G_b(0)=\alpha/(1+\alpha\beta)$ であるから $\alpha=30$，$\beta=1$ とする．このとき $G_b(0)=0.968$ となる．制御対象 $G_P(s)$ が $1/(s+1)$ から $0.7/(0.8s+1)$ と変動したとき，開ループ系およびフィードバック系のステップ応答の変化は，それぞれ**図 6.6**(a)，(b)のようになる．開ループ系に比べて，フィードバック系では制御対象の特性変動の影響が大きく抑制されていることがわかる．また，図 6.6(a)，(b)の時間軸からわかるように，G_{b1} の応答は G_{a1} の応答よりかなり速い．

さらに，外乱の影響を比較する．図 6.4 において上記と同様に，制御対象のパラメータを $k_m=1$，$\tau_m=1$ とする．そして，開ループ系に対応して $\alpha=1$，$\beta=0$，フィードバック系において $\alpha=30$，$\beta=1$ とする．観測雑音 n は 0 とする．このとき，ステップ状のトルク外乱 $\tilde{T}_d(t)=0.1u_s(t)$ が負荷変動として加えられたとすれば，角速度 ω へのその影響 $\Delta\omega$ は**図 6.7** のように

128   6. フィードバック制御系の特性

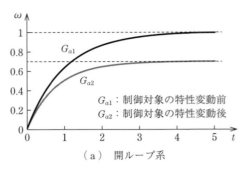
（a）開ループ系

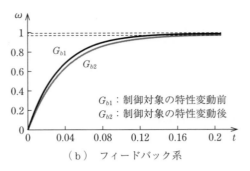
（b）フィードバック系

図 **6.6**　制御対象の特性変動の影響

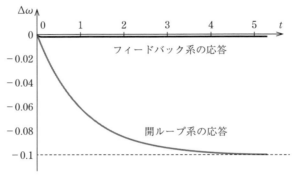

図 **6.7**　外乱の影響

なる．フィードバック制御系では，外乱の影響が開ループ系に比べて大きく抑制されていることがわかる．

6.2　感度関数，相補感度関数とループ整形

角速度制御系について述べたフィードバック系の性質について，一般的に考察しよう．**図 6.8**(a)は開ループ系，図(b)はフィードバック系で，制御対象 $G_P(s)$ は与えられており，コントローラ $G_{CO}(s)$ および $G_C(s)$ は設定するものとする．図(b)のフィードバック系では，制御出力からコントローラの入力へのフィードバック経路のゲインが 1 なので，**単位フィードバック**

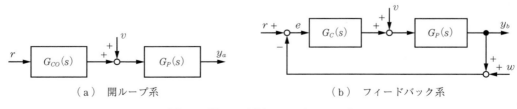

（a）開ループ系　　　　　　　　　　　　　（b）フィードバック系

図 **6.8**　開ループ系とフィードバック系

系（unity feedback system）と呼ばれる（**直結フィードバック系**（direct feedback system）ともいう）。本章では，この単位フィードバック系の特性をおもに考える。

$r(t)$ は目標値入力，$v(t)$ は外乱，$w(t)$ は測定雑音で，ラプラス変換をそれぞれ $R(s)$，$V(s)$，$W(s)$ とするとき，それぞれの系の制御出力 $Y_a(s)$，$Y_b(s)$ はつぎのように表される。

開ループ系：$Y_a(s) = G_P(s)G_{CO}(s)R(s) + G_P(s)V(s)$ （6.1）

フィードバック系：

$$Y_b(s) = \frac{G_P(s)G_C(s)}{1+G_P(s)G_C(s)}R(s) + \frac{G_P(s)}{1+G_P(s)G_C(s)}V(s) - \frac{G_P(s)G_C(s)}{1+G_P(s)G_C(s)}W(s) \quad (6.2)$$

〔**1**〕 **不安定な制御対象の安定化**　目標値入力 $R(s)$ から制御出力 $Y_a(s)$，$Y_b(s)$ への伝達関数は式(6.1)，(6.2)より

開ループ系：$G_a(s) = G_P(s)G_{CO}(s)$ （6.3）

フィードバック系：$G_b(s) = \dfrac{G_P(s)G_C(s)}{1+G_P(s)G_C(s)}$ （6.4）

である。いま，ある制御系の希望特性 $\widehat{G}(s)$ が与えられたとき，コントローラを適切に選ぶことにより $G_a(s)$，$G_b(s)$ を $\widehat{G}(s)$ に一致させることができるであろうか。開ループ系で $G_a(s) = \widehat{G}(s)$ とするコントローラは，式(6.3)から $G_{CO}(s) = \widehat{G}(s)/G_P(s)$ と定まる。例えば制御対象 $G_{P_1}(s) = 1/(s+1)$，希望特性 $\widehat{G}(s) = 1/(s+2)$ とすると，コントローラは $G_{CO_1}(s) = (s+1)/(s+2)$ となり，$G_{P_1}(s)G_{CO_1}(s)$ は $s = -1$ において極・零点の相殺を生じるが，安定な極と零点の相殺であるから，安定性に問題はない。しかし，制御対象が不安定で，例えば $G_{P_2}(s) = 1/(s-1)$ であるとすると，コントローラは $G_{CO_2}(s) = (s-1)/(s+2)$ となり，$G_{P_2}(s)G_{CO_2}(s)$ において $s = 1$ で不安定な極零相殺が生じる。このとき開ループ系は，$G_a(s)$ からみると入出力安定であるが，系としては内部安定でない（【例 3.10】の図 3.14(ｃ)参照）。内部安定でない制御系は，わずかな騒乱により不安定システムモード（この場合は発散モード e^t）が励起され，そのため制御系として機能しない。このことは一般的な指針として覚えておこう。すなわち

●直列コントローラを用いる開ループ制御方式は，不安定な制御対象を安定化できない。

フィードバック系についてはどうであろうか。図 6.8(ｂ)において制御対象が不安定な $G_{P_2}(s) = 1/(s-1)$ である場合，ゲインコントローラ $G_C(s) = K$ を用いると，閉ループ特性多項式は $\varPhi(s) = s+K-1$ であるから，ゲインが $K > 1$ のときフィードバック系は安定である。この場合，閉ループ伝達関数は $G_b(s) = K/(s+K-1)$ であるから，希望特性 $\widehat{G}(s) = 1/(s+2)$ に合わせるには，$K = 3$ としたうえで，目標値入力 $R(s)$ を $1/3$ 倍して加えればよい。

このように，不安定な制御対象に対して制御系を安定化できるのはフィードバックの一つの効果であり，目標値入力に対する応答特性を改善するうえで，フィードバック系は開ループ系よりも大きな自由度を有している。例えば，図 6.8(ｂ)のフィードバック系で，n 次の制御対象 $G_P(s)$ に対し $(n-1)$ 次のプロパーなコントローラ $G_C(s)$ を用いれば，伝達関数 $G_b(s)$ の分母（閉ループ特性多項式）を任意に指定した $(2n-1)$ 次多項式に一致させることができる[33]。ただし，

$G_b(s)$ の分子まで含めて指定するには，コントローラの自由度が不足する．

以下では，フィードバック系が安定化されているという前提で議論を進めるために，5.2.3項で述べたように，右半平面 Re $s \geq 0$ において，一巡伝達関数 $G_L(s) = G_P(s)G_C(s)$ の分母・分子に極零相殺はなく，還送差 $1 + G_L(s)$ は零点をもたないものとする．

〔2〕 **制御対象特性変動の影響の軽減**　制御対象の伝達関数が変動すると，目標値入力から制御出力への特性はどう影響されるのであろうか．いま，制御対象が $G_P(s) \to \widetilde{G}_P(s)$ と変動すると，$G_a(s)$, $G_b(s)$ は式(6.3), (6.4) から

$$\widetilde{G}_a(s) = \widetilde{G}_P(s)G_{CO}(s), \quad \widetilde{G}_b(s) = \frac{\widetilde{G}_P(s)G_C(s)}{1 + \widetilde{G}_P(s)G_C(s)}$$

となる．したがって，変化の相対的な大きさ（変動率）は

$$\text{開ループ系} : \frac{\widetilde{G}_a(s) - G_a(s)}{\widetilde{G}_a(s)} = \frac{\widetilde{G}_P(s) - G_P(s)}{\widetilde{G}_P(s)} \tag{6.5}$$

$$\text{フィードバック系} : \frac{\widetilde{G}_b(s) - G_b(s)}{\widetilde{G}_b(s)} = S(s)\frac{\widetilde{G}_P(s) - G_P(s)}{\widetilde{G}_P(s)} \tag{6.6}$$

である．ここで式(6.6)の $S(s)$ は，フィードバック系の一巡伝達関数を $G_L(s)$ とするとき

$$S(s) = \frac{1}{1 + G_L(s)} \tag{6.7}$$

と定義される関数で，フィードバック系の**感度関数**（sensitivity function）と呼ばれる．いまの場合，$S(s) = 1/(1 + G_P(s)G_C(s))$ である．

式(6.5)の開ループ系 $G_a(s)$ の変動率は，制御対象 $G_P(s)$ の変動率に等しいが，フィードバック系 $G_b(s)$ については式(6.6)から $G_P(s)$ の変動率の $S(s)$ 倍である．これは，フィードバック系出力の変動率は開ループ系出力の変動率の $S(s)$ 倍であることを意味している．したがって，目標値入力 $R(s)$ のスペクトルが含まれる周波数域で $|S(j\omega)| < 1$ であれば，フィードバック系出力における影響は開ループ系より低く抑えられる．図6.2(ｂ)の速度制御フィードバック系の場合，$G_P(s) = 1/(s+1)$，$\alpha = 30$，$\beta = 1$ としたとき，$S(j\omega) = (1+j\omega)/(31+j\omega)$ で，$0 \leq \omega \leq 10$ rad/s なる周波数域において $|S(j\omega)| \leq 0.309$（-10.2 dB）となる（**図 6.9**）．このため，図

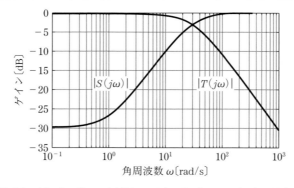

図 6.9　$S(j\omega) = (1+j\omega)/(31+j\omega)$ と $T(j\omega) = 1 - S(j\omega)$ のゲイン

6.6（b）で示したように，低周波成分が主であるステップ入力に対する応答における $G_P(s)$ の変動の影響が開ループ系に比べて小さい。

なお，図6.9における $|T(j\omega)|$ は後で述べる相補感度関数 $T(s)=1-S(s)$ の周波数応答のゲインである。

〔**3**〕 **外乱の影響の軽減** 外乱 $V(s)$ に対応する出力成分は，式(6.1)，式(6.2)よりそれぞれ

開ループ系：$Y_a(s)=G_P(s)V(s)$

フィードバック系：$Y_b(s)=\dfrac{G_P(s)V(s)}{1+G_P(s)G_C(s)}=S(s)Y_a(s)$

となる。ここで $S(s)$ は式(6.7)の感度関数であり，外乱 $V(j\omega)$ の周波数帯域で $|S(j\omega)|<1$ であれば，フィードバック系の出力における外乱の影響は開ループ系の出力における影響よりも抑制されることがわかる。

〔**4**〕 **測定雑音の影響** 開ループ系では測定雑音の影響はないが，フィードバック系出力における測定雑音 $W(s)$ による成分は式(6.2)より

$$Y_b(s)=-\frac{G_P(s)G_C(s)}{1+G_P(s)G_C(s)}W(s)=T(s)W(s) \tag{6.8}$$

となる。ここで $T(s)$ は一巡伝達関数 $G_L(s)$ について

$$T(s)=\frac{G_L(s)}{1+G_L(s)} \tag{6.9}$$

と定義される関数である。式(6.8)より測定雑音 $W(j\omega)$ の周波数帯域で $|T(j\omega)|<1$ であれば，測定雑音の影響が抑制されることがわかる。感度関数 $S(s)$ に対し，恒等式 $T(s)+S(s)=1$ が成立するので，$T(s)$ は**相補感度関数**（complementary sensitivity function）と呼ばれる。なお，単位フィードバック系については，式(6.4)に示されるように相補感度関数 $T(s)$ は目標値から出力への伝達関数 $G_b(s)$ に一致する。

以上の単位フィードバック系の性質をまとめておこう。

● フィードバック系の出力における制御対象の特性変動の影響を抑制するには，目標値入力の周波数帯域で感度関数のゲイン $|S(j\omega)|$ を小さくする。外乱の影響を抑えるには，外乱の周波数帯域で $|S(j\omega)|$ を小さくする。

● フィードバック系の出力における測定雑音の影響を抑えるには，測定雑音の周波数帯域で相補感度関数のゲイン $|T(j\omega)|$ を小さくする。

ここで注意すべきことは，制御対象の特性変動と外乱による影響を抑制するには $|S(j\omega)|$ を小さく，測定雑音の影響を抑えるには $|T(j\omega)|$ を小さくするということであるが，$S(j\omega)+T(j\omega)=1$ という関係から $|S(j\omega)|$ と $|T(j\omega)|$ を同時に小さくすることはできない。しかし，一般に目標値入力および外乱は低周波域に主成分を有し，測定雑音は高周波域に分布している。よって，低周波域で $|S(j\omega)|$ を，高周波域で $|T(j\omega)|$ をそれぞれ小さくすることが考えられる。

そのような特性を実現するには，一巡伝達関数のゲイン $|G_L(j\omega)|$ を低周波域で大きく（$|G_L(j\omega)| \gg 1$），高周波域で小さく（$|G_L(j\omega)| \ll 1$）すればよい．そのとき，ゲインは低周波域と高周波域の間（中間周波数と呼ぶ）において減衰し，ある周波数 $\omega = \omega_g$ において $|G_L(j\omega_g)| = 1$ （0 dB）となる（図 6.10）．この ω_g はゲイン交差周波数と呼ばれ，ω_g でゲインのボード線図は -20 dB/dec の勾配をもつことが望ましい．そのとき，位相 $\angle G_L(j\omega_g)$ はボードの関係式(4.25)から -90 deg に近く[†]，充分な位相余裕が確保される（式(5.25)参照）．ω_g でゲインの傾きが -40 dB/dec かそれより急であると，位相余裕の値は小さく，あるいは負になってフィードバック系が不安定になる恐れがある．

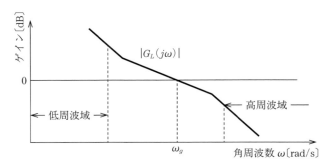

図 6.10　ループ整形

このように周波数域に応じて一巡伝達関数のゲイン $|G_L(j\omega)|$ の形を整えることを，**ループ整形** (loop shaping) といい，周波数応答特性に基づくフィードバック制御系設計の基本的な考え方である．第 7 章で述べる位相進み補償と位相遅れ補償による設計は，ループ整形の一つの実現法である．

なお，感度関数のゲイン $|S(j\omega)|$ は全周波数域 $0 \leq \omega$ において無条件に指定できるものではなく，$|S(j\omega)|$ の形状には解析的な制約があることを注意しておく．フィードバック系は安定でなければならないから，感度関数 $S(s)$ は右半平面 $\mathrm{Re}\,s \geq 0$ で極をもたない正則な複素関数であり，つぎの性質が成立する[34]．

$$\int_0^\infty \ln|S(j\omega)|d\omega = -K\left(\frac{\pi}{2}\right), \quad K = \lim_{s \to \infty} sG_L(s) \tag{6.10}$$

式(6.10)は**ボードの積分定理**と呼ばれ，$\omega \geq 0$ において $\ln|S(j\omega)|$ の面積は一定値となることを示している．特に，$G_L(s)$ の分母次数が分子次数より 2 次以上大きいときは，$K=0$ であるから，$\ln|S(j\omega)|$ の積分値は 0 となり，$|S(j\omega)| < 1$ の部分の積分値と $|S(j\omega)| > 1$ の部分の積分値は等しくなければならない．したがって，ある周波数域で $|S(j\omega)| < 1$ とすれば，必然的に他の周波数域で $|S(j\omega)| > 1$ とならなければならない．ループ整形はこのような制約のもとで行われることになる．

[†] ボードの関係式の前提として，一巡伝達関数 $G_L(s)$ は複素右半平面 $\mathrm{Re}\,s \geq 0$ に極および零点をもたないとする．

6.3 フィードバック制御系の過渡特性

図 6.8（b）のフィードバック制御系の入出力伝達関数 $G_b(s)$ は，一巡伝達関数 $G_L(s)=G_P(s)$ $G_C(s)$ により $G_b(s)=G_L(s)/(1+G_L(s))$ と表されるが，$G_b(s)$ の過渡応答の特性は $G_L(s)$ とどう関連しているのであろうか。

4.3.1 項で述べたように，$G_b(s)$ の周波数伝達関数のゲイン $|G_b(j\omega)|$ のバンド幅 ω_B とピーク値 M_p は，$G_b(s)$ の過渡応答の速応性と行き過ぎ量の尺度である。すなわち，ω_B が大きいと速応性がよく，M_p が大きいと行き過ぎ量が大きく，その結果，定常値への収束が遅いという傾向がある。そこで，これら ω_B，M_p と一巡伝達関数 $G_L(s)$ との関係に着目しよう。

まずバンド幅であるが，位相余裕 θ が $0\,\mathrm{deg}<\theta<90\,\mathrm{deg}$ の範囲であれば，一巡伝達関数のゲイン $|G_L(j\omega)|$ の交差周波数を ω_g とするとき，バンド幅 ω_B と ω_g は同程度の大きさで，また

$$\omega_g<\omega_B \tag{6.11}$$

が成立することが示される（演習問題【6.3】参照）。したがって，フィードバック系の速応性を考慮して指定された $\omega_{\min}$ に対して，バンド幅特性が $\omega_B\geqq\omega_{\min}$ を満たすようにするには，一巡伝達関数のゲイン交差周波数を $\omega_g\geqq\omega_{\min}$ と設定すればよい。

つぎに，$|G_b(j\omega)|$ のピーク値 M_p と一巡伝達関数 $G_L(s)$ との関係をみるため，$|G_b(j\omega)|=M$，$G_L(j\omega)=X+jY$，と置き，$|G_b(j\omega)|=|G_L(j\omega)|/|1+G_L(j\omega)|$ に代入し整理すると，ゲイン M と $G_L(j\omega)$ の実部 X，虚部 Y について

$$\left(X-\frac{M^2}{1-M^2}\right)^2+Y^2=\left(\frac{M}{1-M^2}\right)^2 \tag{6.12}$$

という関係式が得られる。点 (X,Y) は，$G_L(j\omega)$ 平面上で中心が実軸上の点 $(M^2/(1-M^2),0)$ にある半径 $=M/|1-M^2|$ の円を表している。M をパラメータとして描いた一連の円（**図 6.11**）を **等 M 軌跡**（constant M-loci）という。等 M 軌跡の図上に一巡伝達関数のベクトル軌跡 $G_L(j\omega)$ を描くと，$G_L(j\omega)$ と交わる円の M の値がゲイン $|G_b(j\omega)|$ を表し，ゲインのピーク値 M_p は $G_L(j\omega)$ が接する円から読み取ることができる。

図 6.11 は代表的な一巡伝達関数 $G_L(s)$ のベクトル軌跡であるが[†]，ピーク値 M_p とゲイン余裕および位相余裕とはたがいに関連していることがわかる。ゲイン余裕 GM は $G_L(j\omega)$ のベクトル軌跡が負の実軸と交わる点 A により定まり，位相余裕 PM は原点を中心とする半径 1 の円と $G_L(j\omega)$ が交わる点 B から決まるので，小さい（大きい）M_p の値は大きな（小さな）GM および PM の値に対応する。つまり，過渡応答の減衰性を考慮して M_p の値を抑えるには，GM あるいは PM をある程度大きく設定することになる。一般にフィードバック系のピーク値は

[†] 図 6.11 の一巡伝達関数 $G_L(s)$ は右半平面内 $\mathrm{Re}\,s\geqq0$ に極をもたない真にプロパーな例であるが，不安定極を $s=0$ にたかだか一つもったとしても，ゲイン交差点と位相交差点がただ一つで，$PM>0$，$GM>0$ であれば，同様に考えることができる（5.2.5 項参照）。

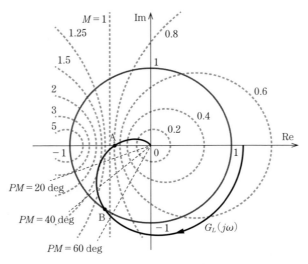

図 6.11 等 M 軌跡と一巡伝達関数 $G_L(s)$ のベクトル軌跡

$$1.1 < M_p < 1.5$$

程度が望ましいとされ，ゲイン余裕，位相余裕は普通

$$3\text{ dB} < GM < 20\text{ dB}, \quad 20\text{ deg} < PM < 60\text{ deg}$$

の範囲で設定される[23]（7.3 節参照）。

ゲイン $|G_b(j\omega)|$ のピーク値 M_p と位相余裕 PM の関係を，標準 2 次系の入出力伝達関数 $G_b(s) = \omega_n^2/(s^2 + 2\zeta\omega_n s + \omega_n^2)$ をもつフィードバック系について確かめておこう。一巡伝達関数は $G_L(s) = \omega_n^2/(s(s+2\zeta\omega_n))$ であるから，位相余裕 PM は

$$PM = \tan^{-1}(2\zeta\sqrt{\sqrt{1+4\zeta^4}+2\zeta^2})$$

と求められる（演習問題【6.4】参照）。**図 6.12** はこの関係を表したもので，PM は減衰係数 ζ の単調増加関数である。一方，図 4.9 に示したピーク値 M_p と $G_b(s)$ のステップ応答の行き過ぎ量 $A_{\max}$ は，ζ の単調減少関数である。これらの図から，大きい（小さい）PM は小さい（大きい）M_p および $A_{\max}$ に対応することがわかる。

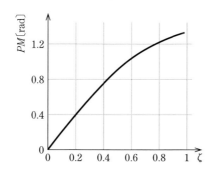

図 6.12 一巡伝達関数 $G_L(s) = \omega_n^2/(s(s+2\zeta\omega_n))$ の場合のフィードバック系の位相余裕

6.4 フィードバック制御系の定常特性

6.4.1 目標値入力に対する定常偏差

制御系の基本的な目的は，制御出力 y を目標値入力 r になるべく近づけること，すなわち偏差 $e(t) = r(t) - y(t)$ を小さくすることである。前節で出力の過渡特性を取り上げたので，ここでは時間が十分経過したときの定常特性を考察しよう。どのような場合に定常偏差 $\lim_{t \to \infty} e(t)$ が有限値に収束し，さらにはその値が0となるのであろうか。なお，制御系は安定であるとする。

図 6.8(b) の単位フィードバック系において，式(6.2)より目標値入力に対する制御出力は

$$Y_b(s) = G_b(s)R(s) = \frac{G_P(s)G_C(s)}{1 + G_P(s)G_C(s)}R(s)$$

であるから，偏差は

$$E(s) = \mathcal{L}[e(t)] = R(s) - Y_b(s) = \frac{1}{1 + G_P(s)G_C(s)}R(s)$$

となる。偏差 $e(t)$ の定常値が存在するならば，その値はラプラス変換の最終値定理から

$$\varepsilon = \lim_{t \to \infty} e(t) = \lim_{s \to 0} sE(s) = \lim_{s \to 0} s\frac{1}{1 + G_P(s)G_C(s)}R(s) \tag{6.13}$$

となる。そこで，代表的目標値入力であるステップ関数 $r(t) = u_s(t)$，ランプ関数 $r(t) = t$，定加速度関数 $r(t) = t^2/2$，および正弦波 $r(t) = \sin \omega t$ について偏差を求めよう。

〔1〕 ステップ入力[†] **($r(t) = u_s(t)$, $R(s) = 1/s$) の場合** フィードバック系は安定であるという前提から，ステップ入力に対する定常偏差は存在し，その値は式(6.13)より

$$\varepsilon = \lim_{t \to \infty} e(t) = \lim_{s \to 0} sE(s) = \lim_{s \to 0} s\frac{1}{1 + G_P(s)G_C(s)}\frac{1}{s} = \frac{1}{1 + \lim_{s \to 0} G_P(s)G_C(s)} \tag{6.14}$$

となる。これを**定常位置偏差** (steady-state position error)，そして

$$K_p = \lim_{s \to 0} G_P(s)G_C(s) \tag{6.15}$$

を**位置偏差定数** (position error constant) という。一巡伝達関数 $G_P(s)G_C(s)$ が原点 $s = 0$ に極をもたない（積分器を含まない）とき，$K_p = G_P(0)G_C(0)$，$\varepsilon = 1/(1 + K_p)$ である。$s = 0$ に極があると $K_p = \infty$ であるから $\varepsilon = 0$ となる。一巡伝達関数の原点における極をコントローラ $G_C(s)$ により導入するために

$$G_C(s) = K_P\left(1 + \frac{1}{T_I s}\right), \quad G_C(s) = K_P\left(1 + \frac{1}{T_I s} + T_D s\right) \tag{6.16}$$

なる形が用いられることがある。K_P は比例動作，$1/(T_I s)$ は積分動作，$T_D s$ は微分動作を表すので，比例 (proportional)，積分 (integral)，微分 (derivative) の頭文字から，これらのコント

[†] ステップ関数 $u_s(t)$ に収束するような入力でもよい。これはランプ入力などについても同様である。

136   6. フィードバック制御系の特性

ローラは **PI 補償器**および **PID 補償器**と呼ばれる。

〔2〕 ランプ入力 ($r(t) = t$, $R(s) = 1/s^2$) の場合　ランプ入力の場合，偏差は

$$E(s) = \frac{1}{1 + G_P(s)G_C(s)} \frac{1}{s^2}$$

であるから，上式右辺を部分分数に展開したとき，分母 s^2 に対応して生じる $c_0/s + c_1/s^2$ なる項が偏差の定常応答である。ここで，$c_1 = (1 + \lim_{s \to 0} G_P(s)G_C(s))^{-1}$ であり，定常応答は時間関数として $c_0 + c_1 t$ と表されるので，$c_1 = 0$ のとき（すなわち一巡伝達関数 $G_P(s)G_C(s)$ が原点 $s = 0$ に極をもつとき），またそのときに限り，定常偏差は有限で

$$\varepsilon = c_0 = \lim_{s \to 0} sE(s) = \lim_{s \to 0} s \frac{1}{1 + G_P(s)G_C(s)} \frac{1}{s^2} = \frac{1}{\lim_{s \to 0} sG_P(s)G_C(s)} \tag{6.17}$$

となる。これをランプ入力に対する**定常速度偏差**（steady-state velocity error），そして

$$K_v = \lim_{s \to 0} sG_P(s)G_C(s) \tag{6.18}$$

を**速度偏差定数**（velocity error constant）という。$G_P(s)G_C(s)$ が原点に 1 個の極をもつとき，K_v は有限値（$\neq 0$）で $\varepsilon = 1/K_v$ となり，2 個以上の多重極であれば，$K_v = \infty$ であるから $\varepsilon = 0$ となる。

〔3〕 定加速度入力 ($r(t) = t^2/2$　$R(s) = 1/s^3$) の場合　定加速度入力が加えられた場合，ランプ入力に対するのと同様な考察から，一巡伝達関数 $G_P(s)G_C(s)$ が原点 $s = 0$ に 2 個以上の極をもつとき，そのときに限り，定常偏差 ε が存在し，その値は最終値定理から

$$\varepsilon = \frac{1}{\lim_{s \to 0} s^2 G_P(s)G_C(s)} \tag{6.19}$$

となることが示される。これを**定常定加速度偏差**（steady-state acceleration error），また

$$K_a = \lim_{s \to 0} s^2 G_P(s)G_C(s)$$

を**加速度偏差定数**（acceleration error constant）という。$G_P(s)G_C(s)$ が原点に 2 個の極をもつとき，K_a は有限値（$\neq 0$）で，$\varepsilon = 1/K_a$ となる。3 個以上の極をもつときは，$K_a = \infty$，$\varepsilon = 0$ となる。

以上の結果を**表 6.1** に示す。一般に，k 次の多項式関数の目標値入力 $r(t) = t^k/k!$（$k = 0, 1, 2, ...,$），$t \geq 0$，に対し有限な定常偏差 $\varepsilon \neq 0$ をもつようなフィードバック系を**目標値に対し k 型**（Type k）であるという。単位フィードバック系については，表 6.1 から一巡伝達関数 $G_P(s)$

表 6.1　単位フィードバック系の定常偏差 ε

一巡伝達関数の $s=0$ における極（積分器）の個数	ステップ入力 $r(t) = 1$	ランプ入力 $r(t) = t$	定加速度入力 $r(t) = t^2/2$
0	$1/(1+K_P)$	∞	∞
1	0	$1/K_v$	∞
2	0	0	$1/K_a$

$G_C(s)$ が原点に極をもたないとき0型, 1個のとき1型, 2個なら2型であるが, この性質は $k \geqq$ 3 の場合でも一般に成立することが示される (演習問題【6.8】参照). すなわち, 単位フィードバック系が k 型 ($k = 0, 1, 2, ...$) であるとは, 一巡伝達関数が k 個の積分器を有することである.

単位フィードバック系でないとこの性質は一般に成立しないが, 等価な単位フィードバック系に変換することにより, 型を求めることができる.

図 6.13 は, フィードバック経路に伝達関数 $G_D(s)$ をもつフィードバック系である. 目標値入力に対する偏差 $E(s) = R(s) - Y(s)$ は

$$E(s) = \frac{1 + G_P(s) G_C(s) (G_D(s) - 1)}{1 + G_P(s) G_C(s) G_D(s)} R(s) \tag{6.20}$$

となり

$$\widetilde{G}_L(s) = \frac{G_P(s) G_C(s)}{1 + G_P(s) G_C(s) G_D(s) - G_P(s) G_C(s)} \tag{6.21}$$

と置けば, 式(6.19)より

$$E(s) = \frac{1}{1 + \widetilde{G}_L(s)} R(s)$$

であるから, 偏差 $E(s)$ に関して, 図 6.13 のフィードバック系は一巡伝達関数 $\widetilde{G}_L(s)$ をもつ単位フィードバック系に等価である. したがって, その型は $\widetilde{G}_L(s)$ の積分器の数により判定できる.

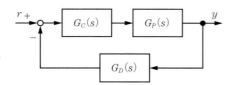

図 6.13 フィードバック経路に伝達関数 $G_D(s)$ をもつフィードバック系

【例 6.1】

図 6.1 の速度制御系のブロック線図 (図 6.2) において, α のブロックを PI 補償器 $G_C(s) = K_1 + K_2/s$ で置き換えたとする. $G_P(s) = k_m/(\tau_m s + 1)$, $G_D(s) = \beta$ であるから, ステップ入力 $R(s) = 1/s$ に対する定常偏差は式(6.19)より

$$\varepsilon = \lim_{t \to \infty} e(t) = \lim_{s \to 0} s E(s) = \frac{\beta - 1}{\beta}$$

となる. 一巡伝達関数 $G_P(s) G_C(s) G_D(s)$ は積分器1個を含んでいるが, $\beta \neq 1$ のとき (単位フィードバック系でないとき) $\varepsilon \neq 0$ となり, 目標値に対し0型である. このことは, 偏差に関し等価な単位フィードバック系の一巡伝達関数は式(6.21)より

$$\widetilde{G}_L(s) = \frac{k_m(K_1 s + K_2)}{\tau_m s^2 + (1 + k_m K_1(\beta - 1))s + k_m K_2(\beta - 1)}$$

で, $\beta \neq 1$ なら $\widetilde{G}_L(s)$ は積分器をもたないことからもわかる. ■

〔4〕 **正弦波入力** $(r(t) = \sin \omega t,\ R(s) = \omega/(s^2 + \omega^2))$ **の場合**　目標値入力が正弦波であるとき，偏差は

$$E(s) = \frac{1}{1 + G_P(s)G_C(s)} \frac{\omega}{s^2 + \omega^2} \tag{6.22}$$

となり，これから $e(t)$ の定常応答に対応する部分は $A\sin(\omega t + \theta)$ と表される。ここで $A = |1/(1 + \lim_{s \to j\omega} G_P(s)G_C(s))|$ である。したがって $A = 0$ のとき，そのときに限り定常偏差 ε は存在し，しかも $\varepsilon = 0$ となる。$A = 0$ となるには，一巡伝達関数 $G_P(s)G_C(s)$ が $s = j\omega$ に極をもつこと，すなわち

$$G_P(s)G_C(s) = \frac{\widehat{G}(s)}{s^2 + \omega^2}, \quad \widehat{G}(\pm j\omega) \ne 0 \tag{6.23}$$

という形であることが必要十分条件である。

　以上，おもに図 6.8（b）の単位フィードバック系について代表的な入力に対する定常偏差を考察した。多項式入力 $R(s) = 1/s^{k+1}$ $(k = 0, 1, 2, 3, ...)$ および正弦波入力 $R(s) = \omega/(s^2 + \omega^2)$ について，定常偏差 $\varepsilon = 0$ となる必要十分条件は「一巡伝達関数がそれぞれ $G_P(s)G_C(s) = \widehat{G}(s)/s^{k+1}$ および $G_P(s)G_C(s) = \widehat{G}(s)/(s^2 + \omega^2)$ という形であること」，いいかえると「一巡伝達関数 $G_P(s)G_C(s)$ が $R(s)$ という「目標値モデル」を内蔵すること」である。この性質は，もっと一般に右半平面 $\mathrm{Re}\,s \geqq 0$ に極をもつような入力 $R(s)$ についても成立することが知られており，**内部モデル原理**（internal model principle）と呼ばれている[35),36)]。

6.4.2　外乱に対する定常特性

　図 6.8（b）のフィードバック系の外乱に対する出力成分は，式(6.2)において目標値入力 $R(s) = 0$，測定雑音 $W(s) = 0$ として

$$Y_b(s) = \frac{G_P(s)}{1 + G_P(s)G_C(s)} V(s) \tag{6.24}$$

となる。外乱がステップ関数 $v(t) = u_s(t)$ $(V(s) = 1/s)$ のとき，出力成分の定常値は

$$\varepsilon_d = \lim_{t \to \infty} y_b(t) = \lim_{s \to 0} sY_b(s) = \lim_{s \to 0} \frac{G_P(s)}{1 + G_P(s)G_C(s)} \tag{6.25}$$

となる。したがって $\varepsilon_d = 0$ となる必要十分条件は，$G_P(0) = 0$（すなわち，制御対象 $G_P(s)$ が原点 $s = 0$ に零点をもつ）か，あるいは $G_P(0) \ne 0$ で $G_C(0) = \infty$ となる（すなわち，コントローラが積分器をもつ）ことである。しかし，$G_P(s)$ が原点 $s = 0$ に零点をもった場合，ステップ入力への追従のためにコントローラ $G_C(s)$ に積分器をもたせると，$s = 0$ で $G_P(s)G_C(s)$ に極・零点の相殺を生じ，フィードバック系が不安定となる。したがって，$\varepsilon_d = 0$ を実現するには，$G_P(s)$ が $s = 0$ に零点をもたず，$G_C(s)$ が積分器をもたなければならない。

　図 6.14 のように，制御対象が $G_P(s) = G_{P_1}(s)G_{P_2}(s)$ と分割された中間点に外乱が加わると，外乱による出力は

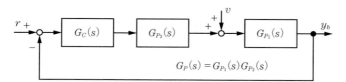

図 6.14 外乱が制御対象の中間点に加わる場合

$$Y_b(s) = \frac{G_{P_1}(s)}{1 + G_{P_1}(s)G_{P_2}(s)G_C(s)} V(s) \tag{6.26}$$

となる。上に述べたことから，ステップ外乱に対する出力の定常値を0とするには，$G_P(0) = G_{P_1}(0) G_{P_2}(0) \neq 0$ で $G_{P_2}(0) G_C(0) = \infty$ であること，すなわち，外乱が加わる点以前の前向き経路の伝達関数の積 $G_{P_2}(s)G_C(s)$ が積分器をもつことが必要である。

まとめ 本章では，制御の基本であるフィードバックの効果について，安定化と外乱の影響抑制を示し，感度関数と相補感度関数の視点およびそれらに基づくループ整形の考え方を紹介した。そして，一巡伝達関数の視点で，フィードバックによって実現できる過渡特性と定常特性を説明した。これらの内容は，第7章の伝達関数に基づく制御系設計の基礎をなすものである。

演 習 問 題

【6.1】 図6.8の開ループ系およびフィードバック系において，制御対象 $G_P(s) = 1/((s+1)(s+3))$ とする。両方式で，目標値 r から制御量 y への伝達関数を $\widetilde{G}(s) = 2/(s+2)$ としたい。しかし，どのようなプロパーなコントローラを用いても実現できないことを示せ。

【6.2】 図6.8（b）のフィードバック系において，$r \to y$ の閉ループ伝達関数 $G_b(s)$ についてつぎの問に答えよ。制御対象 $G_P(s)$ は真にプロパーとする。
(1) $G_b(s) = 1$ であれば，つねに $r(t) = y(t)$ となるという意味で理想的であるが，実際にはプロパーなコントローラ $G_C(s)$ を用いて $G_b(s) = 1$ を実現することはできない。その理由を答えよ。
(2) 制御対象 $G_P(s)$ が右半平面 $\mathrm{Re}\, s > 0$ に零点 $s = \lambda$ をもつとき，どのようなプロパーなコントローラ $G_C(s)$ を用いても λ はそのまま $G_b(s)$ の零点として残ることを示せ。

【6.3】 図6.8（b）のフィードバック系において，一巡伝達関数 $G_L(s) = G_P(s)G_C(s)$ のゲイン交差周波数 ω_g と閉ループ伝達関数 $G_b(s)$ のゲインのバンド幅 ω_B の関係を考える。$G_L(s)$ は真にプロパーかつ最小位相で，そのゲイン線図は $\omega = 0 \to \infty$ で単調に減少し，$G_b(j\omega)$ のゲインは $\omega \to 0$ で 0 dB から出発する低域通過型の特性であるとする。フィードバック系の位相余裕 $PM = \theta$ が 0 deg $< \theta <$ 90 deg であるとき，$|G_b(j\omega_g)| > 1/\sqrt{2}$ が成立し，したがって $\omega_g < \omega_B$ であることを示せ[19],[37]。

【6.4】 一巡伝達関数が $G_L(s) = \omega_n^2/(s(s+2\zeta\omega_n))$ で，入出力伝達関数が標準2次系の $G_b(s) = \omega_n^2/(s^2 + 2\zeta\omega_n s + \omega_n^2)$ で表される単位フィードバック系の位相余裕 PM は
$$PM = \tan^{-1}(2\zeta/\sqrt{\sqrt{1+4\zeta^4}+2\zeta^2})$$
と与えられることを示せ。

【6.5】 図6.8(b)のフィードバック系で$G_P(s) = 1/(s(s+2))$, $G_C(s) = K/(s+1)$とする。$K=2$および$K=10$の場合，ステップ入力，ランプ入力に対する定常偏差とステップ外乱に対する出力成分の定常値を求めよ。

【6.6】「安定な単位フィードバック系が目標値入力についてk型である」とは，一巡伝達関数がk個の積分器をもつことであることを示せ。

【6.7】 安定な単位フィードバック系において一巡伝達関数のゲイン線図（折れ線近似）が**図6.15**(a)，(b)および(c)であるとき，それぞれの場合について位置偏差定数K_p，速度偏差定数K_v，加速度偏差定数K_aを求めよ。

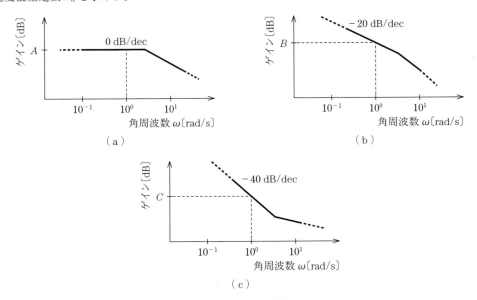

図6.15 一巡伝達関数のゲイン線図（折れ線近似）

第7章

フィードバック制御系の設計：伝達関数に基づく方法

第1章で述べたように，フィードバック制御系は，制御対象の出力が望ましい振る舞いをするように入力を操作するメカニズムである．普通，望ましい振る舞いとは，外乱などで乱されることなく出力を一定値に保つこと，あるいは出力を指定されたクラスの目標信号に一致させることである．前者の性質をもつ制御系を定値制御系あるいは**レギュレータ系**（regulator system），後者の場合を追値制御系あるいは**サーボ系**（servo system）という．フィードバック制御系の設計を理論的に検討する過程は，まず制御の目的に応じて制御系の仕様と構成ブロック線図を具体的に定め，つぎに制御対象の数式モデルあるいは応答特性を求め，そして制御系の仕様が満足されるようにコントローラを設計し，最後にシミュレーションにより結果をチェックする，という四つの段階に区分できる．本章では，制御系の仕様と構成が指定され，制御対象のモデルとして伝達関数や周波数応答あるいはステップ応答が得られているものとして，コントローラを設計する段階の問題を扱う．制御対象のどのモデルを用いることができるかによって，適用できるコントローラの種類や設計法が異なるとともに，それに伴って実現できる仕様が異なる．

7.1 フィードバック制御系

本章では，フィードバック系の構成として最も基本的な**図7.1**の単位フィードバック系を対象とする．そして，制御対象の数式モデルがおもに伝達関数で表され，目標信号のクラスがステップ関数やランプ関数である場合のサーボ系としての仕様が与えられているときに，コントローラを求める問題を考える．得られる制御系は，レギュレータ系としても動作する．

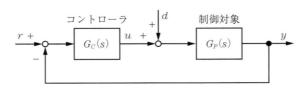

図 7.1 単位フィードバック系

図7.1における $G_P(s)$，$G_C(s)$ は，それぞれ制御対象およびコントローラの伝達関数で，$G_P(s)$ は与えられており，$G_C(s)$ が求めるべきものである．y は制御出力，u は操作入力，r は目標値入力，d は外乱を表す．

コントローラとしてもっとも簡単な形は，$G_C(s) = K_C$（定数）なるゲインコントローラであり，ゲインの調整で制御系の仕様が実現できないときは，1次系あるいはさらに高次の動的要素が検討される。

1次系コントローラで広く用いられるのは，式(6.16)に示した**PID補償器**

$$G_C(s) = K_P\left(1 + \frac{1}{T_I s} + T_D s\right)$$

と，プロパーな伝達関数

$$G_C(s) = K_C \frac{s+z}{s+p}, \quad K_C > 0, \quad z > 0, \quad p > 0 \tag{7.1}$$

で表される要素である。式(7.1)の $G_C(s)$ は，$p > z$ ならば位相進み特性 $\angle G_C(j\omega) > 0$，$\omega > 0$，$p < z$ ならば位相遅れ特性 $\angle G_C(j\omega) < 0$，$\omega > 0$ を示すところから，それぞれ，**位相進み補償器**（phase-lead compensator）および**位相遅れ補償器**（phase-lag compensator）と呼ばれる。

以下において，7.2，7.3節で根軌跡法[38]および周波数応答法による位相進み補償器と位相遅れ補償器の設計法を説明し，7.4節でPID補償器の設計法を取り上げる。最後に7.5節で単一フィードバック系を拡張した2自由度制御系の構成を紹介する。

7.2 根 軌 跡 法

7.2.1 根　軌　跡

第3章で述べたように，システムの動的挙動は基本的にそのシステムモードにより規定され，第5章で述べたように，フィードバック系のシステムモードは閉ループ特性多項式の根に対応して定まる。そこで，特性多項式が自由パラメータを含むとき，パラメータ値を調整して系の安定性や応答特性を改善することを考えよう。それには，特性多項式の根とパラメータの関係を把握しておかなければならない。

ここで，図7.1のフィードバック系を構成する各ブロックはいずれも可制御・可観測で，**図7.2**のように，それぞれ有理伝達関数 $G_P(s) = N_P(s)/D_P(s)$，$G_C(s) = KN_C(s)/D_C(s)$ で表されているとしよう。ここでは，コントローラ $G_C(s)$ にゲイン定数 K を導入している。5.2節で述べたように，フィードバック系の基本的なシステムモードは多項式 $\Phi(s) = KN_P(s)N_C(s) + D_P(s)D_C(s)$ の根により定まり，それらは閉ループ伝達関数の極である。

この $\Phi(s)$ のように，1個の自由パラメータ K を含み，ある多項式 $N(s)$，$D(s)$ について

$$\Phi(s) = KN(s) + D(s) \tag{7.2}$$

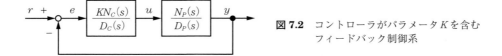

図7.2　コントローラがパラメータ K を含むフィードバック制御系

と表せる関数を考えよう。K を $0 \sim \infty$ と変化させたとき，$\Phi(s)$ の根が複素平面上に描く軌跡を**根軌跡**（root locus）という。複素数 $s = s_0$ が根軌跡上の点であるとは，ある $K \geqq 0$ について，$\Phi(s_0) = 0$ となることである。

7.2.2 根軌跡の特性

さて，複素平面における式(7.2)の根軌跡を求めるのであるが，$D(s)$ と $N(s)$ はたがいに既約であるとする。$\Phi(s) = D(s) + KN(s)$ の根は，$K = 0$ のとき（そのときに限り），$D(s)$ の根に一致し，$K > 0$ なら，$1 + K(N(s)/D(s))$ の零点に一致する。したがって $G(s) = N(s)/D(s)$ と表すとき，$K > 0$ の根軌跡は $G(s) = -1/K$，すなわち絶対値と位相角について

$$|G(s)| = \frac{1}{K} \tag{7.3a}$$

$$\angle G(s) = \angle \left(-\frac{1}{K} \right) = 180(1 + 2l) \,[\text{deg}], \quad l = 0, \pm 1, \pm 2, \dots \tag{7.3b}$$

が成立する点 s の軌跡である。式(7.3a)を根軌跡の振幅条件，式(7.3b)を位相条件という。

いま，$G(s)$ が

$$G(s) = \frac{\beta(s + z_1)(s + z_2) \cdots (s + z_m)}{(s + p_1)(s + p_2) \cdots (s + p_n)} \tag{7.4}$$

と表される[†]とすれば，式(7.3)はそれぞれ

$$\frac{|\beta||s + z_1||s + z_2| \cdots |s + z_m|}{|s + p_1||s + p_2| \cdots |s + p_n|} = \frac{1}{K} \tag{7.5a}$$

$$\angle \beta + \sum_{i=1}^{m} \angle (s + z_i) - \sum_{j=1}^{n} \angle (s + p_j) = 180(1 + 2l) \,[\text{deg}], \quad l = 0, \pm 1, \pm 2, \dots \tag{7.5b}$$

となる。ここで $\beta > 0$ のとき $\angle \beta = 0$，$\beta < 0$ のとき $\angle \beta = \pm \pi$ である。式(7.5b)の位相条件は K を含まないことに注意しよう。点 s が式(7.5b)を満たすなら，s はある $K > 0$ について根軌跡上の点であり，対応する K の値は振幅条件(7.5a)により定まる。したがって根軌跡を描くには，まず式(7.5b)が成立する s の集合を求め，その集合上の各点について式(7.5a)から定まる K の値を記入すればよい。

ここで，根軌跡を描くうえで有用ないくつかの基本性質を示しておこう。式(7.4)において $n \geqq m$，$\beta > 0$ であるとする。

- **対称性**：　実数係数の n 次多項式 $\Phi(s)$ は n 個の実数，あるいはたがいに共役な複素数の対の根をもち，それらの根はパラメータ K（$0 \leqq K < \infty$）について連続的に変化する。したがって，根軌跡は実軸に関して対称な n 本の枝から構成される。

- **出発点と終点**：　$K = 0$ のとき根は $D(s)$ の根であるから，n 本の根軌跡の枝は $G(s)$ の極 $-p_j$（$j = 1, 2, \dots, n$）が出発点となる。$K \to \infty$ のとき，$G(s) = -1/K$ から $G(s) \to 0$ となり，した

[†] 式(7.4)の伝達関数表現における極と零点の符号は便宜上，式(3.42)の伝達関数表現とは逆になっている。

144　　7. フィードバック制御系の設計：伝達関数に基づく方法

がって m 本の根軌跡は $G(s)$ の零点 $-z_i$ $(i=1, 2, ..., m)$ に収束し，残りの $(n-m)$ 本は無限遠点に向かう。

● **漸近線**：　$K \rightarrow \infty$ で無限遠点に向かう根軌跡は，$n-m \geqq 2$ のとき実軸上の点

$$\alpha = -\frac{1}{n-m}\left(\sum_{j=1}^{n} p_j - \sum_{i=1}^{m} z_i\right) \tag{7.6}$$

を通り，角度

$$\theta_l = 180 \times \frac{(2l+1)}{n-m} \text{[deg]}, \quad l = 0, 1, ..., (n-m-1) \tag{7.7}$$

の $(n-m)$ 本の漸近線を有する。例えば $n-m=2$ のとき角度 $\theta = 90\,\text{deg}, 270\,\text{deg}\,(-90\,\text{deg})$ の 2 本の漸近線，$n-m=3$ なら角度 $\theta = 60\,\text{deg}, 180\,\text{deg}, 300\,\text{deg}\,(-60\,\text{deg})$ の 3 本の漸近線がある（式(7.6)，式(7.7)の証明は演習問題【7.1】参照）。

● **実軸上の軌跡**：　実軸上の点 s は，s の右にある $G(s)$ の実軸上の極と零点の総数が奇数個であるとき，そのときに限り，根軌跡の点である。

この性質はつぎのように示される。一般に複素数 α とその共役値 $\bar{\alpha}$ について，s が実数なら $\angle(s+\alpha) + \angle(s+\bar{\alpha}) = \angle((s+\alpha)(s+\bar{\alpha})) = \angle|s+\alpha|^2 = 0$ であるから，実軸上の点 s について位相条件式(7.5b)を調べるには，$G(s)$ の複素共役の極と零点は無視して実軸上の極と零点だけを考慮すればよい。極 $-p_j$ が s の右にあると $s+p_j < 0$ だから $\angle(s+p_j) = 180\,\text{deg}$，左にあると $s+p_j > 0$ だから $\angle(s+p_j) = 0$ である。零点についても同様である。したがって，s の右にある極と零点の個数をそれぞれ P_G, Z_G とすれば，式(7.5b)左辺は，$\angle\beta = 0$ を考慮して $\angle G(s) = 180(Z_G - P_G)$，あるいは $360P_G$ を加えて，$\angle G(s) = 180(Z_G + P_G)$ となる。これから，位相条件式(7.5b)は $(Z_G + P_G)$ が奇数のとき，そのときに限り，成立する。

● **分岐点**：　実軸上で根軌跡が分岐（あるいは合流）する点において

$$D(s)\left(\frac{d}{ds}N(s)\right) - \left(\frac{d}{ds}D(s)\right)N(s) = 0 \tag{7.8}$$

が成立する。

これはつぎのように示される。分岐点を s_b とすれば，s_b は $\Phi(s) = 0$ の重根であるから

$$\Phi(s_b) = D(s_b) + KN(s_b) = 0, \quad \text{かつ} \left(\frac{d}{ds}\Phi(s)\right)_{s=s_b} = \left(\frac{d}{ds}D(s)\right)_{s=s_b} + K\left(\frac{d}{ds}N(s)\right)_{s=s_b} = 0$$

が成立し，これから K を消去すると式(7.8)が得られる。

【例 7.1】

図 7.2 の単位フィードバック系において，$G(s) = N_P(s)N_C(s)/(D_P(s)D_C(s)) = 2(s+1)/(s(s+2)(s+3)(s+4))$ であるとき，根軌跡を求めよう。出発点と終点の性質から，$K=0$ で $G(s)$ の極 $s = 0, -2, -3, -4$ から根軌跡が出発し，$K \rightarrow \infty$ のとき 1 本は $G(s)$ の零点 $s = -1$ に，残りの 3 本は無限遠点に向かう。実軸上の軌跡の性質から，区間 $(-\infty, -4]$，$[-3, -2]$，$(-1, 0]$ は根軌跡である。実軸上において，$s = -4$ からの枝は $-\infty$ に発散し，$s = 0$ から出発す

る枝は $s=-1$ に向かう。$s=-2,-3$ から出発する枝は区間 $[-3,-2]$ 上の点で合流したのち分岐する。漸近線の性質から，実軸上の点 $\alpha=(0-2-3-4+1)/(4-1)=-8/3$ を通り，角度 $\theta=\pm 60\,\mathrm{deg}, 180\,\mathrm{deg}$ の3本の漸近線があり，角度 $180\,\mathrm{deg}$ の漸近線は $s=-4$ から $-\infty$ に向かい，区間 $[-3,-2]$ 内の点で分岐した枝は角度 $\pm 60\,\mathrm{deg}$ の漸近線に沿って無限遠点に向かう。式(7.8)から分岐点について $3s^4+22s^3+53s^2+52s+24=0$ が成立し，これから $s=-2.39$ と求まる。以上から図 **7.3** の根軌跡が得られ，K の値が大きいと根軌跡は右半平面に入り，フィードバック系は不安定となる。安定限界値 K_{sup} は $G(s)=-1/K$，すなわち $s(s+2)(s+3)(s+4)+2K(s+1)=0$ のすべての根が左半平面内にあるような K の上限であり，フルビッツの安定判別法により $K_{\mathrm{sup}}=70.4$ と求められる（演習問題【5.2】(4) 参照）。$K=K_{\mathrm{sup}}$ のとき根は $s=\pm 4.28j, -0.956, -8.04$ となる。

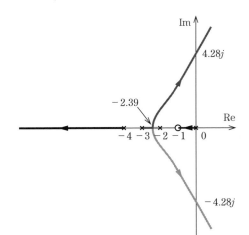

図 7.3 $G(s)=2(s+1)/(s(s+2)(s+3)(s+4))$ であるときの根軌跡

■

7.2.3 根軌跡法によるコントローラの設計

制御系の極を適切に配置して望ましい応答特性を実現する設計法を一般に**極配置法**（pole placement）と呼ぶ。コントローラのパラメータ値の変化による根軌跡は閉ループ系の極の軌跡であり，**根軌跡法**はその軌跡を用いて望ましい極配置を実現しようとするもので，極配置法の一つである。コントローラの設計手順はつぎの(ⅰ)，(ⅱ)のようになる。なお，閉ループ系の極配置のみに注目しており，その応答が零点をもたない2次系で近似できるという暗黙の仮定をしていることに注意する必要がある。例えば，他の極と零点の実部が，極配置する極の実部よりも負の大きな値である場合が相当する（演習問題【3.5】参照）。

（ⅰ）**閉ループ極の望ましい配置**： 入出力応答の過渡特性の指標として，ステップ応答の行き過ぎ量と整定時間に着目し，与えられた仕様を満足する極の領域（許容領域）を求める。さらに応答の速応性や極の支配性などを考慮して，望ましい極の位置を許容領域内に定める。

146   7. フィードバック制御系の設計：伝達関数に基づく方法

（ⅱ）　**コントローラの選択とパラメータ調整**：　プロパーな有理伝達関数 $G_C(s) = KN_C(s)/D_C(s)$ で表されるコントローラを考え，ゲイン定数 K をパラメータとする根軌跡が（ⅰ）で定めた極を通るように，位相条件によってコントローラの分母，分子の係数を調整し，極に対応する K の値を根軌跡の振幅条件から定める。根軌跡が所定の極を通らないときは，さらに高次のコントローラについて検討する。

つぎの例により，根軌跡法を説明しよう。

【例 7.2】（位相進み補償器の導入による過渡特性の改善）

図 7.2 のフィードバック制御系で制御対象が

$$G_P(s) = \frac{N_P(s)}{D_P(s)} = \frac{1}{s(s+1)} \tag{7.9}$$

と与えられているとき，ステップ応答の特性が

行き過ぎ量：$A_{max} \leq 16\%$，

最終値の $\pm 2\%$ に収まる整定時間：$t_s \leq 3 \, [\text{s}]$

を満足するようにコントローラを定めよう。

（ⅰ）　**閉ループ極の望ましい配置**：　コントローラ $G_C(s)$ は，ゲイン定数 $K > 0$ をもつプロパーな有理伝達関数 $G_C(s) = KN_C(s)/D_C(s)$ で表されるとする。このとき，多項式 $\Phi(s) = D_P(s)D_C(s) + KN_P(s)N_C(s) = s(s+1)D_C(s) + KN_C(s) = 0$ の根，すなわち

$$\frac{N_C(s)}{s(s+1)D_C(s)} = -\frac{1}{K} \tag{7.10}$$

を満たす s がフィードバック制御系の極である。いま，制御系は一対の複素共役極

$$\lambda, \bar{\lambda} = -\zeta\omega_n \pm j\omega_n\sqrt{1-\zeta^2} \quad (\zeta：減衰係数，\quad \omega_n：自然角周波数)$$

を支配極として有する，つまり式 (3.49) の 2 次系に近い振る舞いをすると仮定し，与えられた仕様から極の配置を定める。まず，減衰係数が $\zeta \leq 0.8$ の範囲にあると仮定して，整定時間と複素共役極との関係式 (3.54) から，$t_s \leq 3$ に対し，少し大きめの $\zeta\omega_n \geq 4.5/3 = 1.5$ とする。また，行き過ぎ量と減衰係数との関係式 (3.56) から，$\zeta \geq 0.5$ のとき $A_{max} \leq 16\%$ となることがいえる。そこで，$\zeta\omega_n \geq 1.5$，$0.8 \geq \zeta \geq 0.5$ に対応する領域（**図 7.4**）が極の望ましい領域といえるが，そのどこに極を置くかは一意に決まらず，さらなる考察が必要である。

まず，$\lambda, \bar{\lambda}$ が支配極であるために虚軸に近い境界線上 $-\zeta\omega_n = -1.5$ に配置することにしよう。$\lambda, \bar{\lambda}$ 以外の極の実部は -1.5 よりも十分大きな負の値と仮定できるとしている。原点 $s = 0$ から $\lambda, \bar{\lambda}$ までの距離は ω_n で，これが大きいことは閉ループ系バンド幅も大きいことを意味し，速応性の点で望ましい。そこで，$-\zeta\omega_n = -1.5$ の線上で $\zeta = 0.5$ に対応する望ましい領域の端点が候補として考えられる。しかし，閉ループ伝達関数の $\lambda, \bar{\lambda}$ 以外の極や零点の影響で，行き過ぎ量が予想値 16% より増大する恐れがある。そこで減衰係数を大きく，例えば $\zeta = 0.7$ として，$\omega_n = 1.5/0.7 = 2.14$，複素共役極 $\lambda, \bar{\lambda} = -1.50 \pm 1.53j$，を望ましい極配置と考えることとする。

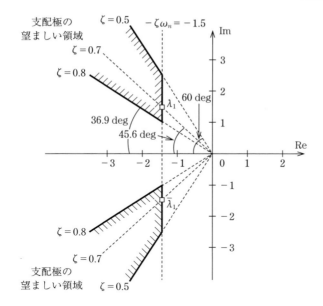

図 7.4 支配極の望ましい領域

(ⅱ) **コントローラの選択とパラメータ調整**：　根軌跡法で複素共役極 $\lambda, \bar{\lambda} = -1.50 \pm 1.53j$ を実現することを考える。まず，$G_C(s)$ がゲインコントローラ $G_C(s) = K_C$ であるとする。**図 7.5**(a) が対応する根軌跡であり，明らかにゲイン K_C の値を調整しても根軌跡が $\mathrm{Re}\, s = -1.5$ より左の領域に入ることはないので，望ましい極配置は実現できない。例えば $K_C = 1$ とすれば，閉ループ伝達関数は $G_{yr}(s) = 1/(s^2+s+1)$ となり，そのステップ応答（**図 7.6**(a) の ⓐ）は，行き過ぎ量 16.3％でほぼ仕様を満たしているが，整定時間は 8.08 [s] であり，仕様を満たさない。

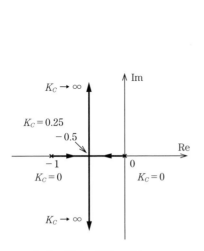
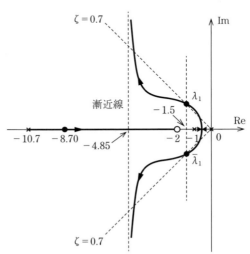

(a) ゲイン調整 $G_C(s) = K_C$ のみ　　(b) 位相進み補償器 $G_{C1}(s) = K(s+2)/(s+10.7)$ の導入後

図 7.5 フィードバック系の根軌跡

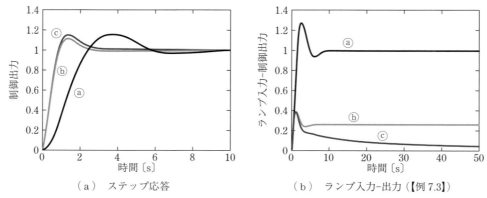

(a) ステップ応答　　　　　(b) ランプ入力-出力（【例7.3】）

ⓐゲイン調整($K_C=1$)，ⓑ位相進み補償（【例7.2】），ⓒ位相進み＋遅れ補償（【例7.3】）

図7.6　フィードバック系の応答

0と−1を始点とする根軌跡が$\lambda, \bar{\lambda}$を通るようにするためには，漸近線を Re $s=-1.5$ より左にするコントローラを導入する必要がある．式(7.6)，(7.7)によれば，1次系コントローラ

$$G_{C_1}(s) = K\frac{s+z}{s+p}, \quad K>0, \quad z>0, \quad p>0 \tag{7.11}$$

で，$p-z>2$ にすればよいことがわかる．$p>z$ であるから，これは位相進み補償器である．このコントローラによって，根軌跡が $\lambda_1=-1.50+1.53j$ を通る可能性が生まれる．

じっさい，根軌跡が λ_1 を通るということは，$(\lambda_1+z)/(\lambda_1(\lambda_1+1)(\lambda_1+p)) = -(1/K)<0$ ということであるから，位相条件

$$\angle\frac{\lambda_1+z}{\lambda_1(\lambda_1+1)(\lambda_1+p)} = \angle(\lambda_1+z) - \angle(\lambda_1+p) - \angle(\lambda_1+1) - \angle\lambda_1 = -180\deg \tag{7.12}$$

を満足することが必要十分条件である．いま，$\angle(\lambda_1+1) + \angle(\lambda_1) = 242.5\deg$ であるから，コントローラに $\varphi = \angle(\lambda_1+z) - \angle(\lambda_1+p) = 62.5\deg$ の位相進みが要求される．z は普通 ω_n と同程度の大きさに選ばれるので，$z=2$ とすれば，$p=10.7$ で位相進み角 $\varphi=62.5\deg$ が得られる．このとき一巡伝達関数は

$$G_P(s)G_{C_1}(s) = \frac{K(s+2)}{s(s+1)(s+10.7)}$$

となり，ゲインKの値は根軌跡の点λ_1における振幅条件

$$|G_P(\lambda_1)G_{C_1}(\lambda_1)| = 1 \tag{7.13}$$

から$K=20.0$と求められる．閉ループ伝達関数は $G_{yr}(s) = 20.0(s+2)/(s^3+11.7s^2+30.7s+40.0)$ となり，複素共役極 $\lambda_1, \bar{\lambda}_1$ の他に零点 $s=-2$ と極 $s=-8.70$ をもつ．この閉ループシステムの根軌跡は図7.5(b)の形になる．制御対象の極0と−1を始点とし，区間$(-1,0)$において分岐した枝が $\lambda_1, \bar{\lambda}_1$ を通っている．

図7.6(a)のⓑがそのステップ応答で，行き過ぎ量は12.2%で仕様の16%以下，整定時間は

2.47〔s〕で仕様の3〔s〕以下を満たしている。行き過ぎ量が$\zeta = 0.7$に対する予想値($\lambda_1, \bar{\lambda}_1$を極とする2次系の4.60%（式3.55））より大きいのは，複素共役極$\lambda_1, \bar{\lambda}_1$の支配性が零点$s = -2$と極$s = -8.70$の影響を受けるためである。このように，根軌跡法では過渡応答の特性を代表極により想定するので，設計後の応答特性をシミュレーションにより確かめることが必要である。■

この例では式(7.11)の1次系コントローラについて，Kをパラメータとする根軌跡を考えた。このコントローラの場合，特性多項式を

$$\Phi(s) = pD_P(s) + zKN_P(s) + s(KN_P(s) + D_P(s))$$

のように書くこともできる。つまり，pあるいはzについても式(7.2)の形となる。したがって，pあるいはzをパラメータとする根軌跡を考えることもでき，それらを設計パラメータとする設計問題を考えることもできる（演習問題【7.2】，【7.3】参照）。

これまでに述べてきたように，根軌跡法の基本的な目的は，制御系の過渡特性に注目して，支配極を適切に配置することであるが，原点に近い極を一巡伝達関数に付加して定常特性を向上させることもできる。しかしそのとき，過渡特性が劣化しないように配慮しなければならない。このことを【例7.2】の制御系を対象に説明しよう。

【例7.3】（位相遅れ補償器の追加による定常特性の改善）

位相進み補償器を導入した【例7.2】の制御系は1型であるから，ステップ入力に対して定常偏差＝0であり，改善の必要はない。一方，速度偏差定数K_vは

$$K_v = \lim_{s \to 0} sG_P(s)G_{C_1}(s) = 20 \times \frac{2}{10.7} = 3.74$$

であり，ランプ入力に対する定常速度偏差＝$1/K_v = 26.7\%$は小さくない（図7.6(b)の ⓑ）。そこで，K_vの値を5倍にして，定常速度偏差を$26.7/5 \cong 5\%$程度に改善することにしよう。

（i）**閉ループ極の配置**：　速度偏差定数K_vを大きくするには，制御系を2型に近づけるとよいという考えに基づき，原点$s = 0$に近い極を一巡伝達関数$G_P(s)G_{C_1}(s)$に付加することにする。しかしそれでは根軌跡が変形し，その結果$\lambda_1, \bar{\lambda}_1$の近くに支配極を配置することができなくなり，過渡特性に大きな影響がある。$\lambda_1, \bar{\lambda}_1$の近傍における根軌跡の変化を小さく押さえるには，原点付近において極と同時に零点を挿入すればよい。そこで，p_2もz_2も小さい値で，$z_2 > p_2 > 0$であるコントローラ

$$G_{C_2}(s) = K_2 \frac{s + z_2}{s + p_2}, \quad K_2 > 0$$

を一巡伝達関数に追加するとしよう。$G_{C_2}(s)$は位相遅れ補償器であり，普通$z_2/p_2 = 3 \sim 10$の範囲で選ばれる。いま，K_vを5倍にするため，低周波域のゲインが5倍になるように$p_2 = 0.02$，$z_2 = 0.1$とすると，一巡伝達関数は

$$G_P(s)G_{C_1}(s)G_{C_2}(s) = K_2 \frac{20(s+2)(s+0.1)}{s(s+1)(s+10.7)(s+0.02)} \tag{7.14}$$

となる。$G_{C_2}(s)$のp_2とz_2の値が，他の極や零点に比べて相対的に接近しているため，位相遅れ

補償器を追加後の根軌跡の形は，**図7.7** に示すように，原点付近を除いて追加前の軌跡とほとんど重なり，閉ループ複素極を $\lambda_1, \bar{\lambda}_1$ とほぼ同じ位置に配置することができると考えられる。いま，新しい複素極を $\lambda_2, \bar{\lambda}_2$ として，それらを $\lambda_1, \bar{\lambda}_1$ と同様に $-\zeta\omega_n = -1.5$ なる直線上に配置するとしよう。線上において位相条件

$$\angle(\lambda_2+2) + \angle(\lambda_2+0.1) - \angle\lambda_2 - \angle(\lambda_2+1) - \angle(\lambda_2+10.7) - \angle(\lambda_2+0.02) = -180\,\text{deg} \tag{7.15}$$

が成立する点を求めると，$\lambda_2, \bar{\lambda}_2 = -1.50 \pm 1.58j$ が得られる。

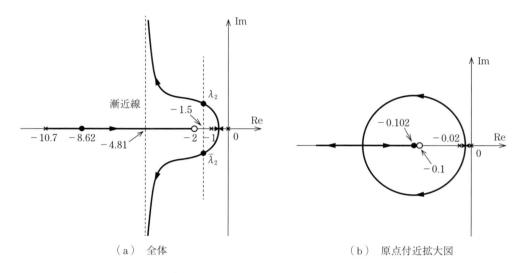

（a）全体　　　　　　　　　　　　　　　（b）原点付近拡大図

図7.7 位相遅れ補償器 $G_{C_2}(s) = 1.04(s+0.1)/(s+0.02)$ 追加後のフィードバック系の根軌跡

（ⅱ）**ゲイン定数の調整**：　極 $\lambda_2, \bar{\lambda}_2$ に対応するゲインの値は，振幅条件 $|G_P(\lambda_2)G_{C_1}(\lambda_2)G_{C_2}(\lambda_2)| = 1$ から $K_2 = 1.04$ となる。このとき閉ループ伝達関数の零点は $s = -2$, $s = -0.1$，極は $\lambda_2, \bar{\lambda}_2 = -1.50 \pm 1.58j$, $s = -8.62$, $s = -0.102$ である。

原点近くの極 $s = -0.102$ は遅いモードを生むが，目標値入力から制御出力への伝達関数において，このモード成分は零点 $s = -0.1$ によりほぼ相殺され，その影響は無視できる程度に小さい。図7.6（a）の ⓒ が閉ループ系のステップ応答で，その特性は位相進み補償のみの場合（同図の ⓑ）とほぼ同じであることがわかる。

一方，速度偏差定数 $K_v = \lim_{s \to 0} sG_P(s)G_{C_1}(s)G_{C_2}(s) = 19.5$ であるから，定常速度偏差は $1/K_v = 5.13\%$ と想定どおりに改善されている。じっさい，図7.6（b）の ⓒ に示されているように，位相進み補償のみの場合 ⓑ に比べて，ランプ入力に対する追従性能は大幅に改善されている。制御対象 $G_P(s)$ からみたコントローラ $G_C(s)$ は，位相進み補償器 $G_{C_1}(s)$ と位相遅れ補償器 $G_{C_2}(s)$ を併合した $G_C(s) = G_{C_1}(s)G_{C_2}(s)$ となり，このような形の補償器 $G_C(s)$ を一般に**位相進み-遅れ補償器**（phase lead-lag compensator）という。

なお，$G_P(s)$ の入力側に外乱が加わるとすれば，外乱から出力への伝達関数 $G_{yd}(s) = (s+$

$10.7)(s+0.02)/((s+8.61)(s+0.102)(s^2+3s+4.75)))$ においては，極 $s=-0.102$ のモードは相殺されず，外乱の応答特性を劣化させる要因となるので注意を要する。■

7.3 周波数応答法

周波数応答法は，制御系の目標値入力 r から制御出力 y への応答を表す伝達関数 $G_{yr}(s)$ の設計において，制御対象の周波数伝達関数 $G_P(j\omega)$ に着目する方法である。図7.1の単位フィードバック系の場合，$G_{yr}(j\omega)$ は一巡周波数伝達関数 $G_L(j\omega)=G_P(j\omega)G_C(j\omega)$ により

$$G_{yr}(j\omega)=\frac{G_L(j\omega)}{1+G_L(j\omega)} \tag{7.16}$$

と定まるので，$G_C(j\omega)$ により $G_L(j\omega)$ を適切に整形して，望ましい入出力応答特性 $G_{yr}(j\omega)$ を実現するという考えである。これは6.2節で紹介したループ整形の考えと基本的に同じであるが，整形の視点がより具体的である。$G_L(j\omega)$ の整形はボード線図上で行うので，制御対象 $G_P(s)$ の関数形を知らなくても，その周波数応答 $G_P(j\omega)$ のボード線図が（例えば実測により）得られると設計を進めることができる。高周波域における $G_P(j\omega)$ は一般に小さく，$G_{yr}(j\omega)$ への影響が小さいので，そのデータにある程度の不確かさがあってもよい。

望ましい入出力応答を一巡周波数伝達関数 $G_L(j\omega)$ の整形により実現するためには，$G_{yr}(s)$ の応答特性と $G_L(j\omega)$ の関係が必要となる。4.3.1項で述べたように，$G_{yr}(j\omega)$ のゲインのピーク値 M_p は過渡応答の行き過ぎ量 $A_{\max}$ と相関があり，バンド幅 ω_B が大きいと立ち上がり時間 t_r が小さい。そして，6.3節で述べたように，単位フィードバック系では，M_p は $G_L(j\omega)$ により規定される位相余裕 PM（およびゲイン余裕 GM）と対応している。$G_{yr}(j\omega)$ のバンド幅 ω_B については，通常 $G_L(j\omega)$ のゲイン交差周波数 ω_g に対して $\omega_B\gneqq\omega_g$ という関係が成立する。また，$G_{yr}(s)$ の定常応答特性は，$G_L(j\omega)$ の低周波域における特性により定まるということであった。

これらの関係を**表7.1**にまとめている。この表では，立ち上がり時間 t_r が小さく，ステップ応答の行き過ぎ量 $A_{\max}$ が小さいことを速応性がよいことの指標としている。それらはそれぞれ

表7.1 制御系の目標値入力に対する応答特性（時間域および周波数伝達関数の指標）

フィードバック系の 時間領域における指標		閉ループ周波数伝達関数 $G_{yr}(j\omega)$ の指標	一巡周波数伝達関数 $G_L(j\omega)$ の指標
過渡特性 （速応性）	ステップ応答の立ち上がり時間 t_r：小	ゲイン $\|G_{yr}(j\omega)\|$ のバンド幅 ω_B：大	$\|G_L(j\omega)\|$ のゲイン交差周波数 ω_g：大
	ステップ応答の行き過ぎ量 $A_{\max}$：小	ゲイン $\|G_{yr}(j\omega)\|$ のピーク値 M_p：小	位相余裕 PM：大 ゲイン余裕 GM：大
定常特性	ステップ応答の定常偏差	$\displaystyle\lim_{\omega\to0}(1-G_{yr}(j\omega))$	定常位置偏差 $=1/(1+K_p)$ $\displaystyle K_p=\lim_{\omega\to0}G_L(j\omega)$
	ランプ応答の定常偏差	$\displaystyle\lim_{\omega\to0}\frac{1-G_{yr}(j\omega)}{j\omega}$	定常速度偏差 $=1/K_v$ $\displaystyle K_v=\lim_{\omega\to0}j\omega G_L(j\omega)$

閉ループ周波数伝達関数 $G_{yr}(j\omega)$ のバンド幅 ω_B が大きく，ゲインのピーク値 M_p が小さいことに対応する。そして，さらにそれぞれ一巡周波数伝達関数 $G_L(j\omega)$ のゲイン交差周波数 ω_g が大きく，位相余裕とゲイン余裕が大きいことに対応している。

これらのフィードバック系特性と一巡周波数伝達関数 $G_L(j\omega)$ の関係から，周波数応答法における $G_L(j\omega)$ に対する仕様としては，つぎの項目（またはその一部）が指定される。

(a) 定常位置偏差の上限値：$E_P \geqq 1/(1+K_p)$, $\quad K_p = \lim_{s \to 0} G_L(s)$

(b) 定常速度偏差の上限値：$E_V \geqq 1/K_v$, $\quad K_v = \lim_{s \to 0} sG_L(s)$

(c) ゲイン余裕 GM の下限値

(d) 位相余裕 PM の下限値

(e) 一巡周波数伝達関数 $G_L(j\omega)$ のゲイン交差周波数 ω_g の下限値と上限値

(a)，(b) は定常特性についての仕様で，(c)，(d)，(e) は過渡特性に関するものである。(c)，(d) のゲイン余裕と位相余裕は，小さすぎると安定度が減少し，例えばステップ応答が振動的で行き過ぎ量 A_{max} が大きくなって，定常値への収束に時間を要するため，下限値を設定する。ただし，逆に大き過ぎるとステップ応答の立ち上がり時間 t_r が大きくなり，速応性が悪くなるので，注意を要する。(e) のゲイン交差周波数 ω_g が大きいと速応性は増すが，必要以上に大きいと測定雑音の影響を受けやすくなる。

定常特性に関する仕様と過渡特性の仕様は独立に扱うことができるが，(c)，(d)，(e) はたがいに関係し，独立に扱うことは一般に難しい。追値制御系に対しては，ゲイン余裕は 10〜20 dB，位相余裕は 40〜60 deg あたりが適切であるとされている。また，定値制御系では，ゲイン余裕は 3〜10 dB，位相余裕は 20 deg 以上が目安とされている[23]。(e) のゲイン交差周波数 ω_g は，その上限が指定されていないときは，(a)〜(d) の仕様が満たされる範囲でできるだけ大きく設定されることが多い。

以下では，位相遅れ要素と位相進み要素を用いた補償法を取り上げる。制御対象の伝達関数 $G_P(s)$ は真にプロパーで，右半面内に極および零点をもたないものとする。

7.3.1 位相遅れ補償器の設計

位相遅れ補償は，制御系の定常特性を改善するために用いられる。定常特性を改善する直接的な手段としては，ゲイン補償器 $G_C(s) = K_C$ を用い，ゲインの値 K_C を大きくすることが考えられる。しかしそうすると，位相余裕 PM とゲイン余裕 GM が減少し，定常特性と過渡特性の仕様を同時に満たすことが困難となることが多い。これに対し位相遅れ要素を用いると，中・高域での一巡周波数伝達関数に対する影響（すなわち過渡特性に対する影響）を抑えながら，低域ゲインを大きくして定常特性を改善することができる。

位相遅れ補償の設計手順としては，定常特性と過渡特性に対する仕様のどちらを先に実現してもよい。定常特性仕様を先に考える手順はつぎのようになる。

位相遅れ補償要素を，式(7.1)の $p < z$ の記述に代わり

$$G_C(s) = K\frac{1+Ts}{1+\alpha Ts}, \quad \alpha>1, \quad T>0, \quad K>0 \tag{7.17a}$$

の形で表すものとする。K はゲイン定数で，α, T は $G_C(s)$ のゲインと位相の周波数特性を定めるパラメータである。**図7.8** がそのボード線図（ただし $K=1$）で，位相はすべての $\omega>0$ について $\angle G_C(j\omega)<0$（遅れ位相）となる。角周波数 $1/(\alpha T)$ は分母を折れ線近似したときの折れ点周波数，$1/T$ は分子を折れ線近似したときの折れ点周波数であり，$\omega \ll 1/(\alpha T)$ におけるゲイン $|G_C(j\omega)|$ は 1，$\omega \gg 1/T$ におけるゲインは $1/\alpha$ である。K を大きくすることによって定常特性を改善すると，高周波域でもゲインが上がって安定余裕が小さくなり，制御系を不安定にする恐れがあるので，それを防ぐためにこの特性を利用する。

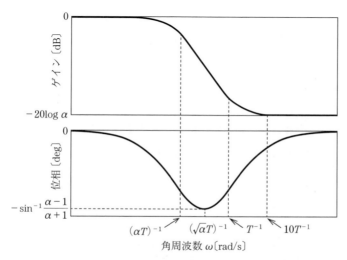

図7.8 位相遅れ補償 $G_C(s) = K(1+Ts)/(1+\alpha Ts)$ のボード線図 $(K=1)$

- **位相遅れ補償器の設計手順（定常特性仕様を先に実現する場合）：**
  ① 式(7.17a)の補償要素 $G_C(s)$ を用い，一巡伝達関数が $G_P(s)G_C(s)$ であるとき，定常特性の仕様(a)の E_P によって定まる K_P を満たすように $G_C(s)$ のゲイン定数 K の値を $K_1 \geqq K_P/G_P(0)>0$ と定める。
  ② 一巡周波数伝達関数を $K_1 G_P(j\omega)$ として，そのボード線図を描き，ゲイン交差周波数 ω_g と位相余裕 φ を求める。目標とする位相余裕に足らないとき，すなわち目標値 φ^* について $\varphi^* > \varphi$ ならば，位相線図で $\angle K_1 G_P(j\omega)(=\angle G_P(j\omega)) = \varphi^* + 10 - 180$ deg となる周波数 $\omega = \omega_{g1}$ を求める。① で得られた定常特性を保ちながら，同時に一巡周波数伝達関数のゲイン交差周波数を ω_{g1} とできれば，定常特性および位相余裕の仕様が満たされる。ここで，位相余裕の目標値 φ^* に 10 deg を加えているのは，③ で述べるように，$G_C(s)$ によって位相遅れが 6 deg 程度生じることを見越しているからである。
  ③ 補償要素 $G_C(s)$ の目的は，一巡周波数伝達関数のゲインを下げて ω_{g1} で 1 にすること，

154   7. フィードバック制御系の設計：伝達関数に基づく方法

つまりゲイン交差周波数を ω_{g1} にすることである。そのボード線図である図7.8より，角周波数が $10T^{-1}$ くらいになるとゲインが $1/\alpha$ になるとともに，位相遅れの影響も小さいと予想されるため，パラメータ α, T を $\alpha = |K_1 G_P(j\omega_{g1})|$, $10/T = \omega_{g1}$ と定める。じっさい，$|G_C(10j/T)| = \sqrt{101/(1+100\alpha^2)} \cong 1/\alpha$, $\angle G_C(10j/T) = \angle(1+100\alpha - 10(\alpha - 1)j) \geqq -\tan^{-1} 0.1 \cong -5.71\,\mathrm{deg}$ であるから，$|G_P(j\omega_{g1})G_C(j\omega_{g1})| \cong 1$, $\angle G_P(j\omega_{g1}) + \angle G_C(j\omega_{g1}) + 180\,\mathrm{deg} \cong \varphi^*$ が成立する。すなわち，位相遅れ補償後の一巡周波数伝達関数について，ゲイン交差周波数 $\cong \omega_{g1}$, 位相余裕 $\cong \varphi^*$ であり，定常特性と位相余裕の仕様が実現される。

【例7.4】

図7.1において制御対象が

$$G_P(s) = \frac{1}{s(s+1)(s+1.5)}$$

であり

　　定常速度偏差 $\leqq 10\%$

　　位相余裕 $\geqq 40\,\mathrm{deg}$

の仕様が与えられているとき，位相遅れ補償器を求めよう。

① 式(7.17a)の $G_C(s)$ を用い，一巡伝達関数が $G_P(s)G_C(s)$ であるとき，定常速度偏差定数 $K_v = K/1.5$ である。定常速度偏差 $\leqq 10\%$，すなわち $1/K_v \leqq 0.1$，という仕様条件から，ゲイン定数を $K = K_1 = 15$ とする。

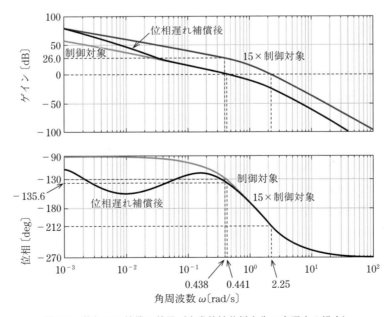

図7.9　位相遅れ補償の効果（定常特性仕様を先に実現する場合）

② $15G_P(j\omega)$ のボード線図（**図7.9**）において，ゲイン交差周波数 $\omega_g = 2.25$ rad/s,
　　$\angle 15G_P(j\omega_g) = -212$ deg，すなわち位相余裕 $\varphi = -32$ deg（すなわち不安定）である。そ
　　こでボード線図において $\angle 15G_P(j\omega) = 40 + 10 - 180 = -130$ deg となる周波数を求めると，
　　$\omega_{g1} = 0.438$ rad/s となる。このときのゲイン $|15G_P(j\omega_{g1})|$ は26.0 dB，すなわち20.0である。

　③ 位相遅れ補償のパラメータを，$\alpha = |15G_P(j\omega_{g1})|$，$10/T = \omega_{g1}$ より $\alpha = 20.0$, $T = 22.8$,
　　$G_C(s) = 15(1 + 22.8s)/(1 + 456s)$ と定める。補償後の一巡伝達関数は $G_P(s)G_C(s) = 15(1 + 22.8s)/(s(1+s)(1.5+s)(1+456s))$ となり，そのボード線図から，ゲイン交差周波数 =
　　0.441 rad/s，位相余裕 = 44.4 > 40 deg であり，仕様が満たされることがわかる。このとき，
　　位相交差周波数は 1.18 rad/s，ゲイン余裕は 13.6 dB である。

この例では，①で定常特性の仕様を実現し，②で過渡特性の仕様を実現した。■

つぎに，過渡特性仕様を先に実現させる手順を述べよう。便宜上，位相遅れ補償器を

$$\widetilde{G}_C(s) = K\frac{\alpha(1 + Ts)}{1 + \alpha Ts}, \quad \alpha > 1, \quad T > 0, \quad K > 0 \tag{7.17b}$$

と表すものとする。$\widetilde{G}_C(s)$ のボード線図（$K = 1$）は，位相特性については図7.8の $G_C(s)$ と同じ
で，ゲイン特性は $G_C(s)$ のゲインをすべての周波数 $\omega > 0$ について一様に $20\log\alpha$〔dB〕だけ持
ち上げた（α 倍した）ものとなる。つまり，この補償器のゲインは低周波域で α，高周波域で
1（= 0 dB）である。

●位相遅れ補償器の設計手順（過渡特性仕様を先に実現する場合）:

　① 一巡伝達関数を $KG_P(s)$ として，位相余裕，ゲイン余裕，ゲイン交差周波数などの過渡
　　特性に関する仕様を考慮してゲイン定数の値 $K = K_2 > 0$ を定める。

　② 一巡周波数伝達関数を $K_2G_P(j\omega)$ として，そのボード線図を描き，ゲイン交差周波数を
　　ω_{g2} とするとき，$\widetilde{G}_C(s)$ によってそのあたりでのゲインと位相が影響を受けないように，
　　T を $10/T = \omega_{g2}$ と選ぶ。位相遅れ補償を付加した一巡周波数伝達関数 $G_P(j\omega)(K_2\alpha(1 + j T\omega)/(1 + \alpha j T\omega))$ の低周波ゲインが $K_2G_P(j\omega)$ のゲインの α 倍となることを考慮して，
　　定常特性の仕様が満たされるように α の値を定める。このとき，高周波域での一巡周
　　波数伝達関数は $K_2G_P(j\omega)$ とあまり変わらない。

【例7.5】

図7.1の制御系において，制御対象が

$$G_P(s) = \frac{1}{s(s^2 + 2s + 4)}$$

であり

　　位相余裕 $\geqq 40$ deg

　　ゲイン交差周波数 $\geqq 1$ rad/s

　　定常位置偏差 $\leqq 1\%$

　　定常速度偏差 $\leqq 10\%$　（すなわち，$K_v \geqq 10$）

という仕様が与えられているものとする。

① $K=1$ として一巡伝達関数を $G_L(s) = G_P(s)$ としたとき，ゲイン交差周波数は 0.252 rad/s，位相余裕 82.7 deg で，ゲイン交差周波数の仕様を満たさない。そこで，ゲイン曲線を上げて交差周波数を大きくするために，$K=4$ とすると，$G_L(s) = KG_P(s)$ について，位相余裕 50.3 deg，ゲイン交差周波数 $\omega_g = 1.13$ rad/s である（図 **7.10**）。位相余裕とゲイン交差周波数は仕様を満たしているので，式(7.17b)の位相遅れ補償器 $\widetilde{G}_C(s)$ のゲイン定数を $K = K_2 = 4$ とする。このとき，ゲイン余裕は 6.02 dB である。

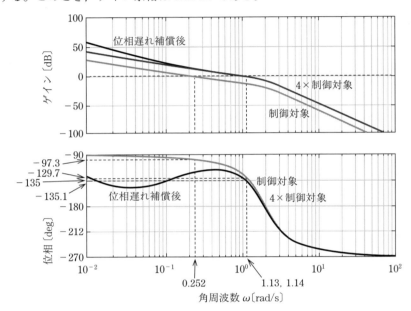

図 7.10 位相遅れ補償の効果（過渡特性仕様を先に実現する場合）

② $G_P(s)$ は 1 型で定常位置偏差 $=0$ となるので，定常位置偏差に関する仕様は満足されている。しかし定常速度偏差については，偏差定数 $K_v = \lim_{s \to 0} sK_2 G_P(s) = 1$ であるから，K_v を 10 倍にする必要があり，$\widetilde{G}_C(s)$ のパラメータ α を 10 として，仕様を満たすようにする。T については，$K_2 G_P(j\omega)$ のゲイン交差周波数が $\omega_g = 1.13$ rad/s であるから，$10/T = \omega_g$ より $T = 8.85$ として，ω_g あたりでのゲインの変化を小さくする。その結果，補償後の一巡伝達関数は $G_L(s) = G_P(s)\widetilde{G}_C(s) = 4(10 + 88.5s)/(s(4 + 2s + s^2)(1 + 8.85s))$ になって，位相余裕は 44.9 deg，ゲイン余裕は 5.56 dB，ゲイン交差周波数は $\omega_g = 1.14$ rad/s となる。定常速度偏差の仕様を満たす代わりに，位相余裕とゲイン余裕が少し小さくなっているが，位相余裕は仕様の範囲内である。■

以上のように，本例でも，【例 7.4】と同様に，先に固定ゲイン K を決め，後に位相遅れ補償器のパラメータを決めている。しかし，【例 7.4】の K が定常特性の仕様を満たすために用いられたのに対して，本例の K は過渡特性の仕様の実現に用いられている。また，【例 7.4】の位相遅れ補償器が過渡特性の仕様を満たすために用いられたのに対して，本例の位相遅れ補償器は

定常特性の仕様実現に用いられている．このように，本例と【例7.4】では，同じことをしているようにみえるが，考え方が異なることに注意しよう．

位相遅れ補償の前後のステップ応答およびランプ入力とランプ応答の差は図7.11のようになる．図(a)で定常位置偏差が，図(b)で定常速度偏差が仕様を満たしていることがわかる．位相余裕とゲイン余裕が小さくなった結果，ステップ応答の行き過ぎ量が大きくなっている（表7.1参照）．

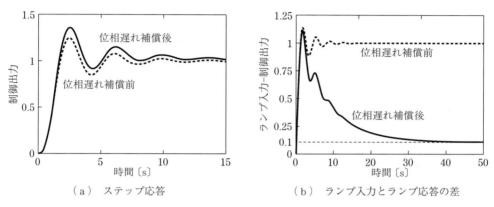

（a）ステップ応答　　　　　　　　（b）ランプ入力とランプ応答の差

図7.11　【例7.5】の位相遅れ補償の前後での閉ループ系のステップ応答とランプ応答

7.3.2　位相進み補償器の設計

位相進み補償器を

$$G_C(s) = K \frac{1+Ts}{1+\alpha Ts}, \quad 1 > \alpha > 0, \quad T > 0, \quad K > 0 \tag{7.18}$$

と表すものとする．Kはゲイン定数，α, Tは位相およびゲインの特性を決めるパラメータである．これは式(7.17a)と同じ形であるが，式(7.17a)で$\alpha > 1$であったところが，ここでは$0 < \alpha < 1$になっている．図7.12が位相進み補償器のボード線図（$K=1$）で，位相はすべての$\omega > 0$について$\angle G_C(j\omega) > 0$（進み位相）である．ゲイン線図における角周波数$1/T, 1/(\alpha T)$はそれぞれ分子と分母を折れ線近似したときの折れ点周波数であり，その中間点

$$\omega_m = (\sqrt{\alpha}T)^{-1} \tag{7.19}$$

において位相は最大値$\varphi_m = \sin^{-1}((1-\alpha)/(1+\alpha))$〔deg〕，ゲインは$20\log|G_C(j\omega_m)| = 10\log(\alpha^{-1})$〔dB〕である．

φ_mとパラメータαの関係は図7.13のように表すことができ，αが0から1に大きくなるときφ_mは単調に減少する．また，αとφ_mの関係はつぎのように表すことができる．

$$\sin \varphi_m = \frac{1-\alpha}{1+\alpha} \quad \left(\text{すなわち，} \alpha = \frac{1-\sin \varphi_m}{1+\sin \varphi_m}\right) \tag{7.20}$$

位相遅れ補償器が，ゲインが低周波域で大きく，高周波域で小さいという性質を用いたのに

158　　7. フィードバック制御系の設計：伝達関数に基づく方法

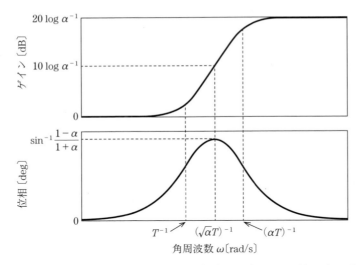

図 7.12　位相進み補償器 $G_C(s) = K(1+Ts)/(1+\alpha Ts)$ のボード線図 ($K=1$)

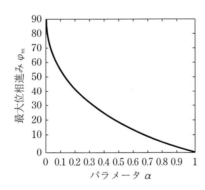

図 7.13　パラメータ α と最大位相進み φ_m の関係

対して，位相進み補償器 $G_C(s)$ の目的は，この位相特性を利用して位相余裕を大きくして，あるいはゲイン交差周波数を大きくして，望ましい一巡伝達関数 $G_P(s)G_C(s)$ を実現することである。そのためには，$G_P(j\omega)G_C(j\omega)$ に実現したいゲイン交差周波数における $G_C(j\omega)$ の最大位相進み φ_m を付加するのが効果的である。

そこで，まず定常特性の仕様を考慮してゲイン定数の値 $K=K_1>0$ を定める。一巡周波数伝達関数を $K_1 G_P(j\omega)$ として，そのボード線図を描き，ゲイン交差周波数 ω_g と位相余裕 $\varphi = \angle(K_1 G_P(j\omega_g))+180 = \angle G_P(j\omega_g)+180$ deg を求める。位相余裕の希望値を φ^* とするとき，$\varphi^* > \varphi$ なら，最大位相が $\varphi_m \geqq \varphi^* - \varphi$ である位相進み補償が必要となる。補償を付加した一巡周波数伝達関数 $G_P(j\omega)G_C(j\omega) = G_P(j\omega)K_1(1+j\omega T)/(1+j\omega\alpha T)$ のゲイン交差周波数を ω_{g1} とするとき，$\varphi^* \leqq$ 位相余裕 $= \angle G_P(j\omega_{g1}) + \angle G_C(j\omega_{g1}) + 180$ deg としたい。したがって

$$\angle G_C(j\omega_{g1}) \geqq \varphi^* - \angle G_P(j\omega_{g1}) - 180$$
$$= \varphi^* - (\angle G_P(j\omega_g)+180) + \angle G_P(j\omega_g) - \angle G_P(j\omega_{g1})$$
$$= \varphi^* - \varphi + \Delta, \quad \Delta = \angle G_P(j\omega_g) - \angle G_P(j\omega_{g1})$$

が成り立つように，T と α を決めることになる。ゲイン交差周波数 ω_{g1} がわかれば Δ が計算できて，その周波数で付加すべき φ_m が求まり，式(7.20)より α，式(7.19)より T が定まる。しかし，ω_{g1} は $20 \log |K_1 G_P(j\omega_{g1})| = -10 \log \alpha^{-1} = 10 \log \alpha$ となるような α に依存する周波数であり，関係するこれらの式を解いて厳密に α，T を決定することは容易ではない。そこで，近似的に α と T を求めることを考える。

図 7.12 からわかるように，$|(1+j\omega T)/(1+j\omega\alpha T)| > 1$，$\omega > 0$，であるから，$\omega_{g1} > \omega_g$ となり，したがって一般に $\Delta = \angle G_P(j\omega_g) - \angle G_P(j\omega_{g1}) > 0$ となる。Δ の値はわからないので，その予想値を Δ' として，Δ' を 5〜10 deg の範囲で選び，進めるべき位相の値を

$$\varphi_m = \angle G_C(j\omega_m) = \varphi^* - \varphi + \Delta' \tag{7.21}$$

として，式(7.20)により α を求め，$20 \log |K_1 G_P(j\omega_{g1})| = 10 \log \alpha$ から位相進み補償後のゲイン交差周波数 ω_{g1} を計算する。式(7.19)において $\omega_m = \omega_{g1}$ として T を定め，$G_C(s) = K_1(1+Ts)/(1+\alpha Ts)$，とおく。このとき

$$\varphi^* \leqq \angle G_P(j\omega_{g1}) + \angle G_C(j\omega_{g1}) + 180 \text{ deg}$$

であれば，設計が完了する。そうでなければ，Δ' をもう少し大きくして，位相余裕が仕様を満たすまで同じ操作を繰り返す。以上の方法をまとめておこう。

- ● **位相進み補償器の設計手順:**

  ① 与えられた定常特性の仕様からゲイン定数 $K = K_1 > 0$ を決める。

  【位相余裕 φ^* のみが指定されている場合】

  ② $K_1 G_P(j\omega)$ のボード線図を描き，ゲイン交差周波数 ω_g，位相余裕 φ を求める。$\Delta' = 5 \text{ deg}$ とする。

  ③ $\varphi_m = \varphi^* - \varphi + \Delta'$ として，式(7.20)により α を定める。

  ④ $20 \log |K_1 G_P(j\omega_{g1})| = 10 \log \alpha$ となる周波数 ω_{g1} を求める。

  ⑤ 式(7.19)において $\omega_m = \omega_{g1}$ として T を計算し，$\varphi^* \leqq \angle G_P(j\omega_{g1}) + \angle G_C(j\omega_{g1}) + 180 \text{ deg}$ なら，設計は終了する。そうでなければ，Δ' を少し大きな値に設定し，③ に戻る。

  【位相余裕 φ^* に加えて，ゲイン交差周波数の範囲 $[\omega_{gm}, \omega_{gM}]$ が指定されている場合】

  ① $G_P(j\omega)$ のボード線図を描き，ゲイン交差周波数 ω_g，位相余裕 φ を求める。

  ② $\omega_{gm} \leqq \omega_g \leqq \omega_{gM}$ のときは，上の位相余裕 φ^* のみが指定されている場合の手順を実行する。

  ③ $\omega_g < \omega_{gm}$ のときは $\delta = 0.05$ として，$\omega_m = (1+\delta)\omega_{gm}$ とする。$10 \log \alpha = -20 \log |G_P(j\omega_m)|$ により α を定め，式(7.19)により T を計算する。こうすると，ゲイン交差周波数は ω_m になり，指定された範囲 $[\omega_{gm}, \omega_{gM}]$ に入る。$G_P(s)G_C(s)$ の位相余裕が φ^* 以上であれば，設計は終了する。位相余裕が φ^* 未満の場合は，$(1+\delta)\omega_{gm} < \omega_{gM}$ の範囲内で δ を大きくして，同じ手順を繰り返す。

  ④ $\omega_g > \omega_{gM}$ の場合は，一般に位相進み補償ではゲイン交差周波数を下げることはできないので，【例 7.4】のように，固定ゲインを調整する。【例 7.4】では，ゲイン交差周波数を上げるために 1 より大きいゲインを用いたが，ゲイン交差周波数を下げるには，1 未満

のゲインを用いる。その後，指定された位相余裕を実現するために位相進み補償を適用すると，高周波域のゲインが上がり，ゲイン交差周波数が再び指定された範囲から外れる可能性がある。その場合は，再度ゲインを調整する。

位相余裕とゲイン交差周波数に加えて定常ゲインが指定されている場合は，位相遅れ補償を付加し，その低域通過特性により低域のゲインを上げて，仕様を満たすようにする。

【例 7.6】
図 7.1 のフィードバック制御系において，制御対象が

$$G_P(s) = \frac{1}{s(s+1)}$$

であり

定常位置偏差 ≤ 1%
定常速度偏差 ≤ 10%
位相余裕 ≥ 50 deg
ゲイン余裕 ≥ 15 dB
1 rad/s ≤ ゲイン交差周波数 ≤ 2 rad/s

という仕様が与えられているとき，位相進み補償を検討しよう。

$G_P(j\omega)$ のボード線図（図 7.14 の制御対象）において，ゲイン交差周波数 $\omega_g = 0.786$ rad/s，位相余裕 $\varphi = 51.8$ deg，ゲイン余裕 $= \infty$ である。位相余裕とゲイン余裕は仕様を満たしているが，ゲイン交差周波数は仕様を満たしていない。そこで，$\omega_m = 1.05$ rad/s とし，この角周波数におけるゲインと位相を求めると，-3.69 dB と -137 deg である。この ω_m がゲイン交差周波

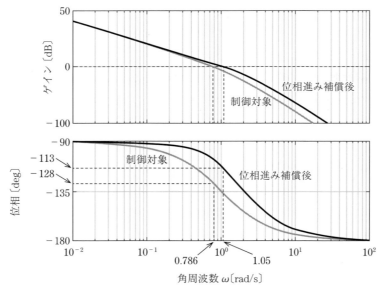

図 7.14 制御対象と位相進み補償後の一巡伝達関数のボード線図

数になるように,位相進み補償によってゲインを大きくする.すなわち,図7.12 より $10\log\alpha^{-1}$ = 3.69,式(7.19)より $1.05 = (\sqrt{\alpha}T)^{-1}$ であるから,$\alpha = 0.428$ と $T = 1.46$ が求まる.このとき,位相進み補償を施した一巡周波数伝達関数のボード線図は**図7.14**の位相進み補償後になり,ゲイン交差周波数が 1.05 rad/s,位相余裕が 67.1 deg となって,仕様が満たされている.

このように位相進み補償によって,補償後の一巡周波数伝達関数は元の制御対象よりもゲイン交差周波数が高くなるとともに,位相余裕も大きくなっている.その結果,**図7.15**のように閉ループ系のステップ応答の立ち上がり時間が短くなり,行き過ぎ量が小さくなっている.表7.1 に示した関係が確かめられた.

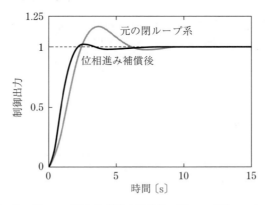

図7.15 元の閉ループ系と位相進み補償後の閉ループ系のステップ応答

こうしてできた一巡伝達関数は 1 型なので,定常位置偏差≦1% という仕様は自動的に満たされている.しかし,$K_v = 1$ であって,定常速度偏差 $= 1/K_v ≦ 10\%$ の仕様は満たしておらず,この仕様を満たすには,低域のゲインを 10 倍以上にする必要がある.そのために,$\beta = 10$ として位相遅れ補償 $\widetilde{G}_C(s) = \beta(1+T_D s)/(1+\beta T_D s)$,$T_D > 0$,を付加する.いま,$T_D = 10$ と $T_D = 100$ の二つの場合を考えると,一巡伝達関数のボード線図は**図7.16**のようになる.そして,$T_D = 10$ の場合は位相余裕が 62.2 deg,ゲイン交差周波数が 1.06 rad/s,$T_D = 100$ の場合は位相余裕が 66.6 deg,ゲイン交差周波数が 1.05 であり,いずれも仕様を満たしている.

$T_D = 10$ と $T_D = 100$ の場合で位相余裕とゲイン交差周波数はそれほど違わないが,図7.16 の一巡伝達関数の周波数特性はかなり違っている.その影響は**図7.17**の閉ループ系のステップ応答(図(a))とランプ応答(図(b))の違いとして現れる.まずステップ応答より,T_D の値にかかわらず,定常位置偏差が 0 であることが読み取れる.しかしその応答は,$T_D = 100$ の場合が位相遅れ補償を施す前とほとんど変わらないのに対して,$T_D = 10$ の場合は整定時間が非常に大きくなっている.一方,ランプ応答については,定常速度偏差 10% が実現できることは読み取れるが,定常値に近づくのが $T_D = 10$ の場合のほうが速く,$T_D = 100$ の場合は非常に遅い.

これらの違いは,図7.16 の一巡伝達関数のボード線図から読み取れる.$T_D = 10$ の場合より $T_D = 100$ の場合のほうが位相進み補償のみの場合に近いので,$T_D = 100$ の場合のステップ応答は位相進み補償のみの場合に近いと考えられる.しかし,いいかえれば,$T_D = 100$ の場合は位

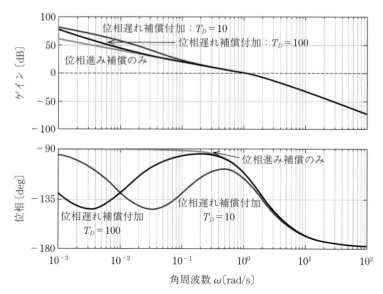

図 7.16 位相遅れ補償付加後の一巡伝達関数のボード線図：$T_D = 10$ と $T_D = 100$ の場合

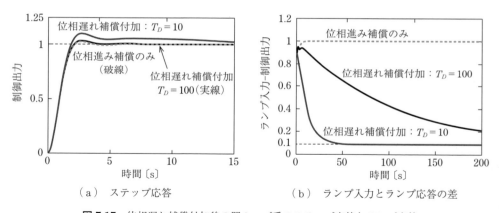

（a）ステップ応答　　　　　　　　　（b）ランプ入力とランプ応答の差

図 7.17 位相遅れ補償付加後の閉ループ系のステップ応答とランプ応答

相遅れ補償の効果が弱いということであり，位相遅れ補償の効果が強い $T_D = 10$ の場合のほうが，速度偏差が速く定常値に達している．

したがって，よい制御系を得るためには，位相遅れ補償を定常特性だけで設計するのではなく，過渡特性まで考えながら設計する必要がある．■

7.4　PID 補償器の設計

式(6.16)の PID 補償器

$$G_C(s) = K_P\left(1 + \frac{1}{T_I s} + T_D s\right)$$

は空気圧式，油圧式あるいは電気式のアナログの装置により実現できるので，古くから機械要素から成るサーボ系や化学反応を扱うプロセス系等の制御に広く用いられてきた。PID 補償器のパラメータ K_P, T_I, T_D を調整する方法はいくつも提案されているが，ここでは制御対象のモデルを用いない Ziegler と Nichols[39] による限界感度法とステップ応答に基づく方法を紹介する。ただし，限界感度法は振動的振る舞いに注目するものであり，化学反応槽や製鉄所の高炉などのプロセス系では危険なので適さない。いずれの方法も Ziegler と Nichols が適切と考えるパラメータ値を与えるものであり，それらがつねに望ましい振る舞いを実現するわけではない。多くの場合それらを初期設定として，現場で実際の制御応答をみながら再調整をすることになる。

7.4.1 限界感度法

はじめに，**限界感度法**（ultimate sensitivity method）について説明する。図 7.1 の単位フィードバック系を考える。

まず，P 補償（$G_C(s) = K_P$ とする）だけで制御を行い，比例ゲイン K_P の値を徐々に大きくしていく。すると，目標値入力 r のステップ状変化に対する制御出力 y の応答は次第に振動的になり，一定振幅の持続振動を示すようになるので，そのときの K_P の値を K_C とし，その持続振動の周期を T_C とする。

なお，つぎの例のように，制御対象の周波数応答がわかっている場合は，ゲイン余裕 G_M〔dB〕と位相交差周波数（位相が -180 deg になる周波数）ω_p〔rad/s〕を求めると，安定限界のゲイン K_C と持続振動の周期 T_C が次式によって求められる。

$$K_C = 10^{G_M/20}, \quad T_C = \frac{2\pi}{\omega_p} \tag{7.22}$$

【例 7.7】

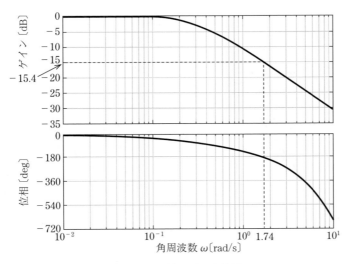

図 7.18 $G_P(s)$ のボード線図

$G_P(s) = Ke^{-Ls}/(1+Ts)$, $K=1$, $T=3.33$, $L=1$, の場合，ボード線図を描くと**図7.18**のようになる．位相交差周波数 $\omega_p = 1.74\,\mathrm{rad/s}$，ゲイン余裕 $G_M = 15.4\,\mathrm{dB}$，であるから，$K_C = 5.89$, $T_C = 2\pi/\omega_p = 3.61$ となる．■

ゲイン調整あるいは周波数応答から K_C と T_C が求まると，P補償器，PI補償器，PID補償器の K_P, T_I, T_D を以下のように決める．

$$P補償器：G_C(s) = K_P, \quad K_P = 0.5K_C \tag{7.23a}$$

$$PI補償器：G_C(s) = K_P\left(1 + \frac{1}{T_I s}\right), \quad K_P = 0.45K_C, \quad T_I = 0.833T_C \tag{7.23b}$$

$$PID補償器：G_c(s) = K_P\left(1 + \frac{1}{T_I s} + T_D s\right), \quad \begin{array}{l} K_P = 0.6K_c, \quad T_I = 0.5T_C, \\ T_D = 0.125T_C \end{array} \tag{7.23c}$$

これらの係数は，実験による考察を通して決められたもので，P補償器の K_P は閉ループの振動的なステップ応答において最初の行き過ぎとつぎの行き過ぎの比が 1/4 となる（1/4 減衰と呼ばれる）ように選ばれており，PI補償器とPID補償器のパラメータもこれとほぼ同等の減衰特性が得られるように決められている．

7.4.2　ステップ応答に基づく方法

つぎに，ステップ応答に基づく方法を説明する．**ステップ応答法**（step response method）では，プロセス系が，ステップ応答（プロセス反応曲線）が発散する無定位プロセスと一定値に落ち着く定位プロセスに大別できることに着目し，制御対象を1次系とむだ時間の結合として扱う．

図7.19に無定位プロセスのプロセス反応曲線の例を示す．破線は充分に時間が経過した後の応答の接線である．その時間軸との交点 L を遅れと呼び，その傾き R を反応速度と呼ぶ．この破線の特性の制御対象は積分特性とむだ時間の結合

$$P(s) = \frac{Re^{-Ls}}{s} \tag{7.24}$$

で表すことができる．

定位プロセスにおいては，**図7.20**のように，プロセス反応曲線はシグモイド型曲線になる

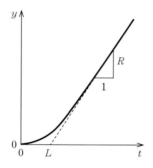

図7.19　無定位プロセスのプロセス反応曲線

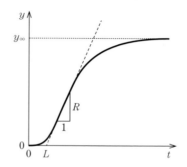

図7.20　定位プロセスのプロセス反応曲線

ことが多い．曲線の最も勾配が急なところにおいて接線を引き，その勾配を反応速度 R と呼び，この接線が時間軸と交わる時刻を遅れ L と呼ぶ．そして，最終値を y_∞ として，$K=y_\infty$，$T=K/R$ とおくと，制御対象はむだ時間要素を含む1次系として

$$P(s) = \frac{Ke^{-Ls}}{1+Ts} \tag{7.25}$$

で近似することができる．

Ziegler と Nichols のステップ応答に基づく方法では，制御対象のステップ応答から L と R を求め，実験を通じて得られた近似式 $K_C=2/(RL)$，$T_C=4L$，という関係に基づいて式(7.23)を書き直した，つぎの調整則を用いる．

$$\left.\begin{array}{l} \text{P補償器のパラメータ：} K_P=1/(RL) \\ \text{PI補償器のパラメータ：} K_P=0.9/(RL), \quad T_I=3.33L \\ \text{PID補償器のパラメータ：} K_P=1.2/(RL), \quad T_I=2L, \quad T_D=0.5L \end{array}\right\} \tag{7.26}$$

【例 7.8】

制御対象がもともとむだ時間を含む $G_P(s)=Ke^{-Ls}/(1+Ts)$，$K=1$，$T=3.33$，$L=1$，の場合について，Ziegler と Nichols の限界感度法とステップ応答に基づく方法を用いて PID 補償を行った場合の応答を図 7.21 に示す．限界感度法の場合は【例 7.7】より $K_P=3.53$，$T_I=1.81$，$T_D=0.451$，ステップ応答に基づく方法の場合は $K_P=4$，$T_I=2$，$T_D=0.5$，である．なお，図 7.1 のフィードバック系において目標値入力と外乱はいずれもステップ状とし，$r(t)=1$ $(t\geq 0)$，$d(t)=0$ $(0\leq t<10)$，$d(t)=1$ $(t\geq 10)$，としている．

この例の場合は，限界感度法のほうが多少よい結果を与えているが，目標値入力に対する応答はいずれの場合もよいとはいえない．そこで，応答をみながらゲインを調整して，よりよい応答を実現する．いま，PID 補償器を $k_P+k_I/s+k_D s$ と書くと，限界感度法の場合は $k_P=3.53$，$k_I=1.95$，$k_D=1.59$，ステップ応答に基づく方法の場合は $k_P=4$，$k_I=2$，$k_D=2$，である．すべて

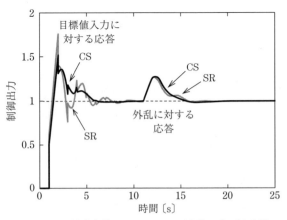

CS：限界感度法，SR：ステップ応答に基づく方法

図 7.21 PID 補償後の閉ループ系の応答例

のゲインで限界感度法のほうが小さい。そして，図 7.21 によると，限界感度法によるゲインの場合（CS）のほうが目標値入力に対する応答のオーバーシュートが小さい。そこで，よりゲインを小さく調整して $k_P = 2.57$, $k_I = 0.71$, $k_D = 0.84$, とした結果の応答が**図 7.22**である。目標値入力に対する応答は大きく改善されている。しかし，外乱に対する応答は悪化している。

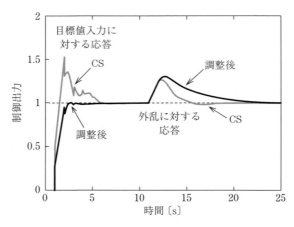

図 7.22 PID 補償後の閉ループ系の応答例（限界感度法（CS）の場合とゲイン調整後）

ステップ応答に基づく方法は，Ziegler と Nichols の方法以外にも種々の調整則があるが[40]，本書では省略する。

低周波域における制御対象の近似モデルが得られる場合には，部分的モデルマッチング法を用いた PID 補償も提案されている[41]。これを適用すると，目標値入力に対する応答は Ziegler と Nichols の方法よりもかなり改善できるが，ここでは省略する。

7.5　2 自由度制御系

図 7.1 のフィードバック制御系の目標値入力 r から制御出力 y への伝達関数 $G_{yr}(s)$ と，外乱 d から y への伝達関数 $G_{yd}(s)$ は

$$G_{yr}(s) = \frac{G_P(s)G_C(s)}{1+G_P(s)G_C(s)}, \quad G_{yd}(s) = \frac{G_P(s)}{1+G_P(s)G_C(s)} \tag{7.27}$$

と表される。したがって，$G_C(s)$ を $G_{yr}(s)$ あるいは $G_{yd}(s)$ のどちらか一方の特性が望ましいものになるように設計した場合，他方の特性は自動的に決まり，望ましいものにならない可能性がある。例えば，図 7.22 に示したように，目標値入力に対する応答をよくするように PID 補償器のゲインを調整すると，外乱に対する応答が劣化するようなことが起きる。一方，外乱に対する応答を改善すると，目標値入力に対する応答が犠牲になる（演習問題【7.7】参照）。このような制御系を 1 自由度制御系という。

これを避けるために，**図 7.23** のような構造のフィードバック系が考えられている。いま，

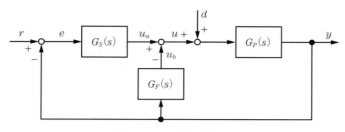

図7.23 2自由度制御系 I

$G_C(s) = G_S(s) + G_F(s)$ とおくと，r から y への伝達関数 $G_{yr}(s)$ と d から y への伝達関数 $G_{yd}(s)$ は

$$G_{yr}(s) = \frac{G_P(s)G_S(s)}{1+G_P(s)G_C(s)} \tag{7.28}$$

$$G_{yd}(s) = \frac{G_P(s)}{1+G_P(s)G_C(s)} \tag{7.29}$$

となり，式(7.27)の $G_{yd}(s)$ と式(7.29)の $G_{yd}(s)$ は同じである．一方，式(7.28)の $G_{yr}(s)$ は式(7.27)の $G_{yr}(s)$ とは異なる．そこで，例えば，$G_{yd}(s)$ の特性が望ましいものになるように，$G_C(s)$ を先に設計した後，$G_{yr}(s)$ の特性が望ましいものになるように $G_S(s)$ を設計することができる．このように $G_{yr}(s)$ と $G_{yd}(s)$ の特性を別々に設計できる制御系を2自由度制御系という．

図7.24 の応答は，【例7.8】の制御対象に対して，$G_S(s)$ をこれまでと同様の PID 補償器，$G_F(s)$ を一次系 $b/(s+a)$ として，$G_S(s)$ と $G_F(s)$ を交互に調整して，$k_P=1.98$，$k_I=1.62$，$k_D=1.17$，$a=6.5$，$b=8$，として得られたものである．目標値入力に対する応答は図7.22 の1自由度系の場合とほとんど変わらず，外乱に対する応答の収束の速さは大きく改善されている．

また，$G_P(s)$ が不安定零点をもたないことを仮定して，**図7.25** に示す構成の2自由度制御系も知られている[40]．この図の制御系を考えると

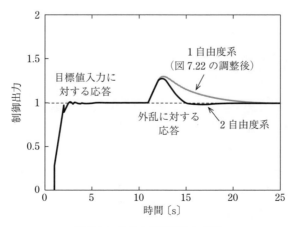

図7.24 2自由度制御系の応答

168   7. フィードバック制御系の設計：伝達関数に基づく方法

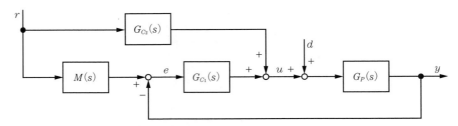

図 7.25   2自由度制御系 II

$$G_{yr}(s) = \frac{G_P(s)\,(G_{C_1}(s)M(s) + G_{C_2}(s))}{1 + G_P(s)G_{C_1}(s)}, \quad G_{yd}(s) = \frac{G_P(s)}{1 + G_P(s)G_{C_1}(s)} \qquad (7.30)$$

である。さらに，$G_{C_2}(s) = M(s)/G_P(s)$ とすると

$$G_{yr}(s) = \frac{(1 + G_P(s)G_{C_1}(s))M(s)}{1 + G_P(s)G_{C_1}(s)} = M(s) \qquad (7.31)$$

となる。したがって，$G_P(s)$ にモデル誤差がないならば，補償器 $M(s)$ を $G_{yr}(s)$ の望ましい特性として与え，補償器 $G_{C_1}(s)$ を $G_{yd}(s)$ が好ましいものになるように調整することにより，$G_{yr}(s)$ と $G_{yd}(s)$ をまったく独立に決めることができる。なお，$G_P(s)$ が不安定零点をもたないことは，$G_{C_2}(s)$ を安定にするために仮定している。また，$G_{C_2}(s)$ がプロパーになるように，$M(s)$ の相対次数は $G_P(s)$ の相対次数以上でなければならない。

実際の制御対象の伝達関数が近似モデル $G_P(s)$ に対して $G_P'(s) = (1 + \Delta(s))G_P(s)$ で表されるとすると，$G_P(s)$ を用いて $G_{C_2}(s) = M(s)/G_P(s)$ とした場合，モデル誤差 $\Delta(s)$ のために目標値入力 r から出力 y への真の伝達関数 $G_{yr}(s)$ は

$$G_{yr}(s) = \frac{(G_P'(s)/G_P(s) + G_P'(s)G_{C_1}(s))M(s)}{1 + G_P'(s)G_{C_1}(s)} = M(s) + \frac{\Delta(s)}{1 + G_P'(s)G_{C_1}(s)}M(s) \qquad (7.32)$$

となる。これから，$G_{C_1}(s)$ を $M(s)$ の主要帯域において $1/(1 + G_P'(s)G_{C_1}(s)) \cong 1/(1 + G_P(s)G_{C_1}(s))$ が小さくなるように選べば，$\Delta(s)$ の影響はほとんどないことになる。

また，この場合，外乱 d から出力 y への真の伝達関数 $G_{yd}(s)$ は

$$G_{yd}(s) = \frac{G_P'(s)}{1 + G_P'(s)G_{C_1}(s)} \qquad (7.33)$$

であるので，上記のように選ぶことは，$G_{yd}(s)$ が小さくなるように調整することにも合致している。

この構成では，三つの補償器を用いて，二つの伝達関数 $G_{yr}(s)$ と $G_{yd}(s)$ を独立に決めることになっている。ところで，図 7.23 の制御系においては

$$G_{yr}(s) = \frac{G_P(s)G_S(s)}{1 + G_P(s)(G_F(s) + G_S(s))}, \quad G_{yd}(s) = \frac{G_P(s)}{1 + G_P(s)(G_F(s) + G_S(s))} \qquad (7.34)$$

となるが，$G_{C_2}(s) = M(s)/G_P(s)$ として

$$G_S(s) = G_{C_1}(s)M(s) + G_{C_2}(s), \quad G_F(s) = G_{C_1}(s) - G_{C_1}(s)M(s) - G_{C_2}(s) \qquad (7.35)$$

とすると，$G_{yr}(s) = M(s)$，$G_{yd}(s) = G_P(s)/(1 + G_P(s)G_{C_1}(s))$，となる。したがって，二つの補

償器を用いて，二つの伝達関数 $G_{yr}(s)$ と $G_{yd}(s)$ を独立に決めることもできる。2自由度制御系の構成は，図7.23や図7.25の他にも提案されており，たがいに等価な変換を行えることも知られている[40]。

まとめ 本章では，伝達関数に基づくフィードバック制御系の設計方法として，根軌跡法，周波数応答法，位相進み補償，位相遅れ補償，PID補償，2自由度制御について説明した。これらは古くから使われていたが，使いこなすにはかなりの経験を必要としていた。近年は計算ソフトウェアの発展により，設計計算とシミュレーションが容易になり，以前より使いやすい方法になっている。

演 習 問 題

【7.1】 $K \to \infty$ で無限遠点に向かう根軌跡は，$n-m \geqq 2$ のとき実軸上の式(7.6)の点を通り，角度が式(7.7)の $(n-m)$ 本の漸近線を有することを示せ。

【7.2】【例7.2】では，コントローラ(式(7.11))の K をパラメータとする根軌跡が考えられた。同様に，p あるいは z をパラメータとする根軌跡を定式化せよ。

【7.3】【7.2】の p についての根軌跡の定式化を用い，$K=25$ として，根軌跡が $\lambda_1 = -1.50 \pm 1.53j$ を通るように z と p を定めよ。また，z についての根軌跡の定式化を用い，$p=10$ として，根軌跡が $\lambda_1 = -1.50 \pm 1.53j$ を通るように K と z を定めよ。

【7.4】【例7.4】では，速度偏差定数を約20にする目的で，位相遅れ補償器 $G_{C_2}(s) = K_2(s+z_2)/(s+p_2)$ を導入し，$p_2=0.02$, $z_2=0.1$ として，閉ループ系の極のうちの二つが複素平面の -1.5 の直線上に来るように K_2 を調整した。ここでは，$p_2=0.02$, $z_2=\beta p_2$ として，速度偏差定数を20，すなわち定常速度偏差を5%にするように，そして閉ループ系の極のうちの二つが複素平面の -1.5 の直線上に来るように β と K_2 を調整せよ。

【7.5】【例7.6】において，位相遅れ補償の T_D の値によってステップ応答とランプ応答が大きく異なることが示されている。$T_D=5$ と $T_D=200$ の場合について，図7.17と同様の傾向がより顕著であることを確かめよ。

【7.6】【例7.6】において，位相遅れ補償器の T_D の値が10と100の場合で，ステップ応答とランプ応答が大きく異なることが示されている。これらの違いを閉ループ系の極の観点で考察せよ。閉ループ系の極は以下のとおりである。

位相遅れ補償前： 零点 -0.687, 極 -0.580, $-1.01 \pm 1.32j$

位相遅れ補償後 ($T_D=10$)： 零点 -0.100, -0.687, 極 -0.111, -0.553, $-0.976 \pm 1.29j$

位相遅れ補償後 ($T_D=100$)： 零点 -0.0100, -0.687, 極 -0.0101, -0.578, $-1.01 \pm 1.32j$

【7.7】【例7.8】において，外乱に対する応答を改善するように PID 補償器のゲインを調整せよ。

第8章

フィードバック制御系の設計： 状態方程式に基づく方法

　システムを表す時間領域の数式モデルとして状態方程式を第2章で紹介し，その基本的性質を第3章で述べた。本章では，状態方程式に基づくレギュレータ系（定値制御系）とサーボ系（追値制御系）の設計法を説明する。制御系設計の基本は，フィードバックに用いることができる観測出力を状態変数全体とした状態フィードバックである。この点が，第7章の伝達関数に基づく設計法との大きな違いである。状態変数がシステムの振る舞いに関する情報を充分にもっているため，状態フィードバックは効果的な制御方法であり，ある評価関数を最小にする最適レギュレータを実現することができる。加えて，状態変数が測定できない場合について，それを制御対象から得られる入力と出力の情報から推定するオブザーバを紹介する。また，制御対象が不確かな場合には，積分補償が必要であることを述べる。サーボ系については，制御出力の目標値がステップ状関数の場合を考える。そして，外乱と制御対象のモデル誤差に対してのみ積分補償の効果が現れる2自由度サーボ系を紹介する。

8.1　状態方程式に基づく設計法の特徴

　第3章では，線形システムの振る舞いが入力に対する応答と初期状態に対する応答の和として表せることを述べた。そして，状態方程式をラプラス変換し，入力に対する出力の応答を表すシステム表現として伝達関数を導入した。伝達関数を用いると，制御対象とコントローラのフィードバック接続で得られる制御系の入出力関係が簡単な加減乗除の代数計算で求まるという解析・設計上の便利さがある。第7章の伝達関数に基づくフィードバック制御系の設計法は，その特徴に基づくものである。

　このように，伝達関数は有用なシステム表現であるが，初期状態に対する応答（システムの非平衡状態を初期条件とする時間的振る舞い）を表してはいない。第3章で述べたように，線形（時不変）システムの場合，初期状態に対する応答特性の基本となるシステムモードが存在し，それは（システムが可制御かつ可観測の場合）伝達関数の極の部分に現れるので，伝達関数に基づく制御系設計によっても，初期状態に対する応答特性をある程度操作することができる。しかし，システムモードは応答の特性を表しているだけで，初期状態に対する応答の時間的振る舞いそのものを表していないため，伝達関数では初期状態に対する応答を適切に設計することができない。

8.2 状態フィードバック

制御対象は，第2章で導いたような状態方程式で記述されているとする[†]。

$$\text{状態方程式}：\dot{x} = Ax + bu \tag{8.1a}$$

$$\text{出力方程式}：y = cx \tag{8.1b}$$

ここで，x は n 次元状態変数，u は1次元入力，y は1次元出力である。いずれも時間的に変化する量であるが，簡単のため (t) は省略している。A は $n \times n$ 行列，b は n 次元列ベクトル，c は n 次元行ベクトルで，いずれも定数を要素とする。なお，入力と出力をベクトルとしても，議論を大きく変える必要がない点が状態方程式に基づく制御系設計法の一つの特徴だが，ここでは簡単のため，1入力1出力としている。初期時刻を0として，初期状態が x_0 の場合の状態方程式に基づくシステムの振る舞いは，以下のように表すことができる。

$$x(t) = e^{At}x_0 + \int_0^t e^{A(t-\tau)}bu(\tau)d\tau \tag{8.2a}$$

$$y(t) = ce^{At}x_0 + c\int_0^t e^{A(t-\tau)}bu(\tau)d\tau \tag{8.2b}$$

このシステムを制御対象とし，図 8.1 のように，閉ループ系に対する外部入力を $\tilde{u}$ として

$$\text{状態フィードバック}：u = kx + \tilde{u} \tag{8.3}$$

を適用することを考えよう。ここで，k は n 次元行ベクトルのフィードバックゲインである。このフィードバックを施して得られる閉ループ系は

$$\dot{x} = (A + bk)x + b\tilde{u} \tag{8.4a}$$

$$y = cx \tag{8.4b}$$

である。このように，状態フィードバックは，ゲイン k によって，システムの基本的な振る舞いを決める行列を A から $A+bk$ に変更する。ゲイン k の代表的な選び方として，以下では極指定法と最適レギュレータについて述べる。

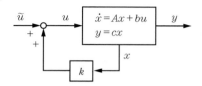

図 8.1 状態フィードバック系

8.2.1 極 指 定 法

極指定法とは，$A+bk$ の固有値を希望する値にするように，フィードバックゲイン k を定め

[†] 第2章の式 (2.23b) では出力方程式を一般的な $y = cx + du$ としている。$d \neq 0$ の場合は，$\tilde{y} = y - du = cx$ について本章で示す議論を進め，設計結果において，$\tilde{y}$ を y で置き換えることとする。

172　　8. フィードバック制御系の設計：状態方程式に基づく方法

る方法である。極指定法と呼ばれるのは，閉ループ系を伝達関数で表すと，$c(sI-A-bk)^{-1}b$ であり，$A+bk$ の固有値がその極になるからである。

まず，簡単な例から考えよう。対象システムを

$$\begin{bmatrix} \dot{x}_1 \\ \dot{x}_2 \end{bmatrix} = \begin{bmatrix} 1 & -1 \\ 1 & 1 \end{bmatrix} \begin{bmatrix} x_1 \\ x_2 \end{bmatrix} + \begin{bmatrix} 1 \\ 2 \end{bmatrix} u \tag{8.5}$$

とし，状態フィードバックを

$$u = \begin{bmatrix} k_1 & k_2 \end{bmatrix} \begin{bmatrix} x_1 \\ x_2 \end{bmatrix} + \widetilde{u} \tag{8.6}$$

とすると，式(8.4a)の閉ループ系は

$$\begin{bmatrix} \dot{x}_1 \\ \dot{x}_2 \end{bmatrix} = \begin{bmatrix} 1+k_1 & -1+k_2 \\ 1+2k_1 & 1+2k_2 \end{bmatrix} \begin{bmatrix} x_1 \\ x_2 \end{bmatrix} + \begin{bmatrix} 1 \\ 2 \end{bmatrix} \widetilde{u} \tag{8.7}$$

である。なお，ここでは閉ループ系の状態についてのみ議論するので，出力 y の式(8.4b)は省略している。

ここで，特性多項式 $\det(sI-(A+bk))$ を計算すると，$s^2-(2+k_1+2k_2)s+(2+3k_1+k_2)$ となる。したがって，$A+bk$ の固有値を -1 と -2 にしたければ，この多項式が $(s+1)(s+2)$ に一致するように，$k_1=1$，$k_2=-3$ と選べばよい。また，-2 と -3 にしたいとすれば，特性多項式が $(s+2)(s+3)$ に一致するように，$k_1=3$，$k_2=-5$ と選べばよい。

〔1〕　**可制御正準系を用いる方法**　　上記のように状態方程式が2次元であれば，極指定は容易である。しかし，高次のシステムになると，特性多項式を計算するのに労力を要し，またフィードバックゲインの要素の現れ方も複雑になる。そこで，状態方程式を3.7.2項で述べた可制御正準系に変換する方法が提案されている。

例えば，可制御な3次元の状態方程式の場合，A の特性多項式 $\det(sI-A)$ を計算して $s^3+a_2s^2+a_1s+a_0$ と置いたとき，行列 $T=\begin{bmatrix}(A^2+a_2A+a_1I)b & (A+a_2I)b & b\end{bmatrix}^{-1}$ による状態変数 x の座標変換 $\widetilde{x}=Tx$，$x=T^{-1}\widetilde{x}$ により，新たな状態 $\widetilde{x}$ についての状態方程式と状態フィードバック

$$\dot{\widetilde{x}} = TAT^{-1}\widetilde{x} + Tbu, \quad u = kT^{-1}\widetilde{x} + \widetilde{u} \tag{8.8}$$

はつぎの形に表すことができる。

$$\begin{bmatrix} \dot{\widetilde{x}}_1 \\ \dot{\widetilde{x}}_2 \\ \dot{\widetilde{x}}_3 \end{bmatrix} = \begin{bmatrix} 0 & 1 & 0 \\ 0 & 0 & 1 \\ -a_0 & -a_1 & -a_2 \end{bmatrix} \begin{bmatrix} \widetilde{x}_1 \\ \widetilde{x}_2 \\ \widetilde{x}_3 \end{bmatrix} + \begin{bmatrix} 0 \\ 0 \\ 1 \end{bmatrix} u, \quad u = \begin{bmatrix} \widetilde{k}_1 & \widetilde{k}_2 & \widetilde{k}_3 \end{bmatrix} \begin{bmatrix} \widetilde{x}_1 \\ \widetilde{x}_2 \\ \widetilde{x}_3 \end{bmatrix} + \widetilde{u}, \quad \widetilde{x} = \begin{bmatrix} \widetilde{x}_1 \\ \widetilde{x}_2 \\ \widetilde{x}_3 \end{bmatrix} \tag{8.9}$$

このとき

$$T(A+bk)T^{-1} = \begin{bmatrix} 0 & 1 & 0 \\ 0 & 0 & 1 \\ -a_0+\widetilde{k}_1 & -a_1+\widetilde{k}_2 & -a_2+\widetilde{k}_3 \end{bmatrix} \tag{8.10}$$

であるから

$$\det(sI - (A + bk)) = \det T(sI - (A + bk))T^{-1}$$
$$= \det(sI - T(A + bk)T^{-1})$$
$$= s^3 + (a_2 - \widetilde{k}_3)s^2 + (a_1 - \widetilde{k}_2)s + (a_0 - \widetilde{k}_1) \tag{8.11}$$

と計算できる。つまり，閉ループ系の特性多項式の係数に $\widetilde{x}$ に対するフィードバックゲインが線形の形で現れるようにすることができる。したがって，$A + bk$ の固有値を -1，-2，-3 にしたい場合は

$$s^3 + (a_2 - \widetilde{k}_3)s^2 + (a_1 - \widetilde{k}_2)s + (a_0 - \widetilde{k}_1) = (s + 1)(s + 2)(s + 3) \tag{8.12}$$

が成立するように，右辺を展開して得られる $s^3 + 6s^2 + 11s + 6$ と左辺を等置して

$$\widetilde{k}_1 = a_0 - 6, \quad \widetilde{k}_2 = a_1 - 11, \quad \widetilde{k}_3 = a_2 - 6 \tag{8.13}$$

と定めればよいことがわかる。つまり，元の状態変数 x についての状態フィードバックは

$$u = [a_0 - 6 \quad a_1 - 11 \quad a_2 - 6]Tx \tag{8.14}$$

となる。

この方法は，より高次のシステムにおいても同様である。また，多入力システムの場合へも拡張されている[42]。

〔2〕 **固有ベクトルを指定する方法**　上記の可制御正準系を用いる場合，状態変数の座標変換行列 T が必要である。その計算方法は確立しているが，状態変数の次元が高い場合は数値誤差が大きくなり，求められたフィードバックゲインが不正確になることがある。そこで，もっと直接的にフィードバックゲインを求める方法が提案された。

いま，状態方程式の次元を n とし，指定したい $A + bk$ の固有値を $\lambda_i (i = 1, ..., n)$ とする。これら指定する固有値は複素数でもよいが，$A + bk$ は実数行列なので，必ず共役な組み合わせで指定するものとする。そして議論を簡単にするために，それらは相異なり，また A 自身の固有値とも異なるとする。このとき，n 本のベクトル

$$f_i = (A - \lambda_i I)^{-1}b, \quad i = 1, ..., n \tag{8.15}$$

を計算することができ，対象システムが可制御のとき，$f_1, ..., f_n$ は線形独立になる。これらを用いて，フィードバックゲインを

$$k = -[1 \quad \cdots \quad 1][f_1 \quad \cdots \quad f_n]^{-1} \tag{8.16}$$

と決める。すると

$$(\lambda_i I - A - bk)f_i = (\lambda_i I - A)(A - \lambda_i I)^{-1}b + b[1 \quad \cdots \quad 1][f_1 \quad \cdots \quad f_n]^{-1}f_i$$
$$= -b + b = 0, \quad i = 1, ..., n \tag{8.17}$$

であるから，$\lambda_i (i = 1, ..., n)$ が $A + bk$ の固有値，$f_i (i = 1, ..., n)$ が対応する固有ベクトルになっていることがわかる。この方法は，多入力システムの場合にも容易に拡張することができる[43]。

〔3〕 **指定する固有値の選定**　以上のように，可制御なシステムについて，$A + bk$ の固有値 $\lambda_i (i = 1, ..., n)$ を任意に設定することができる。そうすると，閉ループ系の振る舞いを決める行列 $e^{(A+bk)t}$ は $e^{\lambda_i t}$ の線形結合として表せるので（3.1.2 項参照），われわれは閉ループ系の減衰の速さを操ることができると考えられる。

つぎの例を考える。

$$\begin{bmatrix} \dot{x}_1 \\ \dot{x}_2 \\ \dot{x}_3 \end{bmatrix} = \begin{bmatrix} 0 & 1 & 0 \\ 0 & 0 & 1 \\ 1 & -2 & -3 \end{bmatrix} \begin{bmatrix} x_1 \\ x_2 \\ x_3 \end{bmatrix} + \begin{bmatrix} 0 \\ 0 \\ 1 \end{bmatrix} u, \quad u = \begin{bmatrix} k_1 & k_2 & k_3 \end{bmatrix} \begin{bmatrix} x_1 \\ x_2 \\ x_3 \end{bmatrix} + \widetilde{u} \tag{8.18}$$

このシステムは可制御正準系の形をしているので，上で述べたように，フィードバックゲインを決めることは容易である。そこで閉ループ系の減衰が速くなるように，$A+bk$ の三つの固有値を $-\alpha, -2\alpha, -3\alpha$ として，$\alpha > 0$ を $1, 2, 3, 4$ と大きくしてみよう。このとき，状態変数 x_i, $i = 1, 2, 3$ の初期値をすべて 1 にした場合の時間応答は**図 8.2**のようになる。

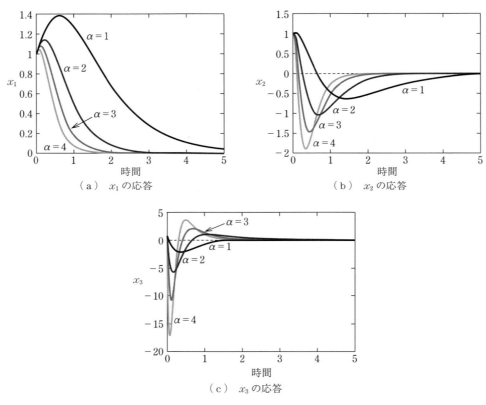

図 8.2 閉ループ系の応答

これらの図から，固有値が負の実数でその絶対値を大きくするにつれて，すべての状態変数はより速く減衰することがわかる。しかし，x_2 と x_3 は一度 0 から大きく離れている。このシステムの場合，x_3 は x_2 の微分，x_2 は x_1 の微分であるから，x_1 が速く動くほど，x_2 と x_3 が大きく振れるのである。このように，固有値を絶対値の大きな負の値にしても，望ましい応答が実現するとは一概にいえない。したがって極指定法を用いる場合，指定する極の選定に注意が必要である。

8.2.2 最適レギュレータ

極指定法は状態の振る舞いに注目したフィードバック制御法であるが，入力にも注目する制御法が最適レギュレータである。ここで，レギュレータとは，システムを指定された一定の状況に保つフィードバック制御器を意味する。

【例 8.1】

いま，車を一定速度で自動走行させることを考えよう。車の運動は速度を v，駆動力を f とすると

$$m\dot{v} = -\mu v + f \tag{8.19}$$

と表すことができる。ここで，m は車の質量，μ は路面や空気抵抗などによって生じる摩擦係数を表す。この車を一定の速度 v_0 で走らせるために必要な駆動力 f_0 は，左辺の $\dot{v}$ が 0 になる μv_0 である。このとき，その一定速度での走行から，何らかの理由でずれが生じたとすると，偏差 $v - v_0$ の振る舞いは

$$m(\dot{v} - \dot{v}_0) = -\mu(v - v_0) + (f - f_0) \tag{8.20}$$

で表される。この式は偏差系と呼ばれる。ここで，$x = v - v_0$，$u = f - f_0$ とおくと，これは状態方程式

$$\dot{x} = -\frac{\mu}{m}x + \frac{1}{m}u \tag{8.21}$$

に変換できる。レギュレータとは，この偏差 x を 0 にするフィードバック制御器である。このように定式化すれば閉ループ系を安定にする制御器は，すべてレギュレータである。

そのようなレギュレータの中で，評価関数

$$J = \int_0^\infty (x^2(t) + ru^2(t))dt, \quad r > 0 \tag{8.22}$$

を最小にするものを最適レギュレータと呼ぶ。この評価関数は，望ましいと考えている一定速度からの偏差を，駆動力の偏差とともに，2 乗積分の意味で小さくしようというものである。ここで，r は状態の評価に対する入力の評価の割合を表す定数である。大きな r を設定することは，駆動力の大きな偏差を望まないことを意味する。小さな r を設定することは，速度の偏差を小さくするためには，駆動力の偏差が大きくてもよいことを意味する。

ここで，ゲインを k とした安定化フィードバック

$$u = kx, \quad k < \mu \tag{8.23}$$

を考えると，閉ループ系は

$$\dot{x} = -\delta x, \quad \delta \triangleq \frac{\mu}{m} - \frac{k}{m} \tag{8.24}$$

と表せる。そして，その振る舞いは

$$x(t) = e^{-\delta t}x(0) \tag{8.25}$$

であるから，評価関数の値は

$$J = (1+rk^2)\int_0^\infty x^2(t)\,dt = \frac{(1+rk^2)}{2\delta}x^2(0) = \frac{m(1+rk^2)}{2(\mu-k)}x^2(0) \tag{8.26}$$

と計算できる。したがって、これを最小にするフィードバックゲインは、k による微分が 0 となる

$$k = \mu - \sqrt{\mu^2 + \frac{1}{r}} \tag{8.27}$$

である。こうして、式 (8.22) の評価関数を最小にする安定化フィードバックのゲインが求まった。■

〔**1**〕 **最適レギュレータ理論**　最適レギュレータ問題は、【例 8.1】の考えを一般化して以下のように定式化されている。

対象システム：$\dot{x} = Ax + bu,\quad y = cx$　　（可制御，可観測）　　　　　(8.1)

評価関数：$\displaystyle J = \int_0^\infty (y^2(t) + ru^2(t))\,dt,\quad r>0$ 　　　　　(8.28)

そして、この評価関数 J を最小にする最適制御入力 u が、つぎの状態フィードバックで与えられることが知られている。

最適フィードバック：$\displaystyle u(t) = -\frac{1}{r}b^T P x(t)$ 　　　　　(8.29)

ただし、P は

リカッチ方程式：$\displaystyle A^T P + PA - Pb\frac{1}{r}b^T P + c^T c = 0$ 　　　　　(8.30)

を満たす正定行列である。

　ここで正定行列とは、対称で、すべての固有値が正の行列を意味する。リカッチ方程式は P に関する 2 次方程式の形をしているので、それを満たす行列 P は一つではない。しかし、対象システムが可制御かつ可観測な場合、正定のものは唯一であることが知られている。

　【例 8.1】の場合、制御入力がフィードバックで生成されるものと最初から決めて、その中で評価関数を最小にするものを導いた。最適レギュレータ問題では、入力の生成法に制限を設けず、$t \to \infty$ のとき $x(t) \to 0$ を実現するあらゆる入力の中で評価関数を最小にするものが、式 (8.29) の状態フィードバック入力であることが示される。

　そのことを確かめよう。いま、$y^2 = x^T c^T c x$ であることを用いて、リカッチ方程式を評価関数に代入し、さらに状態方程式も代入して整理すると、以下のようになる。

$$J = \int_0^\infty \left(x^T(t)\left(-A^T P - PA + Pb\frac{1}{r}b^T P \right)x(t) + ru^2(t) \right)dt$$

$$= \int_0^\infty \left(-(Ax(t)+bu(t))^T Px(t) - x^T(x)P(Ax(t)+bu(t)) + r\left(u(t)+\frac{1}{r}b^T Px(t)\right)^2 \right)dt$$

$$= \int_0^\infty \left(-\dot{x}^T Px(t) - x^T(x)P\dot{x}(t) + r\left(u(t) + \frac{1}{r}\,b^T Px(t)\right)^2 \right) dt$$

$$= x^T(0)Px(0) + \int_0^\infty r\left(u(t) + \frac{1}{r}\,b^T Px(t)\right)^2 dt \tag{8.31}$$

最初の項は入力に無関係であり，2番目の積分項は式(8.29)で与えた状態フィードバックを適用したときに最小値0となる。証明は省くが，その状態フィードバックを適用すれば $t \to \infty$ のとき $x(t) \to 0$ となるので，それが最適入力を生成するということができる。したがって，評価関数の最小値は

$$J_{\min} = x^T(0)Px(0) \tag{8.32}$$

となる。

〔2〕 **リカッチ方程式の正定解の求め方**　最適フィードバックを計算するためには，リカッチ方程式を満たす正定行列 P を求めなければならない。状態変数が1次元または2次元であれば，人の手でも計算できるが，3次元以上の場合の計算はコンピュータに頼ることになる。計算アルゴリズムはいくつか提案されており[44]，容易にプログラミングできるものもあるが，最近は市販のプログラムを使うことが多い。

【例8.1】（続き）

【例8.1】で考えた簡単な例について，リカッチ方程式の正定解を求めてみよう。

$$A = -\frac{\mu}{m}, \quad b = \frac{1}{m}, \quad c = 1 \tag{8.33}$$

であるから，この場合，行列ではなく1次元の変数 p を用いて，リカッチ方程式は

$$\frac{1}{m^2 r}\,p^2 + \frac{2\mu}{m}\,p - 1 = 0 \tag{8.34}$$

と書ける。この2次方程式は2個の解をもつが，正の解は

$$p = -mr\mu + m\sqrt{r^2\mu^2 + r} \tag{8.35}$$

である。したがって，式(8.29)の最適制御入力は

$$u(t) = \left(\mu - \sqrt{\mu^2 + \frac{1}{r}}\right)x(t) \tag{8.36}$$

と表すことができる。これは，フィードバック制御の中で最適なものを求めた式(8.27)の結果に一致する。■

8.3　オ ブ ザ ー バ

本章の最初に述べたように，状態方程式で表されたシステムにおいて，その振る舞いは

$$x(t) = e^{At}x_0 + \int_0^t e^{A(t-\tau)}bu(\tau)d\tau \tag{8.2a}$$

178　　8. フィードバック制御系の設計：状態方程式に基づく方法

$$y(t) = ce^{At}x_0 + c\int_0^t e^{A(t-\tau)}bu(\tau)d\tau \tag{8.2b}$$

と表される。これは，ある時刻（初期時刻 $t=0$ とする）の状態 x_0 とその時刻以降の入力 u によってシステムの振る舞いが決まることを意味している。つまり，状態変数 x はシステムの将来の動作に関する必要な情報をもっているということである。したがって，その情報を使うことができる状態フィードバックは有力な制御法である。

しかし実際のシステムの場合，ベクトル x のすべての要素が測定できるとは限らない。高温等の劣悪な環境に耐えるセンサがない場合，あるいはコスト削減のためにセンサの使用を避けたい場合などである。このような場合，測定できる観測出力から状態変数を推定する方法として，オブザーバとカルマンフィルタが提案されている。それらの基本的な考え方は，コンピュータの中に対象システムと同じ振る舞いをするシミュレータを構成し，そのシミュレータで計算される状態を実際の状態変数の代わりに用いるというものである。オブザーバとカルマンフィルタの大きな違いは，前者がノイズが無視できる状況での状態推定の過渡的な振る舞いを考えているのに対し，後者はシステムの動作に影響するノイズと，観測出力に含まれるノイズの影響を考えながら定常的な状況での最適な状態推定を提案している点にある。本書ではオブザーバについてのみ述べる。

いま，対象システム

$$\dot{x} = Ax + bu, \quad y = cx \tag{8.1}$$

に対するオブザーバとして

$$\dot{\hat{x}} = A\hat{x} + bu + g(y - c\hat{x}) \tag{8.37}$$

の形のシミュレータを考える。ここで，$\hat{x}$ は状態 x の推定値を表す。元のシステムにはない $g(y-c\hat{x})$ の項を加えているのは，測定できる実際の出力 y と状態の推定値 $\hat{x}$ から得られる出力の推定値 $c\hat{x}$ の差を，推定の精度向上に用いようという考えからである。その効果を決める係数ベクトル g をオブザーバゲインという。

ここで，状態の推定値 $\hat{x}$ と真値 x の差 $\varepsilon = \hat{x} - x$ の振る舞いは，式(8.1)と式(8.37)から，微分方程式

$$\dot{\varepsilon} = (A - gc)\varepsilon \tag{8.38}$$

に従い，推定誤差の振る舞いは行列 $A-gc$ によって決まることがわかる。したがって，オブザーバの設計は，対象システムの行列 A とベクトル c に対して，$A-gc$ が望ましい行列になるようにベクトル g を決める問題ということができる。

行列 A とベクトル b に対して，$A+bk$ が望ましい行列になるようにベクトル k を決めるのが極指定問題であった。$A-gc$ の固有値とその転置行列である $A^T + c^T(-g^T)$ の固有値は同一であるから，オブザーバの設計に極指定法を用いることができる。すなわち (A^T, c^T) の組合せが可制御であれば，いいかえれば (c, A) の組合せが可観測であれば，$A-gc$ の固有値を任意に指定できる。実部が負になるように指定することにより，推定誤差 ε が減衰するようにできる。

また，最適レギュレータ法によってオブザーバゲイン g を決めてもよい。

〔1〕 **状態推定値のフィードバック**　オブザーバによる状態推定値 $\hat{x}$ を，真の状態 x の代わりとしてフィードバックに

$$u = k\hat{x} + \tilde{u} \tag{8.39}$$

と用いるとしよう。図で表すと**図 8.3** のようになる。

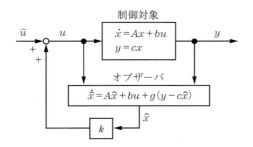

図 8.3　状態推定値のフィードバック

このフィードバック入力は，$\hat{x}$ が推定誤差 ε を用いて $\hat{x} = x + \varepsilon$ と表せるので

$$u = kx + k\varepsilon + \tilde{u} \tag{8.40}$$

と記述でき，したがって閉ループ系の状態の振る舞いは

$$\dot{x} = (A + bk)x + bk\varepsilon + b\tilde{u} \tag{8.41}$$

に従う。つまり，閉ループ系における制御対象の振る舞いは，本来の状態フィードバックによって実現される振る舞いに，状態推定誤差 ε による外乱が加わったものになる。ただし，式(8.38)で示したように，この外乱は時間とともに減衰するので，閉ループシステムの安定性に影響を与えない。したがって安定性に関しては，真の状態 x をフィードバックした場合と変わらないということができる。

一方，最適レギュレータに用いた場合は

$$u(t) = -\frac{1}{r}b^T P x(t) - \frac{1}{r}b^T P \varepsilon(t) \tag{8.42}$$

を入力することになり，右辺第2項のため，最適入力にはなり得ない。このとき，式(8.31)で記述した評価関数の計算の最後の式に代入すると，評価関数の値が $\int_0^\infty (1/r)(b^T P \varepsilon(t))^2 dt$ だけ大きくなることがわかる。この値はオブザーバによる状態推定の誤差の振る舞い $\varepsilon(t) = e^{(A-gc)t}\varepsilon(0)$ に依存する。したがって，この値が小さくなるようにオブザーバを設計する（g を決める）という問題が考えられるが，一般に初期誤差 $\varepsilon(0)$ を知ることができないので，解くことはできない。

なお，オブザーバの推定誤差による評価関数の値の増加分は

$$V = \int_0^\infty e^{(A-gc)^T t} k^T r k e^{(A-gc)t} dt \tag{8.43}$$

とおくと

$$\int_0^\infty \frac{1}{r}(b^T P \varepsilon(t))^2 dt = \varepsilon^T(0) V \varepsilon(0) \tag{8.44}$$

と書くことができる。そして

$$(A-gc)^T V + V(A-gc) = -k^T r k \tag{8.45}$$

とおき，左から $e^{(A-gc)^T t}$ を，右から $e^{(A-gc)t}$ を掛け，$(d/dt)e^{(A-gc)t} = (A-gc)e^{(A-gc)t}$ であることを用いて 0 から ∞ まで積分すると，式(8.43)の V が式(8.45)の線形方程式の解であることがわかる。一般に，式(8.43)より式(8.45)のほうが計算しやすい。

〔2〕 **不確かなシステムに対するオブザーバの性能**　以上の議論は，対象システムを表す係数行列 A と係数ベクトル b，c が正確にわかっていることを前提としている。もし A，b，c が不正確ならば，コンピュータ内に構成したシミュレータであるオブザーバがその役割を果たせない。つまり，式(8.38)が成立しない。その結果，上記の議論はそのままでは成立しないが，A，b，c の不正確さが小さければ，図 8.3 のオブザーバ内の行列 A，b，c が少しだけ変化したものと同じとみなせるため，閉ループ系全体の振る舞いが大きくは変わらないことが期待できる。一方，A，b，c の不正確さが大きいと，オブザーバを用いた制御系設計が機能しない可能性があることを認識しておく必要がある。

8.4 積 分 補 償

制御の基本的な目的は，制御出力を指定した値に一致させることである。【例 8.1】で述べたように，それは指定値を基準とする偏差系に対する安定化フィードバックによって実現できる。しかし，オブザーバについて最後に述べたのと同様に，制御の場合も，制御対象についての情報（状態方程式表現の場合は係数行列 A や係数ベクトル b,c）が不正確であると，状況が異なる。それをみるために，【例 8.1】をもう一度取り上げる。

【例 8.1】（続き 2）

【例 8.1】では，車の質量を m，摩擦係数を μ，速度を v，駆動力を f として，車を運動方程式

$$m\dot{v} = -\mu v + f \tag{8.19}$$

で表した。そして，この車を一定の指定速度 v_0 で走らせること（定値制御）を考えて，そのために必要な駆動力を $f_0 = \mu v_0$ とした。このとき，その一定速度での走行から，何らかの理由で速度にずれが生じたとすると，偏差 $v - v_0$ の振る舞いは

$$m(\dot{v} - \dot{v}_0) = -\mu(v - v_0) + (f - f_0) \tag{8.20}$$

で表される。ここで，$x = v - v_0$，$u = f - f_0$ とおくと，これは状態方程式

$$\dot{x} = -\frac{\mu}{m}x + \frac{1}{m}u \tag{8.21}$$

に変換できる。このシステムは安定であって，$u(t) = 0$ すなわち $f(t) = f_0$ という一定の駆動力

を加え続ければ（フィードフォワード制御），時間の経過とともに $x(t) \to 0$ すなわち $v(t) \to v_0$ となって指定速度に戻すことができる。また，正数 β を用いて状態フィードバック $u = -\beta x$ を施すと，より速く指定値に戻すことができる。最適レギュレータもこの一種であった。ここで，もともとの速度が 0 あるいは v_0 とは異なる速度，希望する速度が v_0 としても同じことがいえるので，この偏差に基づく考えで，ステップ関数入力に対する追値制御も可能であるといえる。

さて，以上の議論は，車の動特性を表す質量 m と摩擦係数 μ が正確にわかっていることを前提としている。しかし，実際にはこれらの値には誤差が含まれる。いま，路面によって決まる摩擦係数が想定した値とは異なり，その 0.9 倍であるとしよう。そうすると，実際の車の動きは

$$m\dot{v} = -0.9\mu v + f \tag{8.46}$$

に従うことになる。このとき，指定速度 v_0 を実現する（と考えられた）駆動力 $f_0 = \mu v_0$ を加え続けたときの速度は $v(t) \to (1/0.9)v_0$ となる。すなわち，実際の速度は指定速度 v_0 より速くなる。

状態フィードバック $u = -\beta x$ を施す場合については，これを $f = -\beta(v - v_0) + \mu v_0$ と書き直して代入した

$$m\dot{v} = -(0.9\mu + \beta)v + (\mu + \beta)v_0 \tag{8.47}$$

より，$v(t) \to v_0(\mu + \beta)/(0.9\mu + \beta)$ となる。この場合も，実際の速度は指定された v_0 よりも速い速度に収束する。■

8.4.1　積分補償を付加した拡大系

実際の制御対象には不確かさが存在する。その場合，モデルを基に設計した，制御出力の指定値との差を単純にフィードバックする方法では，指定値を実現できない。【例 8.1】（続き 2）のように，指定値との差が 0 でない定常状態が存在するからである。そのような定常状態を除く一つの方法が，制御出力と指定値との差の積分のフィードバックである。指定値との差が 0 にならない限りは，その積分は変化し続け，定常状態になり得ないので，定常状態に至れば，制御出力は指定値に到達したことになる。指定値との差の積分を制御に用いる方法を，**積分補償法**（integral compensation method）と呼ぶ。

以上の考えを基に，制御出力 y の指定値を y_r とし，y_r と y の差を積分する機構を組み込んだ**図 8.4** の拡大系を考えよう。このシステムを安定化すると，充分に時間が経過した後に定常状態に達し，すべての変数は一定値になる。このとき，積分器の出力 w が一定値ということは，その入力 $\dot{w} = y_r - y$ が 0 ということである。つまり，制御出力 y が指定値 y_r に一致しているということである。

したがって，積分補償系はこの拡大系を安定化することによって実現できる。そのために，このシステムを状態方程式で表すと，次式となる。

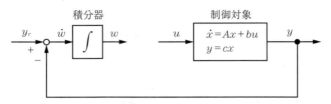

図 8.4 積分器を組み込んだ拡大系

$$\begin{bmatrix} \dot{x} \\ \dot{w} \end{bmatrix} = \begin{bmatrix} A & 0 \\ -c & 0 \end{bmatrix} \begin{bmatrix} x \\ w \end{bmatrix} + \begin{bmatrix} b \\ 0 \end{bmatrix} u + \begin{bmatrix} 0 \\ 1 \end{bmatrix} y_r \tag{8.48}$$

安定化制御に状態フィードバック

$$u = \begin{bmatrix} k_1 & k_2 \end{bmatrix} \begin{bmatrix} x \\ w \end{bmatrix} \tag{8.49}$$

を用いるとすると，極指定法または最適レギュレータの設計法により，フィードバックゲイン $[k_1 \ k_2]$ を計算することができる．そして，積分補償系が図 8.5 のように得られる．なお，制御対象が可制御かつ可観測で，行列 $\begin{bmatrix} A & b \\ c & 0 \end{bmatrix}$ が正則であれば，図 8.4 の拡大系を式(8.49)のフィードバック制御で安定化できることが知られている．

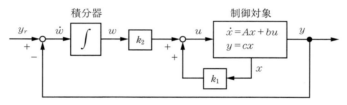

図 8.5 積分補償系

　この閉ループ系において制御対象が不確かであっても，フィードバックゲインの計算に用いた係数 A, b, c の実際の値との差が小さければ，不安定になることはない．つまり，ロバスト安定である．安定でありさえすれば，このシステムは時間の経過とともに定常状態に至り，したがって $\dot{w}(t) \to 0$ となるので，$y(t) \to y_r$ が保証される．ゆえに，制御対象の不確かさのもとでもレギュレータとしての制御性能は保証される．

8.4.2 積分型サーボ系

　以上では，制御対象が不確かな場合でもレギュレータの性質を実現するために，積分補償を導入した．ここで注意すべきことは，出力 y の指定値 y_r が固定でなく，任意のステップ関数であっても，上記の議論が成立するということである．つまり，図 8.5 の制御系はサーボ系としても働き，積分型サーボ系と呼ばれる．ここでは，積分器が出力の定常偏差（$\dot{w} = y_r - y$）を 0 にする役割を果たしており，6.4.1 項の伝達関数を用いた s 領域での 1 型の制御系の議論に対応している．

8.5 2自由度サーボ系

前節の議論で,つぎの2点が明らかになった。
① 制御対象のモデルが正確であれば,偏差系の安定化でステップ関数入力に対する追値制御が可能である。
② 制御対象のモデルが不正確な場合,偏差系の安定化ではステップ関数入力に対する追値制御は不可能で,解決策は積分補償の導入である。

前節では ② について,制御対象のモデルが正確でない場合を考えたが,定値の外乱が制御対象に加わる場合においても,同じ論旨で,外乱の影響を除去できることがいえる。

しかしこの知見に基づくと,図8.5の制御系の構造では,制御対象のモデルが正確であっても積分補償が働く形になっており,その場合は不必要な動特性を含んでいるといえる。その結果,遅い応答のシステムモードを含む恐れがある。そこで,制御対象のモデルが正確な場合には積分補償を機能させない構造を考える。

まず,① の観点に立ち,**図 8.6** の制御系を考える。ここで,k_0 は制御対象を安定にする状態フィードバックのゲイン(例えば,最適レギュレータのゲイン),h_0 は図1.3のフィードフォワード制御器に相当し

$$h_0 = -(c(A+bk_0)^{-1}b)^{-1} \tag{8.50}$$

とする。このとき,y_r から y までの伝達関数は $c(sI-A-bk_0)^{-1}bh_0$ であり,A,b,c が正確な場合は,最終値定理により,$y(t) \to y_r$ であることがいえる。

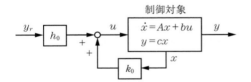

図 8.6 ① の観点に基づく追値制御系

つぎに,② の観点に立ち,積分補償器を**図 8.7** のように追加する。図8.7において,状態 x の振る舞いは図8.6の制御系と同じであり,状態方程式

$$\dot{x}(t) = (A+bk_0)x(t) + bh_0 y_r \tag{8.51}$$

に従う。したがって,状態 x は

$$x(t) = (A+bk_0)^{-1}\dot{x}(t) - (A+bk_0)^{-1}bh_0 y_r \tag{8.52}$$

のように表すことができ,その結果,追従誤差 e は

$$\begin{aligned} e(t) &= y_r - cx(t) \\ &= y_r - c(A+bk_0)^{-1}\dot{x}(t) + c(A+bk_0)^{-1}bh_0 y_r \\ &= -c(A+bk_0)^{-1}\dot{x}(t) \end{aligned} \tag{8.53}$$

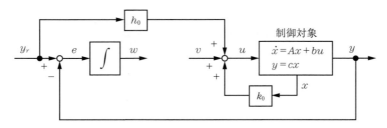

図 8.7 積分補償器の追加

と書けて，その積分 w を
$$w(t) = -k_1 x(t) \tag{8.54}$$
のように表すことができる。ここで
$$k_1 = c(A + bk_0)^{-1} \tag{8.55}$$
である。つまり，A, b, c が正確にわかっている場合は，積分補償の効果を $k_1 x(t)$ で打ち消せるということである。

この考えに基づき，2自由度サーボ系を図 8.8 のように構成する[44]。h_1 は $k_1 b$ と異符号であればよい。制御対象の A, b, c が正確にわかっていれば，$z = 0$ であり，積分補償の効果は現れない。A, b, c に誤差があれば，積分補償の効果が現れる。

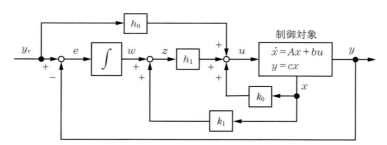

図 8.8 2自由度サーボ系

まとめ 本章では，状態方程式に基づくフィードバック制御系の設計法として，最適レギュレータおよびサーボ系の考え方と理論を紹介した。2自由度サーボ系については，多くの適用例が報告されており，それらを参考にすることが望ましい[45)～48)]。また，最適レギュレータについては，周波数依存型評価関数が考えられ，伝達関数に基づく設計法の視点も持ち込まれている[49)]。

演 習 問 題

【8.1】 システムが状態方程式
$$\dot{x} = Ax + bu, \quad A = \begin{bmatrix} -4 & 1 & 0 \\ -1 & 0 & 1 \\ 6 & 0 & 0 \end{bmatrix}, \quad b = \begin{bmatrix} 0 \\ 0 \\ 1 \end{bmatrix}$$
で表されているとき，閉ループ系 $\dot{x} = (A + bk)x$ のシステム固有値が -1, -1.5, -2.5 になるような

フィードバックゲイン k を，可制御正準系を用いる方法と固有ベクトルを指定する方法で求めよ。

【8.2】 【8.1】のシステムに対して，$c = [0 \quad 0 \quad 1]$ とおき，式(8.28)の評価関数 J の入力に対する重み r が $0.01, 1, 100$ の場合について，最適レギュレータのフィードバックゲイン k と，閉ループ系 $A + bk$ の固有値 λ を求めよ。そして，r の大きさとゲイン k の関係の傾向を把握し，その理由を考察せよ。

【8.3】 【8.1】と【8.2】で考えた，A，b，c で表されるシステムに対するオブザーバを構成せよ。

【8.4】 【8.2】の最適レギュレータで $r = 1$ の場合について，式(8.32)の評価関数の最小値 $J_{\min}$ を求めよ。また，最適な状態フィードバック $u = kx$ の代わりに，【8.3】のオブザーバによる状態推定値 $\hat{x}$ のフィードバック $u = k\hat{x}$ を用いた場合の評価関数の値を求めよ。ただし，対象システムの初期状態 $x(0)$ は未知で事前情報はないものとして，オブザーバの推定値の初期値を $\hat{x}(0) = 0$ とする。

【8.5】 【8.1】と【8.2】の A，b，c で表されたシステムを対象に，図8.5のサーボ系を設計せよ。ただし，ゲイン k_1，k_2 としては式(8.51)の拡大系において，定常値 ($Ax_\infty + Bu_\infty = 0$, $cx_\infty = y_r$, $w_\infty = $ 一定値，を満たす x_∞, u_∞, w_∞）からの x, u, w の偏差を $\tilde{x} = x - x_\infty$，$\tilde{u} = u - u_\infty$，$\tilde{w} = w - w_\infty$ としたとき，

$$\int_0^\infty (\tilde{w}(t)^2 + \tilde{u}(t)^2) dt \text{ を最小にするものを求めよ。}$$

【8.6】 【8.5】で設計したサーボ系のステップ応答を図示せよ。また，行列 A が

$$A_1 = \begin{bmatrix} -4 & 1 & 0 \\ -1 & 0 & 1 \\ 7 & 0 & 0 \end{bmatrix}, \quad A_2 = \begin{bmatrix} -5 & 1 & 0 \\ -1 & 0 & 1 \\ 6 & 0 & 0 \end{bmatrix}$$

のように変化しても，ステップ応答の定常誤差が生じていないことを確かめよ。

引用・参考文献

1) Myoken, H. ed.：Research Program on Decision and Control of Socio-Economic Systems Series 1–5, Bunshindo Publishing（1978–1983）

2) 神武庸四郎：制御工学から見た経済学：カレツキからフィリップスへ，経済学史学会第79回大会報告要旨（大会報告集において紙幅制限により割愛された部分を復元した版），https://hermes-ir.lib.hit-u.ac.jp/hermes/ir/re/27296/0501500101.pdf（2024年12月参照）

3) 佐藤健吉：講義「風車の技術と歴史」を担当して（前編），風力エネルギー，**22**，pp.23〜31（1998）

4) 池田雅夫：Descriptor形式に基づくシステム理論，計測と制御，**24**，7，pp.597〜604（1985）

5) 蛯原義雄 編：「非負システムの制御と数理」特集号，システム/制御/情報，**59**，1（2015）

6) 池田雅夫：制御理論のフィロソフィ—制御理論はどのように役立つか，役立つべきか—，電気学会誌，**117**，10，pp.679〜682（1997）

7) 池田雅夫：ファジィ制御への過大な期待に対する疑問，計測と制御，**29**，8，pp.764〜767（1990）

8) 小原敦美：行列不等式アプローチによる制御系設計，コロナ社（2016）

9) 平田光男：実践ロバスト制御，コロナ社（2017）

10) 高橋進一：回路網と制御理論，計測と制御，**19**，8，pp797〜804（1980）

11) 前田 肇：正実性と回路網，計測と制御，**34**，8，pp.662〜670（1995）

12) 前田 肇：受動性と状態方程式，計測と制御，**34**，9，pp.741〜748（1995）

13) 井村順一：システム制御のための安定論，コロナ社（2000）

14) 池田雅夫：モデリングと制御器設計の不可分性，システム/制御/情報，**37**，1，pp.7〜14（1993）

15) 児玉慎三，池田雅夫，須田信英：制御工学者のためのマトリクス理論（9），システムと制御，**16**，5，pp.397〜407（1972）

16) 計測自動制御学会 編，児玉慎三，須田信英：システム制御のためのマトリクス理論，コロナ社（1978）

17) Kalma, R.E.：Canonical structure of linear dynamical systems, Proceedings of the National Academy of Sciences of the United states of America, **48**, 4, pp.596〜600（1962）

18) Nise, N. S.：Control Systems Engineering 7th Ed., Wiley（2014）

19) 伊藤正美：自動制御概論 上，下，昭晃堂（1983，1985）

20) 須田信英：システムダイナミクス，コロナ社（1988）

21) 古田勝久：線形システム制御理論，昭晃堂（1973）

22) ボーデ，H.W.，喜安善市 訳：回路網と饋還の理論，岩波書店（1955）

23) 吉川恒夫：古典制御論，コロナ社（2014）

24) Desoer, C.A. and Vidyasagar, M.：Feedback Systems：Input Output Properties, Academic Press（1975）

25) Routh, E.J.：A Treatise on the Stability of a Given State of Motion, Macmillan（1877）

26) Hurwitz, A.：Uber die Bedingungen unter welchen eine Gleichung nur Wurzeln mit negativen reellen Teilen besitzt, Mathematische Annalen, **46**, pp.273〜284（1895）

27) Gantmacher, F.R.：The Theory of Matrices vol.1,2, Chelsea Publishing Co.（1959）

引 用 ・ 参 考 文 献　　*187*

28) Nyquist, H. : Regeneration theory, The Bell System Technical Journal, **11**, 1, pp.126～147 (1932)

29) Vidyasagar, M. : Nonlinear Systems Analysis 2nd Ed., Prentice-Hall (1993)

30) 荒木光彦：古典制御理論［基礎編］，培風館 (2000)

31) Callier, F.M. and Desoer, C.A. : Linear System Theory, Springer (1991)

32) Dorf, R.C. and Bishop, R.H. : Modern Control Systems, Addison Wesley (1994)

33) Chen, C.T. : Analog and Digital Control System Design : Transfer-Function, State-Space, and Algebraic Methods, Saunders College Publishing (1993)

34) Goodwin, G.C., Graebe, S.F. and Salgado, M.E. : Control System Design, Prentice Hall (2000)

35) Francis, B.A. and Wonham, W.M. : The internal model principle of control theory, Automatica, **12**, 5, pp.457～465 (1976)

36) 片山　徹：新版フィードバック制御の基礎，朝倉書店 (2002)

37) 杉江俊治，藤田政之：フィードバック制御入門，コロナ社 (1999)

38) Evans, W.R. : Control system synthesis by Root Locus method, Trans. AIEE, **69**, 1, pp.66～69 (1950)

39) Ziegler, J.G. and Nichols, N.B. : Optimum settings for Automatic Controllers, Trans. ASME, **64**, 8, pp.759～765 (1942)

40) 須田信英 編：PID 制御，朝倉書店 (1992)

41) 北森俊行：制御対象の部分的知識に基づく制御系の設計法，計測自動制御学会論文集，**15**，4，pp.549～555 (1979)

42) Wonham, W. M. : On pole assignment in multi-input controllable linear systems, IEEE Trans. Automatic Control, **AC-12**, 6, pp.660～665 (1967)

43) 疋田弘光，小山昭一，三浦良一：極配置問題におけるフィードバックゲインの自由度と低ゲインの導出，計測自動制御学会論文集，**11**，5，pp.556-560 (1975)

44) 池田雅夫，藤崎泰正：多変数システム制御，コロナ社 (2010)

45) 藤原幸広，浜本恭司：FWLQI による 4WS アクチュエータのロバスト制御，HONDA R & D Technical Review, **8**, pp.89～97 (1996)

46) 中本政志：外乱と目標値からのフィードフォワードを持つ 2 自由度サーボ系の構成と蒸気の圧力・流量制御への応用，システム制御情報学会論文誌，**16**, 3, pp.111～117 (2003)

47) 成清辰生，若松康介，不破勝彦，神藤　久：繰返し制御を用いたロバストサーボ系の構成とディスク型記録装置への応用，電気学会論文誌 C, **127**, 12, pp.2018～2026 (2007)

48) 磯村直道，藤原大悟：飛行体のあらゆる姿勢に対する位置補償手法の考案と小型無人ヘリのフリップ飛行制御への適用，日本機械学会論文集，**83**，854，p.17～00013 (2017)

49) 木田　隆，池田雅夫，山口　功：高域遮断特性をもたせた最適レギュレータとその大型宇宙構造物の制御への応用，計測自動制御学会論文集，**25**，4，pp.448～454 (1989)

演習問題解答

1章

【1.1】

$$\mathcal{L}[e^{\alpha t}] = \int_{0_-}^{\infty} e^{-(s-\alpha)t} dt = \frac{1}{s-\alpha}$$

$d(te^{\alpha t})/dt = e^{\alpha t} + \alpha te^{\alpha t}$ と式 (1.9) より $s\mathcal{L}[te^{\alpha t}] = 1/(s-\alpha) + \alpha\mathcal{L}[te^{\alpha t}]$, ゆえに $\mathcal{L}[te^{\alpha t}] = 1/(s-\alpha)^2$。

$$\mathcal{L}[\sin \beta t] = \mathcal{L}\left[\frac{1}{2j}(e^{j\beta t} - e^{-j\beta t})\right] = \frac{1}{2j}\left(\frac{1}{s-j\beta} - \frac{1}{s+j\beta}\right) = \frac{\beta}{s^2+\beta^2}$$

$$\mathcal{L}[\cos \beta t] = \mathcal{L}\left[\frac{1}{2}(e^{j\beta t} + e^{-j\beta t})\right] = \frac{1}{2}\left(\frac{1}{s-j\beta} + \frac{1}{s+j\beta}\right) = \frac{s}{s^2+\beta^2}$$

$$\mathcal{L}[e^{\alpha t} \sin \beta t] = \mathcal{L}\left[\frac{1}{2j}(e^{(\alpha+j\beta)t} - e^{(\alpha-j\beta)t})\right] = \frac{1}{2j}\left(\frac{1}{s-\alpha-j\beta} - \frac{1}{s-\alpha+j\beta}\right) = \frac{\beta}{(s-\alpha)^2+\beta^2}$$

$$\mathcal{L}[e^{\alpha t} \cos \beta t] = \mathcal{L}\left[\frac{1}{2}(e^{(\alpha+j\beta)t} + e^{(\alpha-j\beta)t})\right] = \frac{1}{2}\left(\frac{1}{s-\alpha-j\beta} + \frac{1}{s-\alpha+j\beta}\right) = \frac{s-\alpha}{(s-\alpha)^2+\beta^2}$$

【1.2】
式 (1.9) については，つぎのように導くことができる。

$$\mathcal{L}\left[\frac{df(t)}{dt}\right] = \int_{0_-}^{\infty} \frac{df(t)}{dt} e^{-st} dt = \int_{0_-}^{\infty} \left(sf(t)e^{-st} + \frac{d}{dt}(f(t)e^{-st})\right) dt = s\mathcal{L}[f(t)] - f(0_-)$$

積分については，この結果を用いて示すことができる。いま $f(t)$ の積分 $\int_{0_-}^{t} f(\tau)d\tau$ を $F(t)$ と書くと，$f(t) = dF(t)/dt$ かつ $F(0_-) = 0$ である。上式を用いると，$\mathcal{L}[f(t)] = s\mathcal{L}[F(t)]$ となるので，式 (1.10) が成立する。式 (1.11) と (1.12) は式 (1.9) と (1.10) をそれぞれ繰り返すことにより得られる。

【1.3】
式 (1.9) の左辺を定義式にした

$$\int_{0_-}^{\infty} \frac{df(t)}{dt} e^{-st} dt = s\mathcal{L}[f(t)] - f(0_-)$$

において，$s \to \infty$ とすると，左辺は $\int_{0_-}^{0_+}(df(t)/dt)dt = f(0_+) - f(0_-)$ となる。したがって，右辺と比較すると，初期値定理が成立することがわかる。また，$s \to 0$ とすると，$\lim_{t \to \infty} f(t)$ が存在する場合，左辺は $\int_{0_-}^{\infty}(df(t)/dt)dt = \lim_{t \to \infty} f(t) - f(0_-)$ となる。したがって，右辺と比較すると，最終値定理が成立することがわかる。

【1.4】
畳み込み積分のラプラス変換

$$\mathcal{L}\left[\int_{0_-}^{t} f(t-\tau)g(\tau)d\tau\right] = \int_{0_-}^{\infty} e^{-st}\left(\int_{0_-}^{t} f(t-\tau)g(\tau)d\tau\right)dt = \int_{0_-}^{\infty}\int_{0_-}^{t} e^{-st}f(t-\tau)g(\tau)d\tau dt$$

は τ について 0_- から t に積分した後，t について 0_- から ∞ に積分する形をしている。この積分領域は図1の灰色部分にあたる。したがって，t について τ から ∞ に積分した後，τ について 0_- から ∞ に積分するように積分順序を入れ替えることができる。さらに $\eta = t - \tau$ と置くと，η に関する積分と τ に関する積分が独立になってつぎのように書き換えることができ，式 (1.15) が示される。

$$\int_{0_-}^{\infty}\int_{\tau}^{\infty} e^{-st}f(t-\tau)g(\tau)dtd\tau$$
$$=\int_{0_-}^{\infty}\int_{0_-}^{\infty} e^{-s(\eta+\tau)}f(\eta)g(\tau)d\eta d\tau$$
$$=\int_{0_-}^{\infty} e^{-s\eta}f(\eta)d\eta \int_{0_-}^{\infty} e^{-s\tau}g(\tau)d\tau$$

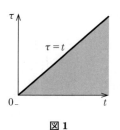

図 1

2 章

【2.1】 回路図より $i_1=(e-v_{C_1})/R_1-i_2$, $i_2=(v_{C_1}-v_{C_2})/R_2$, $\dot{v}_{C_1}=i_1/C_1$, $\dot{v}_{C_2}=i_2/C_2$, であるから, **図 2** のブロック線図が得られる。

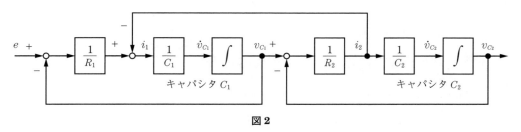

図 2

これより, $\dot{v}_{C_1}$, $\dot{v}_{C_2}$ が

$$\begin{bmatrix}\dot{v}_{C_1}\\ \dot{v}_{C_2}\end{bmatrix}=\begin{bmatrix}-1/(C_1R_1)+1/(C_1R_2) & 1/(C_1R_2)\\ 1/(C_2R_2) & -1/(C_2R_2)\end{bmatrix}\begin{bmatrix}v_{C_1}\\ v_{C_2}\end{bmatrix}+\begin{bmatrix}1/(C_1R_1)\\ 0\end{bmatrix}e, \quad v_{C_2}=\begin{bmatrix}0 & 1\end{bmatrix}\begin{bmatrix}v_{C_1}\\ v_{C_2}\end{bmatrix}$$

のように表され, 状態方程式が得られる。

【2.2】 零状態等価回路 (**図 3**)

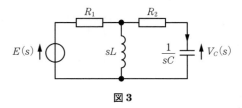

図 3

において $V_C(s)$ について解くと

$$V_C(s)=\frac{sL(R_2+1/(sC))/(sL+R_2+1/(sC))}{R_1+sL(R_2+1/(sC))/(sL+R_2+1/(sC))}\cdot\frac{1/(sC)}{R_2+1/(sC)}E(s)$$

となるから, 伝達関数として

$$G(s)=\frac{V_C(s)}{E(s)}=\frac{sL}{(s^2CL(R_1+R_2)+s(CR_1R_2+L)+R_1)}$$

が得られる。また, キルヒホフ電流則: $(e-v_L)/R_1=i_L+i_C$ と電圧則: $(v_L-v_C)/R_2=i_C$, キャパシタ特性式: $i_C=C\dot{v}_C$ とインダクタ特性式: $v_L=L\dot{i}_L$ が記述される。これらから i_C, v_L を消去すれば状態方程式が導かれる。

$$\begin{bmatrix}\dot{v}_C\\ \dot{i}_L\end{bmatrix}=\begin{bmatrix}-1/(C(R_1+R_2)) & -R_1/(C(R_1+R_2))\\ R_1/(L(R_1+R_2)) & -R_1R_2/(L(R_1+R_2))\end{bmatrix}\begin{bmatrix}v_C\\ i_L\end{bmatrix}+\begin{bmatrix}1/(C(R_1+R_2))\\ R_2/(L(R_1+R_2))\end{bmatrix}e, \quad v_C=\begin{bmatrix}1 & 0\end{bmatrix}\begin{bmatrix}v_C\\ i_L\end{bmatrix}$$

【2.3】 零状態等価回路（図4）

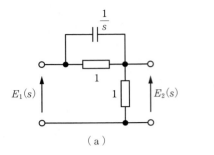
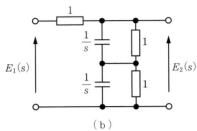

図4

より，図（a），（b）のそれぞれについて

$$\text{図（a）}: E_2(s) = \frac{1}{1+(1/s)/(1+(1/s))} E_1(s) = \frac{s+1}{s+2} E_1(s)$$

$$\text{図（b）}: E_2(s) = \frac{(2/s)/(1+(1/s))}{1+(2/s)/(1+(1/s))} = \frac{2}{s+3} E_1(s)$$

であるから，伝達関数は図（a）について $G(s) = (s+1)/(s+2)$，図（b）については $G(s) = 2/(s+3)$ となる。図（a）でキャパシタ電圧を v_C とすれば，キルヒホフ電圧則： $e_1 = v_C + e_2$，電流則： $e_2 = \dot{v}_C + v_C$ が成立するので，これらから v_C を状態変数とした状態方程式

$$\dot{v}_C = -2v_C + e_1, \quad e_2 = -v_C + e_1$$

が得られる。また図（b）でキャパシタ電圧を v_{C_1}, v_{C_2} とすれば，キルヒホフ電圧則，電流則から

$$\dot{v}_{C_1} = -2v_{C_1} - v_{C_2} + e_1, \quad \dot{v}_{C_2} = -v_{C_1} - 2v_{C_2} + e_1, \quad e_2 = v_{C_1} + v_{C_2}$$

となるので，状態方程式

$$\begin{bmatrix} \dot{v}_{C_1} \\ \dot{v}_{C_2} \end{bmatrix} = \begin{bmatrix} -2 & -1 \\ -1 & -2 \end{bmatrix} \begin{bmatrix} v_{C_1} \\ v_{C_2} \end{bmatrix} + \begin{bmatrix} 1 \\ 1 \end{bmatrix} e_1, \quad e_2 = \begin{bmatrix} 1 & 1 \end{bmatrix} \begin{bmatrix} v_{C_1} \\ v_{C_2} \end{bmatrix}$$

となる。

【2.4】 ニュートン第2法則より，運動方程式

$$m_1 \ddot{z}_1 = f + k_1(z_2 - z_1) + D(\dot{z}_2 - \dot{z}_1)$$
$$m_2 \ddot{z}_2 = k_1(z_1 - z_2) + D(\dot{z}_1 - \dot{z}_2) - k_2 z_2$$

が成立するので，すべての初期条件を0としてラプラス変換すれば

$$(m_1 s^2 + Ds + k_1)Z_1(s) = F(s) + (Ds + k_1)Z_2(s)$$
$$(m_2 s^2 + Ds + k_1 + k_2)Z_2(s) = (Ds + k_1)Z_1(s)$$

が得られる。上の式を $Z_1(s)$ について解き，下の式に代入して整理すると，外力 f から質量 m_2 の変位 z_2 への伝達関数 $Z_2(s)/F(s)$ は

$$G(s) = \frac{Ds + k_1}{m_1 m_2 s^4 + D(m_1 + m_2)s^3 + (k_1 m_1 + k_1 m_2 + k_2 m_1)s^2 + Dk_2 s + k_1 k_2}$$

となる。質量 m_1, m_2 の変位と速度を状態変数，すなわち $x_1 = z_1, x_2 = \dot{z}_1, x_3 = z_2, x_4 = \dot{z}_2$ とすれば，上記の運動方程式からただちに状態方程式

$$\begin{bmatrix} \dot{x}_1 \\ \dot{x}_2 \\ \dot{x}_3 \\ \dot{x}_4 \end{bmatrix} = \begin{bmatrix} 0 & 1 & 0 & 0 \\ -k_1/m_1 & -D/m_1 & k_1/m_1 & D/m_1 \\ 0 & 0 & 0 & 1 \\ k_1/m_2 & D/m_2 & -(k_1+k_2)/m_2 & -D/m_2 \end{bmatrix} \begin{bmatrix} x_1 \\ x_2 \\ x_3 \\ x_4 \end{bmatrix} + \begin{bmatrix} 0 \\ 1/m_1 \\ 0 \\ 0 \end{bmatrix} f$$

$$z_2 = \begin{bmatrix} 0 & 0 & 1 & 0 \end{bmatrix} \begin{bmatrix} x_1 \\ x_2 \\ x_3 \\ x_4 \end{bmatrix}$$

が導かれる。

【2.5】 熱損失 q_0〔J/s〕は容器内外の温度差 $(T-T_0)$〔℃〕に比例するので，$q_0 = (T-T_0)/R$ と置く。ここで，R〔℃・s/J〕は外部への熱抵抗である。液体温度の変化は q_i〔J/s〕に比例するので，$CdT/dt = q_i$ と置く。ここで，C〔J/℃〕は液体の熱容量である。$q_i = u - q_0$ であるから，$x = T - T_0$ を状態として状態方程式は

$$\dot{x}(t) = -\frac{1}{RC}x(t) + \frac{1}{C}u(t), \quad T(t) - T_0 = x(t)$$

であり，伝達関数は $X(s)/U(s) = R/(sRC+1)$ となる。

【2.6】 図2.31(a)の非線形RLC回路でキルヒホフ電流則：$Cdv(t)/dt = i_L(t) - i(t) = i_L(t) - f(v(t))$，電圧則：$Ldi_L(t)/dt = -v(t) - i_L(t)R + E + e(t)$ が成り立つ。これらに $\Delta i_L(t) = i_L(t) - I_0$，$\Delta v(t) = v(t) - V_0$ を代入し，$E = I_0 R + V_0$ を考慮すると

$$C\frac{dv(t)}{dt} = C\frac{d\Delta v(t)}{dt} = \Delta i_L(t) + I_0 - f(\Delta v(t) + V_0)$$

$$L\frac{di_L(t)}{dt} = L\frac{d\Delta i_L(t)}{dt} = -\Delta v(t) - \Delta i_L(t)R$$

が成立する。非線形項のテイラー展開 $f(\Delta v + V_0) = f(V_0) + (df(v)/dv)\Delta v + \Delta v$ の高次項，で Δv の高次項を無視すると線形状態方程式

$$\begin{bmatrix} \Delta \dot{v}(t) \\ \Delta \dot{i}_L(t) \end{bmatrix} = \begin{bmatrix} -g/C & 1/C \\ -1/L & -R/L \end{bmatrix} \begin{bmatrix} \Delta v(t) \\ \Delta i_L(t) \end{bmatrix} + \begin{bmatrix} 0 \\ 1/L \end{bmatrix} e(t), \quad g = \left(\frac{df(v)}{dv}\right)_{v=V_0}$$

が得られる。これから，$\Delta v(t)$，$\Delta i_L(t)$ について**図5**の等価回路が成立することがわかる。

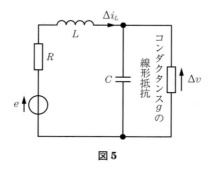

図5

【2.7】

(1) まず零状態応答を考えるので，係数器ブロックはそのままとし，積分器は伝達関数 $1/s$ なるブロックで置き換える（**図6**）。

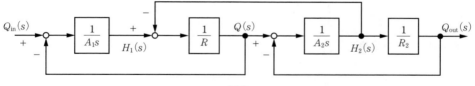

図6

そのうえで表 2.3 に従って，**図 7** のように引き出し点と加え合わせ点をそれぞれ移動させる。そして，表 2.2 のフィードバックの基本結合則を 3 回適用すると，伝達関数

$$\frac{Q_{\text{out}}(s)}{Q_{\text{in}}(s)} = \frac{1}{A_1 A_2 R R_2 s^2 + (A_1 R + A_1 R_2 + A_2 R_2)s + 1}$$

が得られる。

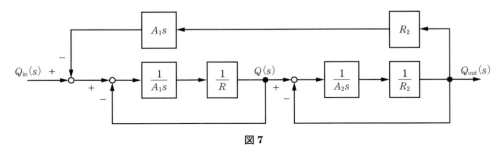

図 7

(2) (1) と同様に，等価変換したのち基本結合則により伝達関数を求める。結果は次式となる。

$$\frac{E_3(s)}{E_1(s)} = \frac{1}{C_1 C_2 R_1 R_2 s^2 + (C_1 R_1 + C_2 R_1 + C_2 R_2)s + 1}$$

3 章

【3.1】 $\beta(s)I = M(s)(sI-A)$ であるから（I は単位行列），$(\beta(s))^n = \alpha(s)\det M(s)$ であり，$s = \lambda_i$ ($i = 1, 2, \ldots, \sigma$) について $\alpha(\lambda_i) = 0$ だから，$\beta(\lambda_i) = 0$ となる。よって，題意が示された。

【3.2】 $A = \lambda I + B$ と表されることに注意する。ここで，I は 2×2 単位行列，$B = \begin{bmatrix} 0 & 1 \\ 0 & 0 \end{bmatrix}$ である。B については式(3.2)からただちに $e^{Bt} = \begin{bmatrix} 1 & t \\ 0 & 1 \end{bmatrix}$ と求まる。これから $e^{At} = e^{(\lambda I + B)t} = e^{\lambda t} e^{Bt} = \begin{bmatrix} e^{\lambda t} & te^{\lambda t} \\ 0 & e^{\lambda t} \end{bmatrix}$。

また，$(sI-A)^{-1} = \begin{bmatrix} s-\lambda & -1 \\ 0 & s-\lambda \end{bmatrix}^{-1} = \begin{bmatrix} 1/(s-\lambda) & 1/(s-\lambda)^2 \\ 0 & 1/(s-\lambda) \end{bmatrix}$ であるから，これを逆ラプラス変換すれば同じ結果を得る。

【3.3】 $(sI-A_1)^{-1} = (1/(s^2+\omega^2)) \begin{bmatrix} s & -\omega \\ \omega & s \end{bmatrix}$ であるから逆ラプラス変換して

$$e^{A_1 t} = \begin{bmatrix} \cos \omega t & -\sin \omega t \\ \sin \omega t & \cos \omega t \end{bmatrix}$$

を得る。また

$$(sI-A_2)^{-1} = \frac{1}{s(s^2-3s+2)} \begin{bmatrix} s^2-3s+2 & s-3 & 1 \\ 0 & s(s-3) & s \\ 0 & -2s & s^2 \end{bmatrix}$$

$$= \begin{bmatrix} 1/s & -3/(2s) + 2/(s-1) - 1/2(s-2) & 1/(2s) - 1/(s-1) + 1/2(s-2) \\ 0 & 2/(s-1) - 1/(s-2) & -1/(s-1) + 1/(s-2) \\ 0 & 2/(s-1) - 2/(s-2) & -1/(s-1) + 2/(s-2) \end{bmatrix}$$

であるから逆ラプラス変換して

$$e^{A_2 t} = \begin{bmatrix} 1 & (-3/2) + 2e^t - (1/2)e^{2t} & (1/2) - e^t + (1/2)e^{2t} \\ 0 & 2e^t - e^{2t} & -e^t + e^{2t} \\ 0 & 2e^t - 2e^{2t} & -e^t + 2e^{2t} \end{bmatrix}$$

を得る。

【3.4】

(1) $e(t) = \widetilde{y}_s(t) - 1$ とする。$\mathcal{L}[e(t)] = \int_{0_-}^{\infty} e(t)e^{-st}dt = \int_{0_-}^{\infty} \widetilde{y}_s(t)e^{-st}dt - (1/s) = \widetilde{G}(s)/s - 1/s = (K$

$-3-s)/((s+1)(s+2))$ であるから，$s = K-3$ と置けば $\int_{0_-}^{\infty} e(t)e^{-st}dt = 0$ となり，$e(0) = -1$, $e(\infty) =$

0 であるから，$e(t) > 0$ となる区間がある。

(2) $\widetilde{G}(s)$ が零点 $z > 0$ をもつと，$\mathcal{L}[\widetilde{y}_s(t)] = \int_{0_-}^{\infty} \widetilde{y}_s(t)e^{-st}dt = \widetilde{G}(s)/s$ であるから，$s = z$ と置くと

$\int_{0_-}^{\infty} \widetilde{y}_s(t)e^{-zt}dt = \widetilde{G}(z)/z = 0$ となり，$\widetilde{y}_s(\infty) = 1$ に収束するまでに $y_s(t) < 0$ となる区間がなければならない。

【3.5】 複素共役極 p, $\bar{p}$ の他に極 p_1 と零点 z_1 （ともに実数）をもつ 3 次伝達関数

$$G(s) = \frac{K(s-z_1)}{(s-p_1)(s-p)(s-\bar{p})}, \quad K = \frac{p_1 p \bar{p}}{z_1}$$

を考える。ステップ応答は

$$Y_s(s) = \frac{G(s)}{s} = \frac{1}{s} + \frac{B_1}{s-p_1} + \frac{B_2}{s-p} + \frac{\bar{B}_2}{s-\bar{p}}, \quad y_s(t) = 1 + B_1 e^{-p_1 t} + B_2 e^{-pt} + \bar{B}_2 e^{-\bar{p}t}, \quad t \geq 0$$

となる。ここで $B_1 = K(p_1-z_1)/(p_1(p_1-p)(p_1-\bar{p}))$, $B_2 = K(p-z_1)/(p(p-p_1)(p-\bar{p}))$ である。極 p_1 が複素共役極 p, $\bar{p}$ に比較して虚軸から十分離れていると，p_1 のモードは p, $\bar{p}$ のモードより速く減衰する。また，$|z_1|$, $|p_1| \gg |p|$ ならばモードの係数は $B_1 \cong 0$, $B_2 \cong \bar{p}/(p-\bar{p})$ となり，これらのことは $y_s(t)$ が 2 次伝達関数 $\widehat{G}(s)$ のステップ応答により近似されることを示している。$G(s)$ が一般的な場合も同様に考えればよい。

【3.6】 $G(0) = b_0/a_0$, $G'(0) = (a_0 b_1 - b_0 a_1)/a_0^2$ である。3.5 節で述べたように，ステップ入力に対する追従性は $G(0) = 1$，すなわち $a_0 = b_0$ である。また，ランプ入力に対する追従性は $G(0) = 1$, $G'(0) = 0$，であることから，$a_0 = b_0$ かつ $a_1 = b_1$ である。

【3.7】

(1) $|y(t)| = \left| \int_{0_-}^{t} g(\tau)u(t-\tau)d\tau \right| \leq \int_{0_-}^{t} |g(\tau)|d\tau \|u\|_{\infty} = \|g\|_1 \|u\|_{\infty}$ がすべての t で成立することより $\|y\|_{\infty} \leq \|g\|_1 \|u\|_{\infty}$ がいえる。

(2) $\Delta G(s) = \widetilde{G}(s) - G(s) = 3s/((s+6)(s^2+2s+3))$ より，インパルス応答の差分は

$$\Delta g(t) = -\frac{2}{3}e^{-6t} + \frac{2}{3}e^{-t}\cos\sqrt{2}t - \frac{1}{3\sqrt{2}}e^{-t}\sin\sqrt{2}t, \quad t \geq 0$$

となる。数値計算により $\|\Delta g\|_1 = 0.332$ と求まり，ステップ応答の差は $\|\Delta y\|_{\infty} \leq 0.332 \|u\|_{\infty}$ と評価される。

【3.8】

(1) W はその形から対称行列であり，右から列ベクトル $\mu = [\mu_0 \quad \mu_1 \quad \cdots \quad \mu_{n-1}]^T$ を，左からその転置ベクトル μ^T を掛けると

194   演 習 問 題 解 答

$$\mu^T W \mu = \int_0^{t_1} (\mu_0 \alpha_0(t_1-\tau) + \mu_1 \alpha_1(t_1-\tau) + \cdots + \mu_{n-1}\alpha_{n-1}(t_1-\tau))^2 d\tau$$

となる。もし W が非正則なら，これが 0 になるような μ が存在するということであり，それは

$$\mu_0 \alpha_0(t) + \mu_1 \alpha_1(t) + \cdots + \mu_{n-1}\alpha_{n-1}(t) \equiv 0, \quad 0 \le t \le t_1$$

を意味する。

　いま，簡単のため，行列 A の固有値はすべて異なり，$\lambda_1, \lambda_2, ..., \lambda_n$ としよう。そのとき，2.5.2 項で述べたように，A は $\lambda_1, \lambda_2, ..., \lambda_n$ を対角要素とする対角行列 $\Lambda = \mathrm{diag}(\lambda_1, \lambda_2, ..., \lambda_n)$ に等価変換することができる。そのとき，$e^{\Lambda t}$ も対角行列で，式 (3.18) より対角要素は $e^{\lambda_i t} = \alpha_0(t) + \alpha_1(t)\lambda_i + \cdots + \alpha_{n-2}(t)\lambda_i^{n-2} + \alpha_{n-1}(t)\lambda_i^{n-1}, i = 1, 2, ..., n,$ で表せる。したがって

$$[e^{\lambda_1 t} \quad e^{\lambda_2 t} \quad \cdots \quad e^{\lambda_n t}] = [\alpha_0(t) \quad \alpha_1(t) \quad \cdots \quad \alpha_{n-1}(t)]\Phi, \quad \Phi = \begin{bmatrix} 1 & 1 & \cdots & 1 \\ \lambda_1 & \lambda_2 & \cdots & \lambda_n \\ \vdots & \vdots & \ddots & \vdots \\ \lambda_1^{n-1} & \lambda_2^{n-1} & \cdots & \lambda_n^{n-1} \end{bmatrix}$$

が成立する。固有値 $\lambda_1, \lambda_2, ..., \lambda_n$ がすべて異なるとき，Φ は正則であるから

$$[\alpha_0(t) \quad \alpha_1(t) \quad \cdots \quad \alpha_{n-1}(t)] = [e^{\lambda_1 t} \quad e^{\lambda_2 t} \quad \cdots \quad e^{\lambda_n t}]\Phi^{-1}$$

と表せる。よって，W が非正則ということは $[e^{\lambda_1 t} \quad e^{\lambda_2 t} \quad \cdots \quad e^{\lambda_n t}]\Phi^{-1}\mu \equiv 0$ となるベクトル μ が存在するということである。しかし，指数関数 $e^{\lambda_i t} \ (i = 1, 2, ..., n)$ は独立だから，この式が成立することはなく，したがって W が正則であることが示された。

　行列 A の固有値に重複があるときとしては，二つの場合が考えられる。一つは A の特性多項式と最小多項式が同じ場合である。この場合は，e^{At} が n 個のシステムモード（$te^{\lambda t}$ の形を含む）をもち，証明は多少複雑になるが，W の正則性を示すことができる。

　もう一つは A の特性多項式と最小多項式が異なる，すなわち最小多項式の次数が $(n-1)$ 次以下の場合である。この場合，A^{n-1} が $I, A, ..., A^{n-2}$ の線形結合で表せるため，可制御性行列 Q が非正則であり，問題の対象ではない。

　以上により，W の正則性が示された。Y の正則性も同様に示すことができる。

　(2)　$\mathrm{adj}(sI-A) = s^{n-1}B_{n-1} + s^{n-2}B_{n-2} + \cdots + sB_1 + B_0$ とおくと，$B_{n-1} = I, B_{n-2} = A + a_{n-1}I, ..., B_1 = A^{n-2} + a_{n-1}A^{n-3} + \cdots + a_2 I, B_0 = A^{n-1} + a_{n-1}A^{n-2} + \cdots + a_1 I$ であることに注意しよう。これは，$(sI-A)\mathrm{adj}(sI-A) = (s^n + a_{n-1}s^{n-1} + \cdots + a_1 s + a_0)I$ が成立することからわかる。ただし，$\det(sI-A) = s^n + a_{n-1}s^{n-1} + \cdots + a_1 s + a_0$ である。これより，可制御性行列 Q を用いて

$$\begin{bmatrix} \det(sI-A) \\ \mathrm{adj}(sI-A)b \end{bmatrix} = \begin{bmatrix} 1 & 0 \\ 0 & Q \end{bmatrix} \Psi \begin{bmatrix} 1 \\ s \\ \vdots \\ s^n \end{bmatrix}, \quad \Psi = \begin{bmatrix} a_0 & a_1 & a_2 & \cdots & a_{n-1} & 1 \\ a_1 & a_2 & a_3 & \cdots & 1 & 0 \\ a_2 & a_3 & a_4 & \cdots & 0 & 0 \\ \vdots & \vdots & \vdots & \ddots & \vdots & \vdots \\ a_{n-1} & 1 & 0 & \cdots & 0 & 0 \\ 1 & 0 & 0 & \cdots & 0 & 0 \end{bmatrix}$$

と表すことができる。ここで，Ψ は明らかに正則である。これより，システムが可制御なら，つまり可制御性条件 I より Q が正則なら，右辺が 0 になるような s の値は存在せず，それは左辺の $\det(sI-A)$ とベクトル $\mathrm{adj}(sI-A)b$ が共通する多項式を含まないことを意味する。

　つぎに，システムが不可制御，つまり Q が非正則の場合を考える。Q が非正則の場合，$v_2 Q = 0$ となる n 次元行ベクトル v_2 が存在する。その v_2 に対して，$\begin{bmatrix} V_1 \\ v_2 \end{bmatrix}$ が正則になる $(n-1) \times n$ 行列 V_1 を適当に選び，その逆行列を $[W_1 \quad w_2]$ とする。ここに，W_1 は $n \times (n-1)$ 行列，w_2 は n 次元列ベクトルであ

演 習 問 題 解 答　　195

る。これらを用いて

$$\widetilde{A} = \begin{bmatrix} V_1 \\ v_2 \end{bmatrix} A \begin{bmatrix} W_1 & w_2 \end{bmatrix} = \begin{bmatrix} A_{11} & a_{12} \\ 0 & a_{22} \end{bmatrix}, \quad \widetilde{b} = \begin{bmatrix} V_1 \\ v_2 \end{bmatrix} b = \begin{bmatrix} b_1 \\ 0 \end{bmatrix}$$

のように状態方程式の係数行列を変換する。これらの行列に現れている 0 は，$v_2 Q = 0$ より導かれる。この変換は，2.5.2 項で述べた状態方程式の等価変換に該当し，不可制御性の性質は保存されている（【3.9】参照）。これらを使うと

$$\det(sI - \widetilde{A}) = \det(sI - A_{11})(s - a_{22})$$
$$\mathrm{adj}(sI - \widetilde{A})\widetilde{b} = (s - a_{22})\mathrm{adj}(sI - A_{11})b_1$$

と計算でき，$\det(sI - \widetilde{A})$ と $\mathrm{adj}(sI - \widetilde{A})\widetilde{b}$ は共通する多項式 $(s - a_{22})$ を含んでいる。

　以上により，可制御性条件Ⅱが示された。可観測性条件Ⅱも同様に示すことができる。

　(3)　いま，システムは可制御であるとしよう。そのとき，もし $\mathrm{rank}[sI - A \quad b] = n$ がすべての s については成立しないとすると，ある λ について $v[\lambda I - A \quad b] = 0$ となる行ベクトル v が存在する。つまり，$vA = \lambda v$，$vb = 0$ である。これより，$vAb = \lambda vb = 0$，$vA^2 b = \lambda vAb = 0, \dots,$ したがって $vQ = 0$ となって可制御性条件Ⅰの Q の正則性に反することになる。よって，システムが可制御なら，すべての s について $\mathrm{rank}[sI - A \quad b] = n$ が成立する。

　つぎに，システムが不可制御の場合を考える。可制御性条件Ⅱの証明で述べたように，等価変換した係数行列で考えてよいので

$$[sI - \widetilde{A} \quad \widetilde{b}] = \begin{bmatrix} sI - A_{22} & -a_{12} & b_1 \\ 0 & s - a_{22} & 0 \end{bmatrix}$$

となり，$[sI - \widetilde{A} \quad \widetilde{b}]$ のランクは $s = a_{22}$ において，n 未満である。つまり，$\mathrm{rank}[sI - \widetilde{A} \quad \widetilde{b}] = n$ は成立しない。

　以上により可制御性条件Ⅲが示された。可観測性条件Ⅲも同様に示すことができる。

【3.9】　いま，状態方程式 $\dot{x}(t) = Ax(t) + bu(t)$，$y(t) = cx(t) + du(t)$ で，行列 $A = n \times n$ が n 個のたがいに異なる固有値 $\lambda_1, \lambda_2, \dots, \lambda_n$ をもつとしよう。2.5.2 項で示したように，適当な変換行列 T により状態を変換して $T^{-1}x = [\widetilde{x}_1 \quad \widetilde{x}_2 \quad \cdots \quad \widetilde{x}_n]^T$ とすると，$\widetilde{x}$ について式 (2.32) の形，すなわち

$$\widetilde{x}(t) = \widetilde{A}\widetilde{x}(t) + \widetilde{b}u(t), \quad y(t) = \widetilde{c}\widetilde{x}(t) + \widetilde{d}u(t)$$

$$\widetilde{A} = T^{-1}AT = \begin{bmatrix} \lambda_1 & 0 & \cdots & 0 \\ 0 & \lambda_2 & \cdots & 0 \\ \vdots & \vdots & \ddots & \vdots \\ 0 & 0 & \cdots & \lambda_n \end{bmatrix}, \quad \widetilde{b} = T^{-1}b = \begin{bmatrix} \widetilde{b}_1 \\ \widetilde{b}_2 \\ \vdots \\ \widetilde{b}_n \end{bmatrix}, \quad \widetilde{c} = cT = [\widetilde{c}_1 \quad \widetilde{c}_2 \quad \cdots \quad \widetilde{c}_n], \quad \widetilde{d} = d$$

なるモード正準形が成立する。

　ここで，$\det(sI - \widetilde{A}) = (s - \lambda_1)(s - \lambda_2) \cdots (s - \lambda_n)$ であり，また

$$\mathrm{adj}(sI - \widetilde{A})\widetilde{b} = \begin{bmatrix} \widetilde{b}_1(s - \lambda_2)(s - \lambda_3) \cdots (s - \lambda_{n-1})(s - \lambda_n) \\ \vdots \\ \widetilde{b}_i(s - \lambda_1) \cdots (s - \lambda_{i-1})(s - \lambda_{i+1}) \cdots (s - \lambda_n) \\ \vdots \\ \widetilde{b}_n(s - \lambda_1)(s - \lambda_3) \cdots (s - \lambda_{n-2})(s - \lambda_{n-1}) \end{bmatrix}$$

$$\widetilde{c}\,\mathrm{adj}(sI - \widetilde{A}) = \begin{bmatrix} \widetilde{c}_1(s - \lambda_2)(s - \lambda_3) \cdots (s - \lambda_{n-1})(s - \lambda_n) \\ \vdots \\ \widetilde{c}_i(s - \lambda_1) \cdots (s - \lambda_{i-1})(s - \lambda_{i+1}) \cdots (s - \lambda_n) \\ \vdots \\ \widetilde{c}_n(s - \lambda_1)(s - \lambda_3) \cdots (s - \lambda_{n-2})(s - \lambda_{n-1}) \end{bmatrix}^T$$

であることに注意する。

いま，入力の係数ベクトル $\widetilde{b}$ において $\widetilde{b}_i = 0 \, (1 \leq i \leq n)$ なる要素があると，$\det(sI - \widetilde{A})$ と $\text{adj}(sI - \widetilde{A})\widetilde{b}$ は共通1次項 $(s - \lambda_i)$ を有するので可制御でない（可制御性条件II）。このときシステムモード（本解答では簡単のため単にモードと呼ぶ）$e^{\lambda_i t}$ に対応する状態成分 $\widetilde{x}_i$ は入力 u と切り離され，状態方程式 $\dot{\widetilde{x}}_i(t) = \lambda_i \widetilde{x}_i(t)$ に従って $\widetilde{x}_i(t) = e^{\lambda_i(t-t_0)}\widetilde{x}_i(t_0)$，$t \geq t_0$ なる自由運動を行う。つまり $\widetilde{b}_i = 0$ で可制御でないと，入力が影響を与えることができない（制御できない）モードがある。逆にすべての要素について $\widetilde{b}_i \neq 0 \, (i = 1, 2, \ldots, n)$ ならば，$\det(sI - \widetilde{A})$ と $\text{adj}(sI - \widetilde{A})\widetilde{b}$ は共通多項式をもたないので可制御である（可制御性条件II）。このとき，すべてのモードの状態成分 $\widetilde{x}_i \, (i = 1, 2, \ldots, n)$ は入力 u と結合している。

同様に，出力の係数ベクトル $\widetilde{c}$ において $\widetilde{c}_i = 0 \, (1 \leq i \leq n)$ なる要素があるとき，$\det(sI - \widetilde{A})$ と $\widetilde{c} \, \text{adj}(sI - \widetilde{A})$ は共通項 $(s - \lambda_i)$ をもち不可観測となる（可観測性条件II）。このときモード $e^{\lambda_i t}$ の状態成分 $\widetilde{x}_i$ は出力 y に結合されておらず，したがってその状態成分は出力において観測できない。逆にすべての要素が $\widetilde{c}_i \neq 0 \, (i = 1, 2, \ldots, n)$ ならば，$\det(sI - \widetilde{A})$ と $\widetilde{c} \, \text{adj}(sI - \widetilde{A})$ は共通項をもたないので可観測である（可観測性条件II）。つまり可観測であるとは，すべてのモードの状態成分 $\widetilde{x}_i \, (i = 1, 2, \ldots, n)$ が出力に結合されていることである。

【3.10】 システムを状態 x および $\widetilde{x}$ を用いて記述したとする。このとき，対応する状態方程式
$$\dot{x}(t) = Ax(t) + bu(t), \quad y(t) = cx(t) + du(t)$$
$$\dot{\widetilde{x}}(t) = \widetilde{A}\widetilde{x}(t) + \widetilde{b}u(t), \quad y(t) = \widetilde{c}\widetilde{x}(t) + \widetilde{d}u(t)$$
の係数行列の間には，ある正則行列 T について $\widetilde{A} = T^{-1}AT$，$\widetilde{b} = T^{-1}b$，$\widetilde{c} = cT$，$\widetilde{d} = d$ なる関係が成立する。これより，$\widetilde{A}$ と A の固有値は同じであり，また $c(sI - A)^{-1}b + d = \widetilde{c}(sI - \widetilde{A})^{-1}\widetilde{b} + \widetilde{d}$ であるから，伝達関数も等しい。したがって (1), (2) は状態変数の選び方に関係しない。また，$(sI - A)^{-1}b = T(sI - \widetilde{A})^{-1}\widetilde{b}$ であるから，可制御性条件IIより，(A, b) が可制御性のとき $(\widetilde{A}, \widetilde{b})$ は可制御であり，逆も成立する。可観測性についても同様であるから，(3) も状態変数の選び方に関係しない。

4章

【4.1】 各ゲイン線図は**図8**のようになり，【例4.8】で述べたことを確かめることができる。

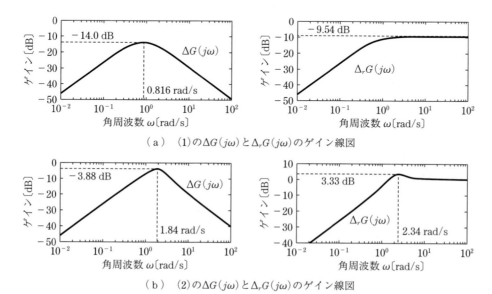

（a）(1)の $\Delta G(j\omega)$ と $\Delta_r G(j\omega)$ のゲイン線図

（b）(2)の $\Delta G(j\omega)$ と $\Delta_r G(j\omega)$ のゲイン線図

図8

演習問題解答　197

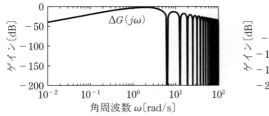
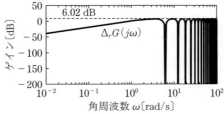

（c）　(3) の $\Delta G(j\omega)$ と $\Delta_r G(j\omega)$ のゲイン線図

図 8　（続き）

【4.2】 $G(s)$ と (1) と (2) の $\widetilde{G}(s)$ のステップ応答は図 9 のとおりである。

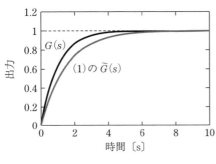
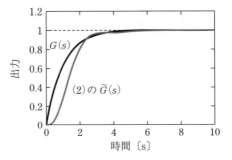

図 9

　図 4.18 によると，(1) と (2) の変動のいずれの場合においても $\omega=0$ におけるゲインの相対的な違いは 0（$-\infty$ dB）である．角周波数が 0 の信号とは一定値であり，ステップ入力の一定値の部分に対応する．したがって，$G(s)$ と変動後の $\widetilde{G}(s)$ のステップ応答は (1)，(2) のいずれの場合も，一定値の部分において差が 0 である．

　一方，$\omega \to \infty$ における相対的な違いは，(1) の場合が変動前の 2/3（-3.52 dB）であるのに対し，(2) の場合は $-\infty$ dB であるから，変動によって高周波入力に対する反応が非常に鈍くなることを示している．角周波数が ∞ とは変化が非常に速い信号を意味し，ステップ入力の立ち上がり部分に対応する．したがって，$\widetilde{G}(s)$ のステップ応答の立ち上がりは，(1) の変動の場合は $G(s)$ の応答の立ち上がりとの差が小さいが，(2) の変動の場合は $G(s)$ の応答の立ち上がりから大きく遅れている．

【4.3】 任意の周波数 ω_0 について $G_2(j\omega_0) = G_1(2j\omega_0)$ である．すなわち，ω_0 における G_2 のゲインと位相はそれぞれ $2\omega_0$ における G_1 のゲインと位相に等しい．ボード線図においては，図 10 に示されるように，G_2 のゲイン曲線および位相曲線をそのまま右に平行移動したものがそれぞれ G_1 のゲイン曲

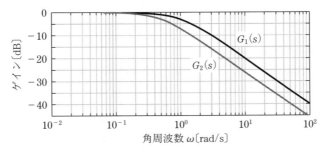

図 10

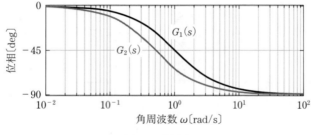

図10 (続き)

線および位相曲線である。

【4.4】 $u(t)$ をフーリエ級数に展開すると

$$u(t) = \frac{A}{2} + \frac{2A}{\pi}\sum_{n=1}^{\infty}\frac{1}{(2n-1)}\sin\omega_n t, \quad \omega_n = (2n-1)\omega_0, \quad \omega_0 = \frac{2\pi}{T}$$

となる。したがって、定常応答は

$$y_{ss}(t) = \frac{A}{2}G(0) + \frac{2A}{\pi}\sum_{n=1}^{\infty}\frac{1}{(2n-1)}|G(j\omega_n)|\sin(\omega_n t + \angle G(j\omega_n))$$

なるフーリエ級数を有する。これから、定常応答はやはり入力と同じ周期をもつ周期関数であることがわかる。

【4.5】

(1) $u(t) = e^{j\omega t}$, $t \geq t_0$, に対する出力は、$y(t, x_0, t_0) = ce^{A(t-t_0)}x_0 + c\int_{t_0}^{t}e^{A(t-\tau)}be^{j\omega\tau}d\tau + de^{j\omega t}$, $t \geq t_0$,

となる。

(2) 上式で $t_0 \to -\infty$ とすれば、x_0 に関係なく第1項 $\to 0$ となる。第2項 $c\int_{t_0}^{t}e^{A(t-\tau)}be^{j\omega\tau}d\tau = \left(c\int_{0}^{t-t_0}e^{A(t-t_0-\tau)}be^{j\omega\tau}d\tau\right)e^{j\omega t_0}$ における ( ) は、$d = 0$, $x_0 = 0$, 初期時刻 $= 0$ として、入力 $u(t) = e^{j\omega t}$ を $t \geq 0$ で加えたとき、時刻 $(t-t_0)$ における出力の値である。したがって、$t_0 \to -\infty$ のとき第2項 $\to c(j\omega I - A)^{-1}be^{j\omega t}$ となり、これと第3項から $y(t, x_0, -\infty) = H(j\omega)e^{j\omega t}$ が得られる。

5章

【5.1】 $f_A(s)$ に対してラウスの安定判別法を適用すると

$$\begin{array}{c|ccc} s^4 & 1 & 4 & 1 \\ s^3 & 2 & 6 & \\ s^2 & 1 & 1 & \\ s^1 & 4 & & \\ s^0 & 1 & & \end{array}$$

となり、最初の列が $1, 2, 1, 4, 1$ ですべて正なので、$f_A(s)$ は安定多項式である。

また、$f_A(s)$ に対してフルビッツの安定判別法を適用すると

$$H_4 = \begin{bmatrix} 2 & 6 & 0 & 0 \\ 1 & 4 & 1 & 0 \\ 0 & 2 & 6 & 0 \\ 0 & 1 & 4 & 1 \end{bmatrix}$$

$$H_1 = 2 > 0, \quad \det H_2 = \det \begin{bmatrix} 2 & 6 \\ 1 & 4 \end{bmatrix} = 2 > 0, \quad \det H_3 = \det \begin{bmatrix} 2 & 6 & 0 \\ 1 & 4 & 1 \\ 0 & 2 & 6 \end{bmatrix} = 8 > 0,$$

$$\det H_4 = 8 > 0$$

となり，すべて正なので，$f_A(s)$ は安定多項式である。なお，$H_1 = 2 = b_{31}$，$\det H_2 = 2 = b_{31}b_{21}$，$\det H_3 = 8 = b_{31}b_{21}b_{11}$，$\det H_4 = 8 = b_{31}b_{21}b_{11}b_{01}$ が成り立っている。

$f_B(s)$ に対してラウスの安定判別法を適用すると

$$
\begin{array}{c|ccc}
s^4 & 1 & 2 & 1 \\
s^3 & 2 & 6 & \\
s^2 & -1 & 1 & \\
s^1 & 8 & & \\
s^0 & 1 & &
\end{array}
$$

となり，最初の列が $1, 2, -1, 8, 1$ で負の値を含むので，$f_B(s)$ は安定多項式ではない。また，符号の反転は 2 回であるので，不安定根の数は 2 である。

また，$f_B(s)$ に対してフルビッツの安定判別法を適用すると

$$H_4 = \begin{bmatrix} 2 & 6 & 0 & 0 \\ 1 & 2 & 1 & 0 \\ 0 & 2 & 6 & 0 \\ 0 & 1 & 2 & 1 \end{bmatrix}$$

$$H_1 = 2 > 0, \quad \det H_2 = \det \begin{bmatrix} 2 & 6 \\ 1 & 2 \end{bmatrix} = -2 < 0, \quad \det H_3 = -16 < 0, \quad \det H_4 = -16 < 0$$

となり，負の値があるので，$f_B(s)$ は安定多項式ではない。なお，$H_1 = 2 = b_{31}$，$\det H_2 = -2 = b_{31}b_{21}$，$\det H_3 = -16 = b_{31}b_{21}b_{11} = -2 \cdot 8$，$\det H_4 = -16 = b_{31}b_{21}b_{11}b_{01} = -16 \cdot 1$ が成り立っている。

$f_C(s)$ にラウスの安定判別法を適用すると

$$
\begin{array}{c|ccc}
s^5 & 1 & 4 & 2 \\
s^4 & 4 & 6 & 2 \\
s^3 & 5/2 & 3/2 & \\
s^2 & 18/5 & 2 & \\
s^1 & 1/9 & & \\
s^0 & 2 & &
\end{array}
$$

となり，最初の列が $1, 4, 5/2, 18/5, 1/9, 2$ ですべて正なので，$f_C(s)$ は安定多項式である。

また，$f_C(s)$ に対してフルビッツの安定判別法を適用すると

$$H_5 = \begin{bmatrix} 4 & 6 & 2 & 0 & 0 \\ 1 & 4 & 2 & 0 & 0 \\ 0 & 4 & 6 & 2 & 0 \\ 0 & 1 & 4 & 2 & 0 \\ 0 & 0 & 4 & 6 & 2 \end{bmatrix}$$

$$H_1 = 4 > 0, \quad \det H_2 = \det \begin{bmatrix} 4 & 6 \\ 1 & 4 \end{bmatrix} = 10 > 0, \quad \det H_3 = \det \begin{bmatrix} 4 & 6 & 2 \\ 1 & 4 & 2 \\ 0 & 4 & 6 \end{bmatrix} = 36 > 0,$$

$$\det H_4 = \det \begin{bmatrix} 4 & 6 & 2 & 0 \\ 1 & 4 & 2 & 0 \\ 0 & 4 & 6 & 2 \\ 0 & 1 & 4 & 2 \end{bmatrix} = 4 > 0, \quad \det H_5 = 8 > 0$$

となり，すべて正なので，$f_C(s)$ は安定多項式である。なお，$H_1 = 4 = b_{41}$，$\det H_2 = 10 = b_{41}b_{31} = 4 \cdot 5/2$，$\det H_3 = 36 = b_{41}b_{31}b_{21} = 10 \cdot 18/5$，$\det H_4 = 4 = b_{41}b_{31}b_{21}b_{11} = 36 \cdot 1/9$，$\det H_5 = 8 = b_{41}b_{31}b_{21}b_{11}b_{01} = 4 \cdot 2$ が成り立っている。

【5.2】

(1) $f(s) = s^2 + as + K$ であり，2次多項式であるので，係数がすべて正であることが安定である必要十分条件である。じっさい，ラウスの安定判別法を適用すると

$$\begin{array}{c|cc} s^2 & 1 & K \\ s^1 & a & \\ s^0 & K & \end{array}$$

となり，最初の列が $1 > 0$，$a > 0$，$K > 0$ となっているので，$f(s)$ は安定多項式である。

(2) 多項式が安定であるための必要条件は，すべての係数が同符号であることである。$f(s) = s^2(s + a) + K$ の場合，1次の項 s の係数が 0 であるので，$f(s)$ はどのような K に対しても，安定多項式とはならない。

(3) ラウスの安定判別法を適用すると

$$\begin{array}{c|cc} s^4 & 1 & 11 \\ s^2 & 2 & 10(1+K) \\ s^1 & 6-5K & \\ s^0 & 10(1+K) & \end{array}$$

となるから，$6 - 5K > 0$，$1 + K > 0$ であればよい。したがって，$f(s)$ が安定多項式となるための K の範囲は，$-1 < K < 1.2$ である。

(4) フルビッツの安定判別法を適用すると，$\det H_1 = 9 > 0$，$\det H_2 = 210 - 2K > 0$，$\det H_3 = -4K^2 + 210K + 5\,040 > 0$，$\det H_4 = 2K \det H_3 > 0$，が成立する範囲として $0 \leqq K < 70.4$ が求まり，これが $f(s)$ を安定多項式にする K の範囲である。

【5.3】 いま，式(5.17)を

$$\begin{bmatrix} E(s) \\ U_1(s) \\ Y_1(s) \end{bmatrix} = \begin{bmatrix} G_{11}(s) & G_{12}(s) & G_{13}(s) \\ G_{21}(s) & G_{22}(s) & G_{23}(s) \\ G_{31}(s) & G_{32}(s) & G_{33}(s) \end{bmatrix} \begin{bmatrix} R(s) \\ V(s) \\ W(s) \end{bmatrix}$$

と書くと，図5.3から次式となる。

$$\begin{bmatrix} Z(s) \\ U(s) \\ Y(s) \end{bmatrix} = \begin{bmatrix} -E(s) \\ U_1(s) \\ Y_1(s) \end{bmatrix} + \begin{bmatrix} R(s) \\ -V(s) \\ -W(s) \end{bmatrix} = \begin{bmatrix} -G_{11}(s)+1 & -G_{12}(s) & -G_{13}(s) \\ G_{21}(s) & G_{22}(s)-1 & G_{23}(s) \\ G_{31}(s) & G_{32}(s) & G_{33}(s)-1 \end{bmatrix} \begin{bmatrix} R(s) \\ V(s) \\ W(s) \end{bmatrix}$$

上式から明らかに，(r, v, w) から (e, u_1, y_1) への9個の伝達関数がすべてプロパーで安定であるのは，(r, v, w) から (z, u, y) への9個の伝達関数がすべてプロパーで安定であるとき，またそのときに限る。

【5.4】 式(5.18)の仮定により $(\tilde{N}_D(s), \tilde{D}_D(s))$，$(\tilde{N}_P(s), \tilde{D}_P(s))$，$(\tilde{N}_C(s), \tilde{D}_C(s))$ の組はそれぞれ既約である。このとき，$\tilde{\Phi}(s)$ が安定多項式ではないにもかかわらず，式(5.18)の伝達関数がすべて安定になるのは，分母多項式 $\tilde{\Phi}(s)$ と9個の分子多項式が $\text{Re}\,s \geqq 0$ の根を同時に有して不安定な極零相殺を起こしている場合である。ここでは，そのようなことが起きないことを背理法で示そう。いま，$\tilde{\Phi}(s)$ とすべての分子多項式が $\text{Re}\,s_0 \geqq 0$ の根 s_0 を共通にもつと仮定する。つまり

$$\widetilde{D}_D(s_0)\widetilde{D}_P(s_0)\widetilde{D}_C(s_0)=0, \quad \widetilde{D}_D(s_0)\widetilde{D}_P(s_0)\widetilde{N}_C(s_0)=0, \quad \widetilde{D}_D(s_0)\widetilde{N}_P(s_0)\widetilde{N}_C(s_0)=0,$$
$$\widetilde{D}_D(s_0)\widetilde{N}_P(s_0)\widetilde{D}_C(s_0)=0, \quad \widetilde{N}_D(s_0)\widetilde{D}_P(s_0)\widetilde{D}_C(s_0)=0, \quad \widetilde{N}_D(s_0)\widetilde{D}_P(s_0)\widetilde{N}_C(s_0)=0,$$
$$\widetilde{N}_D(s_0)\widetilde{N}_P(s_0)\widetilde{D}_C(s_0)=0, \quad \widetilde{N}_D(s_0)\widetilde{N}_P(s_0)\widetilde{N}_C(s_0)+\widetilde{D}_D(s_0)\widetilde{D}_P(s_0)\widetilde{D}_C(s_0)=0 \tag{P.1}$$

とする．まず，最初の式は $\widetilde{D}_D(s_0)\widetilde{D}_P(s_0)\widetilde{D}_C(s_0)=0$ であるから，最後の式が $\widetilde{N}_D(s_0)\widetilde{N}_P(s_0)\widetilde{N}_C(s_0)=0$ であることがわかる．これは，三つの伝達関数の積 $\widetilde{G}_D(s)\widetilde{G}_P(s)\widetilde{G}_C(s)=\widetilde{N}_D(s)\widetilde{N}_P(s)\widetilde{N}_C(s)/(\widetilde{D}_D(s)\widetilde{D}_P(s)\widetilde{D}_C(s))$ において不安定な極零相殺が生じていることを意味する．

いま，$\widetilde{D}_D(s_0)=0$ であるとしよう．$(\widetilde{N}_D(s),\widetilde{D}_D(s))$ は規約だから，$\widetilde{N}_D(s_0)\neq 0$ である．したがって，$\widetilde{G}_D(s)\widetilde{G}_P(s)\widetilde{G}_C(s)$ において s_0 の極零相殺が起きているということは $\widetilde{N}_P(s_0)=0$ または $\widetilde{N}_C(s_0)=0$，あるいは両方である．まず，$\widetilde{N}_P(s_0)=0$ かつ $\widetilde{N}_C(s_0)\neq 0$ の場合を考えよう．そうすると，式(P.1)の6番目の式から，$\widetilde{D}_P(s_0)=0$ となり，$(\widetilde{N}_P(s),\widetilde{D}_P(s))$ が規約であることに反する．$\widetilde{N}_C(s_0)=0$ かつ $\widetilde{N}_P(s_0)\neq 0$ の場合は，7番目の式から，$\widetilde{D}_C(s_0)=0$ となり，$(\widetilde{N}_C(s),\widetilde{D}_C(s))$ が規約であることに反することがわかる．$\widetilde{N}_P(s_0)=0$ かつ $\widetilde{N}_C(s_0)=0$ の場合は，5番目の式が $\widetilde{N}_D(s_0)\neq 0$ より $\widetilde{D}_P(s_0)=0$ あるいは $\widetilde{D}_C(s_0)=0$ を意味しているから，$(\widetilde{N}_P(s),\widetilde{D}_P(s))$ あるいは $(\widetilde{N}_C(s),\widetilde{D}_C(s))$ の規約性に反する．

以上の考察は，$\widetilde{D}_P(s_0)=0$ あるいは $\widetilde{D}_C(s_0)=0$ と仮定した場合についても同様であるので，式(5.18)のすべての伝達関数が安定であれば，$\Phi(s)$ が安定多項式であることが示された．

【5.5】 $G_L(s)=N_L(s)/D_L(s)$ と置く．ただし，$N_L(s)=N_D(s)N_P(s)N_C(s)$，$D_L(s)=D_D(s)D_P(s)D_C(s)$ である．右半平面 $\mathrm{Re}\,s\geq 0$ において一巡伝達関数 $G_L(s)$ に極・零点の相殺があるとすると，ある s_u，$\mathrm{Re}\,s_u\geq 0$，が存在して $N_L(s)=(s-s_u)N_L'(s)$，$D_L(s)=(s-s_u)D_L'(s)$，と表せるので，$\Phi(s)=N_L(s)+D_L(s)=(s-s_u)(N_L'(s)+D_L'(s))$ となり，$\Phi(s)$ が不安定根 s_u をもつことになる．したがって，フィードバック系は不安定である．

【5.6】 まず $1+G_L(s)=\Phi(s)/(D_D(s)D_P(s)D_C(s))$ であることに注意しよう．これより，$\Phi(s)$ が安定多項式なら，$1+G_L(s)$ は右半平面 $\mathrm{Re}\,s\geq 0$ に零点をもたない．つまり，(a)ならば(b)である．$1+G_L(s)$ と $\Phi(s)$ の関係は，逆に，$1+G_L(s)$ が右半平面 $\mathrm{Re}\,s\geq 0$ に零点をもたないとき，$1+G_L(s)$ の零点（$\mathrm{Re}\,s<0$）のすべてを $\Phi(s)$ が根としてもつことを意味している．$\Phi(s)$ は根として，それら以外に $D_D(s)D_P(s)D_C(s)$ の根と共通で，$1+G_L(s)$ において極・零点が相殺し，零点として現れないものを含む可能性がある．その根を s_0 とすると，それは $\Phi(s_0)=0$ と $D_D(s_0)D_P(s_0)D_C(s_0)=0$ を同時に満たすものであるが，$\Phi(s)$ の形より，$N_D(s_0)N_P(s_0)N_C(s_0)=0$ をも満たす．つまり，s_0 は $G_L(s)$ の分母・分子で極零相殺するものである．仮定より，そのような s_0 は右半平面 $\mathrm{Re}\,s\geq 0$ には存在しないので，$\Phi(s)$ は安定多項式である．したがって，(b)ならば(a)であり，(a)，(b)はたがいに等価である．

【5.7】 $G_L(s)=G_1(s)$ とする．$G_1(s)$ のナイキスト軌跡とボード線図は図11のようになる．

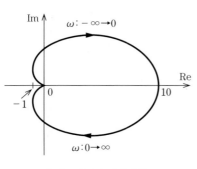 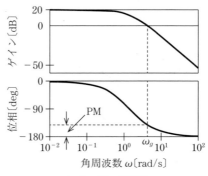

（a）ナイキスト軌跡　　　　（b）ボード線図

図11

$G_1(s)$ は安定であり，ナイキスト軌跡は点 $(-1,0)$ を通らず，また囲まないので，フィードバック系は安定である。また，ナイキスト軌跡から，ゲイン余裕は無限大であることがわかる。さらに，位相余裕もナイキスト軌跡から読み取ることができるが，ボード線図からゲイン交差周波数 $\omega_g = 4.19$ であり，$\angle G_1(j\omega_g) = -141.1 \text{ deg}$ であるので，位相余裕 $PM = 38.9 \text{ deg}$ であることがわかる。

つぎに，$G_L(s) = G_2(s)$ とする。$G_2(s)$ のナイキスト軌跡とボード線図は図12のようになる。

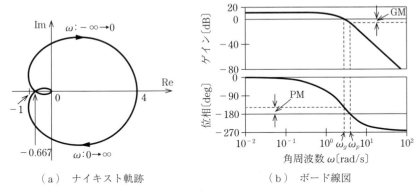

(a) ナイキスト軌跡　　(b) ボード線図

図 12

$G_2(s)$ は安定であり，ナイキスト軌跡は点 $(-1,0)$ を通らず，また囲まないので，フィードバック系は安定である。また，ボード線図から，位相交差周波数 $\omega_p = 3.74$ でゲイン余裕 $GM = 1.50$ (3.52 dB) であることと，ゲイン交差周波数 $\omega_g = 3.08$ であり，$\angle G_1(j\omega_g) = 159.7 \text{ deg}$ であるので，位相余裕 $PM = 20.3 \text{ deg}$ であることがわかる。

最後に，$G_L(s) = G_3(s)$ とする。$G_3(s)$ のナイキスト軌跡とボード線図は図13のようになる。$G_3(s)$ は不安定であり，不安定根の数は1である。ナイキスト軌跡は点 $(-1,0)$ を通らず，また囲まないので，フィードバック系は不安定である。なお，すべての ω に対して $|G(j\omega)| < 1$ であるので，ゲイン交差周波数は存在しない。一方，ボード線図をみると，位相交差周波数 $\omega_p = 0.447$ でゲイン余裕 $GM = 1.44$ (3.17 dB) であるようにみえるが，この場合，フィードバック系が不安定なので安定余裕は存在しない。このように，安定余裕を考える前にフィードバック系が安定かどうかを確認しておく必要がある。

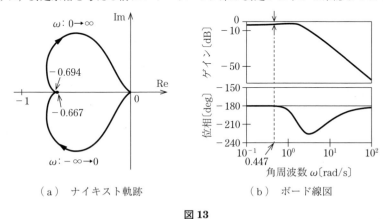

(a) ナイキスト軌跡　　(b) ボード線図

図 13

【5.8】 $G_1(s)$，$G_2(s)$ のナイキスト軌跡 Γ_1，Γ_2 はそれぞれ図 **14**(a)，(b) のようになる。ただし，図5.8において ε は 0.1 として描いている。Γ_2 では $\omega < 0$ に対応する部分を破線で表している。$KG_1(s)$ については，任意の $K > 0$ についてナイキスト軌跡 Γ_1 が $(-1,0)$ を囲まないので，フィードバック系は

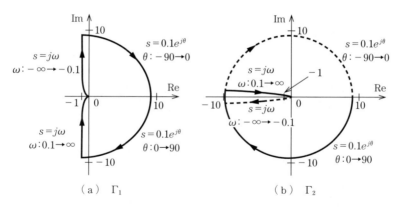

図14

安定である。$KG_2(s)$ については，どのような $K>0$ に対しても，充分に小さな ε に対してナイキスト軌跡 Γ_2 が必ず $(-1,0)$ を囲むので，フィードバック系が安定になる $K>0$ は存在しない。

6章

【6.1】 開ループ系の場合，式(6.3)からコントローラは $G_{CO}(s)=2(s+1)(s+3)/(s+2)$ と一意に決まるが，$G_{CO}(s)$ はプロパーでない。一方，フィードバック系において，有理伝達関数コントローラ $G_C(s)=n(s)/d(s)$ を用いると，閉ループ伝達関数は

$$G_b(s)=\frac{n(s)}{(s+1)(s+3)d(s)+n(s)}$$

であるから，$G_C(s)$ がプロパーなとき，$G_b(s)$ の分母・分子次数差 ≥ 2 である。$\widetilde{G}(s)$ の分母・分子の次数差 $=1$ であるから，$G_b(s)=\widetilde{G}(s)$ となるような $G_C(s)$ はない。

【6.2】

(1) $G_P(s)$ の分母次数 $>$ 分子次数である。これから，【6.1】と同様にプロパーなコントローラ $G_C(s)$ を用いる限り $G_b(s)$ の分母・分子の次数差 ≥ 1 であり，$G_b(s)=1$ を実現することはできない。

(2) $G_P(s)=N_P(s)/D_P(s)$，$G_C(s)=N_C(s)/N_C(s)$ とする。ここで

$$G_b(s)=\frac{G_P(s)G_C(s)}{1+G_P(s)G_C(s)}=\frac{N_P(s)N_C(s)}{D_P(s)D_C(s)+N_P(s)N_C(s)}$$

であるから，制御対象 $G_P(s)$ およびコントローラ $G_C(s)$ の零点はそのまま $G_b(s)$ の零点となる。これら零点を $G_b(s)$ の分子から消すには，分母 $D_P(s)D_C(s)+N_P(s)N_C(s)$ との間で相殺しなければならない。しかし右半面内の零点 λ については，それを相殺することはフィードバック制御系が内部安定でないことを意味するので許されない。よって，題意は示された。

【6.3】 $|G_b(j\omega_g)|=|G_L(j\omega_g)|/|1+G_L(j\omega_g)|$ において，$|G_L(j\omega_g)|=1$，$\angle G_L(j\omega_g)=\theta-180$ であるから $G_L(j\omega_g)=e^{j(\theta-180)}=-e^{j\theta}$ となり，これから $|G_b(j\omega_g)|=1/\sqrt{2(1-\cos\theta)}>1/\sqrt{2}$ が成立する。バンド幅の定義から，すべての周波数 $\omega\geq\omega_B$ について $|G_b(j\omega)|\leq 1/\sqrt{2}$ であるから，$\omega_g<\omega_B$ となる。

【6.4】 $G_L(s)$ のゲイン交差周波数 ω_g において $|G_L(j\omega_g)|^2=\omega_n^4/(\omega_g^2(\omega_g^2+4\zeta^2\omega_n^2))=1$ であり，これから $\omega_g=\omega_n\sqrt{\sqrt{1+4\zeta^4}-2\zeta^2}$ と求まる。$PM=180-|\angle G(j\omega_g)|=\tan^{-1}(2\zeta\omega_n/\omega_g)$ であるから，$PM=\tan^{-1}(2\zeta\sqrt{\sqrt{1+4\zeta^4}+2\zeta^2})$ である。

【6.5】 このフィードバック系は $0<K<6$ なる範囲の K について安定である。$K=2$ のとき，ステップ目標値に対し，1型であるから $\varepsilon=0$ である。ランプ入力に対しては，式(6.18)において速度偏差定数 $K_v=K/2=1$ であるから $\varepsilon=1/K_v=1$ である。ステップ外乱に対しては式(6.25)から

$$\varepsilon_d = \lim_{s \to 0} \frac{1}{s(s+2)} \frac{1}{1+2/(s(s+1)(s+2))} = \frac{1}{2}$$

と求まる。$K = 10$ のときは不安定となり，目標値入力に対する定常偏差 ε および外乱に対する出力定常値 ε_d は存在しない。

【6.6】 安定で一巡伝達関数が l 個の積分器をもつ図 6.8（b）の単位フィードバック系に k 次の多項式入力 $r(t) = t^k/k!$，$R(s) = 1/s^{k+1}$，$k \geqq 0$ が加えられるとする。ここで $G_P(s)G_C(s) = \widetilde{G}(s)/s^l$，$\widetilde{G}(0) \neq 0$，$l \geqq 0$ とすれば，偏差 $E(s) = \mathcal{L}[e(t)]$ は

$$E(s) = \frac{1}{1+\widetilde{G}(s)/s^l} \frac{1}{s^{k+1}} = \frac{1}{s^l + \widetilde{G}(s)} \frac{1}{s^{k-l+1}} = \left(\frac{c_0}{s} + \cdots + \frac{c_{k-l}}{s^{k-l+1}} \right) + 閉ループ極に対応する項$$

と書ける。$l < k$ なら $c_{k-l} = 1/\widetilde{G}(0) \neq 0$ であるから $t \to \infty$ で $e(t) \to \infty$ であり，$l = k$ のとき $e(t) \to c_0 = 1/\widetilde{G}(0) \neq 0$，$l > k$ なら $c_0 = \cdots = c_{k-l} = 0$ で $e(t) \to 0$ となる。定常偏差は

$$\lim_{t \to \infty} e(t) = \begin{cases} \infty & (l < k) \\ \dfrac{1}{\widetilde{G}(0)} & (l = k) \\ 0 & (l > k) \end{cases}$$

となるので，単位フィードバック系が目標値入力について k 型とは，$l = k$，すなわち一巡伝達関数が k 個の積分器をもつことである。

【6.7】 一巡伝達関数を

$$G_L(s) = G_P(s)G_C(s) = \frac{K(1+\beta_1 s)(1+\beta_2 s)\cdots(1+\beta_m s)}{s^l(1+\alpha_1 s)(1+\alpha_2 s)\cdots(1+\alpha_n s)}$$

と書き，$l + n \geqq m$ とする。低い周波数域では $G_L(j\omega) \cong K/(j\omega)^l$ であるから，図 6.15（a）は $l = 0$，つまり 0 型であることを意味し，$K_p = K$，$K_v = K_a = 0$ となる。そして，図より $20 \log K = A$，すなわち $K_p = 10^{A/20}$ である。図（b）の場合は $l = 1$ で，1 型なので，$K_p = \infty$，$K_a = 0$ である。そして，図は $\omega = 1$ が $G_L(j\omega) \cong K/(j\omega)$ で近似できる周波数域の中であることと，ゲイン $|K/j\omega| = K$ が B dB であることを意味しているから，$K_v = K = 10^{B/20}$ である。同様に，図（c）では $l = 2$，$K_p = K_v = \infty$，$K_a = 10^{C/20}$ である。

7 章

【7.1】 $K \to \infty$ のとき，閉ループ系の n 本の根軌跡のうち m 本は $G(s)$ の零点に収束するので，残りの $(n-m)$ 本の挙動を調べる。式(7.4)の $G(s)$ は $|s|$ が十分に大きいところでは

$$G(s) \cong \beta \frac{1}{s^{n-m} + \left(\sum_{j=1}^{n} p_j - \sum_{i=1}^{m} z_i \right) s^{n-m-1} + \cdots}$$

$$\cong \beta \frac{1}{\left(s + \dfrac{1}{n-m} \left(\sum_{j=1}^{n} p_j - \sum_{i=1}^{m} z_i \right) \right)^{n-m} + \cdots}$$

のように近似できる。したがって，漸近線については

$$-K\beta = \left(s + \frac{1}{n-m} \left(\sum_{j=1}^{n} p_j - \sum_{i=1}^{m} z_i \right) \right)^{n-m}$$

を満たすと考えられ，式(7.6)の α を通る。

また，$|s|$ が十分大きいところでは，$\angle(s+z_i)$ と $\angle(s+p_i)$ は $\angle(s+\alpha)$ で近似でき，$\angle\beta > 0$ だから，式(7.5b)より

$$-(n-m)\angle(s+\alpha) = 180(2l+1), \quad l = 0, \pm 1, \pm 2, \ldots$$

が成立することがわかる。これは式(7.7)と等価である。

【7.2】 p についての根軌跡を考えるときは多項式 $\Phi(s)$ として

$$\Phi(s) = ps(s+1) + s^2(s+1) + K(s+z)$$

の形から

$$1 + p\frac{s(s+1)}{s^2(s+1) + K(s+z)} = 0$$

とする。z についての根軌跡を考えるときは

$$\Phi(s) = zK + s(s+1)(s+p) + Ks$$

として

$$1 + z\frac{K}{s(s+1)(s+p) + Ks} = 0$$

を考える。

【7.3】 まず，p についての根軌跡を考える。根軌跡が $\lambda_1 = -1.50 + 1.53j$ を通るということは，位相条件より

$$\angle\frac{\lambda_1(\lambda_1+1)}{\lambda_1{}^2(\lambda_1+1) + 25(\lambda_1+z)} = \angle\lambda_1 + \angle(\lambda_1+1) - \angle(\lambda_1{}^2(\lambda_1+1) + 25(\lambda_1+z)) = -180\,\mathrm{deg}$$

が成立しなければならないことを意味する。これより，$z = 2.06$ が求まる。また，振幅条件

$$\left| p\frac{\lambda_1(\lambda_1+1)}{\lambda_1{}^2(\lambda_1+1) + 25(\lambda_1+2.06)} \right| = 1$$

より，$p = 13.2$ が求まる。

つぎに，z についての根軌跡からは，位相条件

$$\angle\frac{K}{\lambda_1(\lambda_1+1)(\lambda_1+10) + K\lambda_1} = -\angle(\lambda_1(\lambda_1+1)(\lambda_1+10) + K\lambda_1) = -180\,\mathrm{deg}$$

より $K = 18.6$ が求まり，振幅条件

$$\left| z\frac{18.6}{\lambda_1(\lambda_1+1)(\lambda_1+10) + 18.6\lambda_1} \right| = 1$$

より $z = 1.98$ が求まる。

【7.4】 一巡伝達関数は

$$G_P(s)G_{C_1}(s)G_{C_2}(s) = K_2\frac{20(s+2)(s+0.02\beta)}{s(s+1)(s+10.7)(s+0.02)}$$

であるから，速度偏差定数を 20 にするには，$0.8\beta K_2/0.214 = 20$ とすればよい。つまり，$\beta K_2 = 5.35$ である。したがって，$K_2 = 5.35/\beta$ より，閉ループ系の極は

$$1 + G_P(s)G_{C_1}(s)G_{C_2}(s) = 1 + \frac{107(s+2)(s+0.02\beta)}{\beta s(s+1)(s+10.7)(s+0.02)} = 0$$

によって決まることがわかる。これは

$$1 + \beta\frac{s(s+1)(s+10.7)(s+0.02) + 2.14(s+2)}{107s(s+2)} = 0$$

と書くことができる。ここで β をパラメータとする根軌跡の考えを適用すると，位相条件より，根が $\lambda = -1.5 + j\omega$ になるのは

$$\frac{\lambda(\lambda+1)(\lambda+10.7)(\lambda+0.02) + 2.14(\lambda+2)}{107\lambda(\lambda+2)}$$

が負の実数になる ω であり，1.59 と求まる。また，振幅条件より，上式に $\lambda = -1.5 + 1.59j$ を代入し，

符号を逆転して逆数としたものが，それを実現する β であり，5.13 と求まる．つまり，$z_2 = 0.103$ である．そして，$K_2 = 5.35/5.13 = 1.04$ が求まる．

【7.5】 $T_D = 5$ と $T_D = 200$ の場合について，ステップ応答とランプ応答は **図 15** のようになる．図 7.17 の傾向がより顕著に現れている．

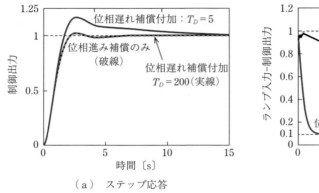
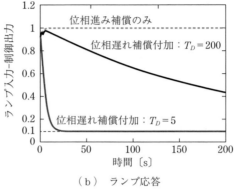

（a）ステップ応答　　　　　　　　　　　（b）ランプ応答

図 15

【7.6】 まず，ステップ応答について考える．ステップ入力のラプラス変換は $1/s$ である．そのため，$T_D = 100$ の場合，閉ループ系の $s = 0$ に最も近い極 -0.0101 による遅いモードが特に励起される．しかし，このモードはこの極に非常に近い零点 -0.0100 によってほとんど消され，これらの極と零点がない位相遅れ補償前の応答（図 7.17 の破線）に近い振る舞いになっていると考えられる．一方，$T_D = 10$ の場合は，零点 -0.100 と極 -0.111 が少し離れているため，極 -0.111 による遅いモードがそれほど打ち消されず，ステップ応答の整定時間が長くなっている．

つぎに，ランプ応答について考える．ランプ入力のラプラス変換は $1/s^2$ であるから，$T_D = 100$ の場合，閉ループ系の極 -0.0101 による遅いモードはステップ入力の場合よりも強く励起される．そのため，零点 -0.0100 では打ち消し切れず，この遅いモードが応答に現れて，収束までの時間が長くなっている．一方，$T_D = 10$ の場合，$s = 0$ に最も近い閉ループ極は -0.111 であるから，$T_D = 100$ の場合よりも収束が速くなっている．

【7.7】 $k_P = 4.16$，$k_I = 2.31$，$k_D = 1.62$ とした結果の応答が **図 16** である．目標値入力に対する応答に注

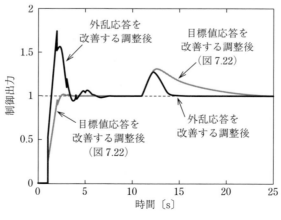

図 16

演 習 問 題 解 答　　207

目した調整結果図 7.22 と比較すると，外乱に対する応答は改善されているが，目標値入力に対する応
答は大きく劣化している。

8 章

【8.1】 可制御正準系に変換する行列 T と変換後のシステム行列はつぎのようになる。

$$T = \begin{bmatrix} 1 & 0 & 0 \\ -4 & 1 & 0 \\ 15 & -4 & 1 \end{bmatrix}, \quad TAT^{-1} = \begin{bmatrix} 0 & 1 & 0 \\ 0 & 0 & 1 \\ 6 & -1 & -4 \end{bmatrix}, \quad Tb = \begin{bmatrix} 0 \\ 0 \\ 1 \end{bmatrix}$$

したがって

$$s^3 + (4 - \widetilde{k}_3)s^2 + (1 - \widetilde{k}_2)s + (-6 - \widetilde{k}_1) = (s+1)(s+1.5)(s+2.5)$$

が成立するように $\widetilde{k}_1 = -9.75$, $\widetilde{k}_2 = -6.75$, $\widetilde{k}_3 = -1$ と定めると

$$k = [\widetilde{k}_1 \quad \widetilde{k}_2 \quad \widetilde{k}_3]T = [2.25 \quad -2.75 \quad -1]$$

と求まる。

　つぎに，固有ベクトルを指定する方法でフィードバックゲインを求める。$\lambda_1 = -1$, $\lambda_2 = -1.5$, $\lambda_3 = -2.5$ とおくと，式(8.15)より

$$f_1 = \begin{bmatrix} 0.25 \\ 0.75 \\ -0.50 \end{bmatrix}, \quad f_2 = \begin{bmatrix} 0.533\,3 \\ 1.333\,3 \\ -1.466\,7 \end{bmatrix}, \quad f_3 = \begin{bmatrix} -1.142\,9 \\ -1.714\,3 \\ 3.142\,9 \end{bmatrix}$$

と計算でき，式(8.16)から

$$k = [2.25 \quad -2.75 \quad -1]$$

が求まる。

【8.2】 式(8.29), (8.30)に従って最適フィードバックゲインを計算すると，$r = 0.01$ の場合，$k = -[3.00 \quad 8.75 \quad 10.84]$で，$\lambda$ は $-1.14, -3.77, -9.92$ である。$r = 1$ の場合は，$k = -[2.17 \quad 2.21 \quad 2.33]$で，$\lambda$ は $-1.05, -2.64+0.11i, -2.64-0.11i$ である。$r = 100$ の場合，$k = -[2.00 \quad 2.00 \quad 2.00]$で，$\lambda$ は $-1.00, -2.00, -3.00$ である。これらからいえることは，r が大きくなるにつれて，フィードバックゲイン k が小さくなる傾向があるということである。これは，r が大きくなると，入力の大きさが評価関数により大きく反映されるので，評価関数の値を最小にする最適レギュレータでは，入力が小さい制御を実現しようとするからである。

【8.3】 式(8.37)のオブザーバについて，オブザーバゲイン g を $A - gc$ の固有値が $-3, -3.5, -4$ になるように選ぶとしよう。これは，【8.1】で状態フィードバック系のシステム固有値を $-1, -1.5, -2.5$ としたことを参考に，推定誤差の減衰が速いほうがよいと考えることによる。極指定法を用いると，$g = [1.58 \quad 6.92 \quad 6.50]^T$ と求まるので，オブザーバはつぎのように求まる。

$$\dot{\hat{x}} = \begin{bmatrix} -4 & 1 & -1.58 \\ -1 & 0 & -5.92 \\ 6 & 0 & -6.50 \end{bmatrix}\hat{x} + \begin{bmatrix} 0 \\ 0 \\ 1 \end{bmatrix}u + \begin{bmatrix} 1.58 \\ 6.92 \\ 6.50 \end{bmatrix}y$$

【8.4】 式(8.30)のリカッチ方程式の解

$$P = \begin{bmatrix} 2.30 & 1.95 & 2.17 \\ 1.95 & 2.99 & 2.21 \\ 2.17 & 2.21 & 2.33 \end{bmatrix}$$

を用いて $J_{\min} = x^T(0)\,Px(0)$ と求まる。オブザーバを用いる場合，状態推定値 $\hat{x}$ の初期値を 0 とすれば，推定誤差 $\varepsilon = \hat{x} - x$ の初期値が $\varepsilon(0) = -x(0)$ だから，式(8.45)の解

$$V = \begin{bmatrix} 0.48 & 0.58 & 0.63 \\ 0.58 & 2.25 & 0.32 \\ 0.63 & 0.32 & 1.00 \end{bmatrix}$$

を用いて評価関数の値を $J = x^T(0)(P+V)x(0)$ と表すことができる．このように，推定誤差による評価関数の値の増加の割合は初期状態 $x(0)$ に依存する．$P+V = P^{1/2}(I+P^{-1/2}VP^{-1/2})P^{1/2}$ のように P を基準として V を表した $P^{-1/2}VP^{-1/2}$ の固有値が 0.03, 0.40, 4.15 であるから，初期値によって，ほとんど増加しない場合もあれば，増加分が 4 倍以上の場合もあることがわかる．

【8.5】 いま，$\widetilde{X} = [\widetilde{x}^T \ \widetilde{w}]^T$ とおくと，偏差系は

$$\dot{\widetilde{X}} = \begin{bmatrix} -4 & 1 & 0 & 0 \\ -1 & 0 & 1 & 0 \\ 6 & 0 & 0 & 0 \\ 0 & 0 & -1 & 0 \end{bmatrix} \widetilde{X} + \begin{bmatrix} 0 \\ 0 \\ 1 \\ 0 \end{bmatrix} \widetilde{u}, \quad \widetilde{w} = [0 \ 0 \ 0 \ 1] \widetilde{X}$$

と表すことができる．式 (8.29) により偏差系に対する最適フィードバックを求めると

$$\widetilde{u} = -[2.34 \ 1.52 \ 2.24 \ -1] \widetilde{X}$$

つまり，$k_1 = [-2.34 \ -1.52 \ -2.24]$，$k_2 = 1$ とおくと

$$u = k_1 x + k_2 w + u_\infty - k_1 x_\infty - k_2 w_\infty$$

となる．図 8.5 からわかるように，定常値について $u_\infty = k_1 x_\infty + k_2 w_\infty$ が成立するから

$$u = [-2.34 \ -1.52 \ 2.24] x + w$$

が最適フィードバックである．

【8.6】 元のシステム行列 A が A_1, A_2 に変化した場合のステップ応答は**図 17**のとおりである．対象システムに変動があっても，出力の定常値は変わらない．

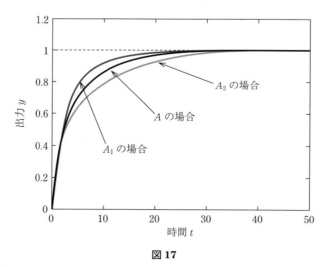

図 17

索　引

【あ】

アクチュエータ	2
安定多項式	103
安定度	108, 119
安定な極	58
安定なシステム固有値	48
安定モード	48
行き過ぎ時間	62
行き過ぎ量	62
位相	82
位相遅れ補償器	142
位相交差周波数	120
位相進み-遅れ補償器	150
位相進み補償器	142
位相余裕	120
一巡伝達関数	109
位置偏差定数	135
インパルス応答	54
折れ線近似	85
折れ点周波数	85

【か】

外部安定	102
外乱	2
回路網理論	7
可観測	50
可観測正準形	74
可制御	50
可制御正準形	73
過制動	61
加速度偏差定数	136
過渡応答	68
完全に特性化される	70
還送差	109
観測出力	2
感度関数	130
極	56
極に対応するモード	58
極配置法	145
係数器	14
ゲイン	82

ゲイン交差周波数	120
ゲイン余裕	120
限界感度法	163
減衰係数	60
減衰性	62
根軌跡	143
根軌跡法	145
コントローラ	3

【さ】

サーボ系	141
最終値定理	9
最小位相	88
最小多項式	44
システムゲイン	95
システム固有値	44
システムの次数	14
システムモード	45
自然角周波数	60
実現	72
時定数	49
支配極	66
集中定数系	11
周波数伝達関数	82
出力方程式	25
状態	24
状態ベクトル	24
状態変数	24
状態方程式	23, 24
初期値定理	9
真にプロパー	56
数式モデル	10
ステップ応答	54
ステップ応答法	164
制御	1
制御器	3
制御出力	2
制御理論	5
整定時間	61
静的システム	3, 14
積分器	14
積分補償法	181

零点	56
零状態	32
零状態応答	31, 42
零入力応答	31, 42
線形係数器	14
線形システム	14
線形時不変システム	5
センサ	2
操作入力	2
相対次数	56
相補感度関数	131
速応性	62
速度偏差定数	136

【た】

タコメータ	126
立ち上がり時間	61
単位インパルス関数	53
単位ステップ関数	53
単位フィードバック系	128
超関数	53
直結フィードバック系	129
追従制御	2
追従	68
追値制御	2
ディケード	82
定常位置偏差	135
定常応答	68
定常速度偏差	136
定常定加速度偏差	136
定常偏差	68
定値制御	1
伝達関数	23, 30, 32
等 M 軌跡	133
等価	28
動的システム	3, 14
特性多項式	44

【な】

ナイキスト安定判別法	113, 114
ナイキスト軌跡	113
内部安定	49, 102

210 索　引

内部モデル原理	138	
入出力安定	58, 102	
入出力システム	3	
ノルム	95	

【は】

パデー近似	35
バンド幅	90
不安定モード	48
フィードバック制御系	3, 108
フィードフォワード制御系	4
不足制動	61
フルビッツの安定判別法	105

ブロック線図	15
プロパー	56
分布定数系	11
ベクトル軌跡	91
ボード線図	82
ボードの積分定理	132

【ま】

むだ時間要素	34
名目モデル	11
モード正準形	29
目標値に対し k 型	136
モデリング	10

【や】

有界入力–有界出力安定	107
有限次元システム	14

【ら】

ラウスの安定判別法	104
ラウス表	104
ループ整形	132
レギュレータ系	141
ロバスト安定	122

【数字】

2自由度制御系	4

【英字】

k 型	136

PID 補償器	136, 142
PI 補償器	136

― 著者略歴 ―

児玉　慎三（こだま　しんぞう）
1955 年　早稲田大学第一理工学部電気工学科卒業
1958 年　オレゴン州立大学大学院修士課程修了（電気工学専攻）
1963 年　カリフォルニア大学バークレー校大学院博士課程修了（電気工学専攻），Ph.D
1962 年　大阪大学講師
1968 年　大阪大学助教授
1974 年　大阪大学教授
1995 年　大阪大学名誉教授
　　　　近畿大学教授
2002 年　近畿大学退職

池田　雅夫（いけだ　まさお）
1969 年　大阪大学工学部通信工学科卒業
1971 年　大阪大学大学院工学研究科修士課程修了（通信工学専攻）
1973 年　大阪大学大学院工学研究科博士課程中途退学（通信工学専攻）
　　　　神戸大学助手
1975 年　工学博士（大阪大学）
　　　　神戸大学講師
1976 年　神戸大学助教授
1990 年　神戸大学教授
1995 年　大阪大学教授
2010 年　大阪大学名誉教授
　　　　大阪大学特任教授
2017 年　大阪大学特任学術政策研究員
2020 年　大阪大学退職

太田　有三（おおた　ゆうぞう）
1972 年　神戸大学工学部電気工学科卒業
1974 年　神戸大学大学院工学研究科修士課程修了（電気工学専攻）
1977 年　大阪大学大学院工学研究科博士課程修了（電子工学専攻），工学博士
1977 年　福井大学助手
1981 年　福井大学助教授
1987 年　神戸大学助教授
1996 年　神戸大学教授
2015 年　神戸大学名誉教授

制　御　理　論
Control Theory　　　　　　　ⓒShinzo Kodama, Masao Ikeda, Yuzo Ohta 2025

2025 年 2 月 20 日　初版第 1 刷発行　　　　　　　　　　　　　★

著　者　児　玉　慎　三
　　　　池　田　雅　夫
　　　　太　田　有　三
発行者　株式会社　コ ロ ナ 社
　　　　代表者　牛来真也
印刷所　美研プリンティング株式会社
製本所　有限会社　愛千製本所

112-0011　東京都文京区千石 4-46-10
発行所　株式会社　コ ロ ナ 社
CORONA PUBLISHING CO., LTD.
Tokyo Japan
振替00140-8-14844・電話(03)3941-3131(代)
ホームページ　https://www.coronasha.co.jp

ISBN 978-4-339-03247-5　C3053　Printed in Japan　　　　　（西村）

<JCOPY> ＜出版者著作権管理機構 委託出版物＞
本書の無断複製は著作権法上での例外を除き禁じられています．複製される場合は，そのつど事前に，出版者著作権管理機構（電話 03-5244-5088，FAX 03-5244-5089，e-mail: info@jcopy.or.jp）の許諾を得てください．

本書のコピー，スキャン，デジタル化等の無断複製・転載は著作権法上での例外を除き禁じられています．
購入者以外の第三者による本書の電子データ化及び電子書籍化は，いかなる場合も認めていません．
落丁・乱丁はお取替えいたします．

システム制御工学シリーズ

（各巻A5判，欠番は品切です）

■編集委員長 池田雅夫
■編集委員 足立修一・梶原宏之・杉江俊治・藤田政之

配本順		著者	頁	本体
2.（1回）	信号とダイナミカルシステム	足立 修一 著	216	2800円
3.（3回）	フィードバック制御入門	杉江 俊治／藤田 政之 共著	236	3000円
4.（6回）	線形システム制御入門	梶原 宏之 著	200	2500円
6.（17回）	システム制御工学演習	杉江 俊治／梶原 宏之 共著	272	3400円
7.（7回）	システム制御のための数学（1）―線形代数編―	太田 快人 著	266	3800円
8.（23回）	システム制御のための数学（2）―関数解析編―	太田 快人 著	288	3900円
9.（12回）	多変数システム制御	池田 雅夫／藤崎 泰正 共著	188	2400円
10.（22回）	適 応 制 御	宮里 義彦 著	248	3400円
11.（21回）	実践ロバスト制御	平田 光男 著	228	3100円
12.（8回）	システム制御のための安定論	井村 順一 著	250	3200円
14.（9回）	プロセス制御システム	大嶋 正裕 著	206	2600円
15.（10回）	状 態 推 定 の 理 論	内田 健康／山中 一雄 共著	176	2200円
16.（11回）	むだ時間・分布定数系の制御	阿部 直人／児島 晃 共著	204	2600円
17.（13回）	システム動力学と振動制御	野波 健蔵 著	208	2800円
18.（14回）	非線形最適制御入門	大塚 敏之 著	232	3000円
19.（15回）	線 形 シ ス テ ム 解 析	汐月 哲夫 著	240	3000円
20.（16回）	ハイブリッドシステムの制御	井村 順一／東 俊一／増淵 泉 共著	238	3000円
21.（18回）	システム制御のための最適化理論	延瀬 英沢／山部 昇 共著	272	3400円
22.（19回）	マルチエージェントシステムの制御	東 俊一／永原 正章 編著	232	3000円
23.（20回）	行列不等式アプローチによる制御系設計	小原 敦美 著	264	3500円

定価は本体価格＋税です。
定価は変更されることがありますのでご了承下さい。

図書目録進呈◆

計測・制御テクノロジーシリーズ

（各巻A5判，欠番は品切または未発行です）

■計測自動制御学会 編

	配本順		著者	頁	本体
1.	（18回）	計測技術の基礎（改訂版） —新SI対応—	山﨑 弘郎 田中 充 共著	250	3600円
2.	（8回）	センシングのための情報と数理	出口 光一郎 本多 敏 共著	172	2400円
3.	（11回）	センサの基本と実用回路	中沢 信明 松井 利一 山田 功 共著	192	2800円
4.	（17回）	計測のための統計	寺本 顕武 椿 広計 共著	288	3900円
5.	（5回）	産業応用計測技術	黒森 健一 他著	216	2900円
6.	（16回）	量子力学的手法による システムと制御	伊丹・松井 乾・全 共著	256	3400円
7.	（13回）	フィードバック制御	荒木 光彦 細江 繁幸 共著	200	2800円
9.	（15回）	システム同定	和田・奥 田中・大松 共著	264	3600円
11.	（4回）	プロセス制御	高津 春雄編著	232	3200円
13.	（6回）	ビークル	金井 喜美雄他著	230	3200円
15.	（7回）	信号処理入門	小畑 秀文 浜田 望 田村 安孝 共著	250	3400円
16.	（12回）	知識基盤社会のための 人工知能入門	國藤 進 中田 豊久 羽山 徹彩 共著	238	3000円
17.	（2回）	システム工学	中森 義輝著	238	3200円
19.	（3回）	システム制御のための数学	田村 捷利 武藤 康彦 笹川 徹史 共著	220	3000円
21.	（14回）	生体システム工学の基礎	福岡 豊 内山 憲 野村 泰伸 孝泰伸 共著	252	3200円

定価は本体価格＋税です。
定価は変更されることがありますのでご了承下さい。

図書目録進呈◆

計測・制御セレクションシリーズ

（各巻A5判）

■計測自動制御学会 編

計測自動制御学会（SICE）が扱う，計測，制御，システム・情報，システムインテグレーション，ライフエンジニアリングといった分野は，もともと分野横断的な性格を備えていることから，SICEが社会において果たすべき役割がより一層重要なものとなってきている。めまぐるしく技術動向が変化する時代に活躍する技術者・研究者・学生の助けとなる書籍を，SICEならではの視点からタイムリーに提供することをシリーズの方針とした。
SICEが執筆者の公募を行い，会誌出版委員会での選考を経て収録テーマを決定することとした。また，公募と並行して，会誌出版委員会によるテーマ選定や，学会誌「計測と制御」での特集から本シリーズの方針に合うテーマを選定するなどして，収録テーマを決定している。テーマの選定に当たっては，SICEが今の時代に出版する書籍としてふさわしいものかどうかを念頭に置きながら進めている。このようなシリーズの企画・編集プロセスを鑑みて，本シリーズの名称を「計測・制御セレクションシリーズ」とした。

配本順			頁	本体
1.（1回）	次世代医療AI ―生体信号を介した人とAIの融合―	藤原幸一編著	272	**3800円**
2.（2回）	外乱オブザーバ	島田　明著	284	**4000円**
3.（3回）	量の理論とアナロジー	久保和良著	284	**4000円**
4.（4回）	電力系統のシステム制御工学 ―システム数理とMATLABシミュレーション―	石崎孝幸編著 川口貴弘 河辺賢一共著	284	**4200円**
5.（5回）	機械学習の可能性	浮田浩行編著 濱上知樹	240	**3600円**
6.（6回）	センサ技術の基礎と応用	次世代センサ 協議会編	288	**4400円**
7.（7回）	データ駆動制御入門	金子修著	270	**4200円**
	生理状態自動制御による治療の自動化	檮木智彦 古谷栄光共著		
	患者安全 ― AI技術とロボット技術，計測と制御―	難波孝彰編著 山田陽滋		

定価は本体価格＋税です。
定価は変更されることがありますのでご了承下さい。

図書目録進呈◆

シリーズ 情報科学における確率モデル

（各巻A5判）

■編集委員長　土肥　正
■編集委員　栗田多喜夫・岡村寛之

配本順					頁	本体
1 （1回）	統計的パターン認識と判別分析	栗田 多喜夫 日高 章理	共著	236	3400円
2 （2回）	ボルツマンマシン	恐神 貴行	著	220	3200円
3 （3回）	捜索理論における確率モデル	宝崎 隆祐 飯田 耕司	共著	296	4200円
4 （4回）	マルコフ決定過程 ―理論とアルゴリズム―	中出 康一	著	202	2900円
5 （5回）	エントロピーの幾何学	田中 勝	著	206	3000円
6 （6回）	確率システムにおける制御理論	向谷 博明	著	270	3900円
7 （7回）	システム信頼性の数理	大鑄 史男	著	270	4000円
8 （8回）	確率的ゲーム理論	菊田 健作	著	254	3700円
9 （9回）	ベイズ学習とマルコフ決定過程	中井 達	著	232	3400円
10 （10回）	最良選択問題の諸相 ―秘書問題とその周辺―	玉置 光司	著	270	4100円
11 （11回）	協力ゲームの理論と応用	菊田 健作	著	284	4400円
12 （12回）	コピュラ理論の基礎	江村 剛志	著	近刊	
	マルコフ連鎖と計算アルゴリズム	岡村 寛之	著		
	確率モデルによる性能評価	笠原 正治	著		
	ソフトウェア信頼性のための統計モデリング	土肥 正 岡村 寛之	共著		
	ファジィ確率モデル	片桐 英樹	著		
	高次元データの科学	酒井 智弥	著		
	空間点過程とセルラネットワークモデル	三好 直人	著		
	部分空間法とその発展	福井 和広	著		
	連続-kシステムの最適設計 ―アルゴリズムと理論―	山本 久志 秋葉 知昭	共著		

定価は本体価格+税です。
定価は変更されることがありますのでご了承下さい。

図書目録進呈◆

次世代信号情報処理シリーズ

（各巻A5判）

■監　修　　田中　聡久

配本順			頁	本　体
1.（1回）	信号・データ処理のための行列とベクトル ―複素数，線形代数，統計学の基礎―	田　中　聡　久著	224	3300円
2.（2回）	音声音響信号処理の基礎と実践 ―フィルタ，ノイズ除去，音響エフェクトの原理―	川　村　　　新著	220	3300円
3.（3回）	線形システム同定の基礎 ―最小二乗推定と正則化の原理―	藤　本　悠　介 永　原　正　章共著	256	3700円
4.（4回）	脳波処理とブレイン・コンピュータ・インタフェース ―計測・処理・実装・評価の基礎―	東・中西・田中共著	218	3300円
5.（5回）	グラフ信号処理の基礎と応用 ―ネットワーク上データのフーリエ変換，フィルタリング，学習―	田　中　雄　一著	250	3800円
6.（6回）	通 信 の 信 号 処 理 ―線形逆問題，圧縮センシング，確率推論，ウィルティンガー微分―	林　　　和　則著	234	3500円
7.（7回）	テンソルデータ解析の基礎と応用 ―テンソル表現，縮約計算，テンソル分解と低ランク近似―	横　田　達　也著	264	4000円
	多次元信号・画像処理の基礎と展開	村　松　正　吾著		
	Ｐｙｔｈｏｎ信号処理	奥　田・京　地 杉　本　　　　共著		
	音源分離のための音響信号処理	小　野　順　貴著		
	高能率映像情報符号化の信号処理 ―映像情報の特徴抽出と効率的表現―	坂　東　幸　浩著		
	凸最適化とスパース信号処理	小　野　峻　佑著		
	コンピュータビジョン時代の画像復元	宮　田・小　野 松　岡　　　　共著		
	ＨＤＲ信号処理	奥　田　正　浩著		
	生体情報の信号処理と解析 ―脳波・眼電図・筋電図・心電図―	小　野　弓　絵著		
	適 応 信 号 処 理	湯　川　正　裕著		
	画像・音メディア処理のための深層学習 ―信号処理から見た解釈―	高　道・小　泉 齋　藤　　　　共著		

定価は本体価格＋税です。
定価は変更されることがありますのでご了承下さい。

図書目録進呈◆